U0360701

现代电子电气科学技术丛书 E&E

监测监控信息融合技术

程德强 于洪珍◎主编

王鑫 徐飞翔 储汉卿◎副主编

清华大学出版社

北京

内 容 简 介

本书全面介绍了传感器信息获取、监测监控网络和信息融合的基本原理与技术。书中不仅探讨了信息融合在新技术发展中的关键作用,还强调了其在培养学生科学精神和探索勇气中的时代意义,满足了课程思政要求。全书共9章,内容覆盖了传感器信息融合、煤矿安全监测的模型与方法,以及无人驾驶和水环境监测的多源信息融合技术,为读者提供了新的视角,对当前信息融合研究领域是重要补充。本书紧贴课程体系,强化产教融合,特别强调将理论知识应用于解决实际产业问题,推动知识向技术应用转化,培养具有创新思维和问题解决能力的高素质人才。

本书可作为高等院校电子信息科学与技术、计算机科学与技术等相关专业课程的教材,也可作为信息融合领域研究人员和工程技术人员的参考书。

图书在版编目(CIP)数据

监测监控信息融合技术/程德强,于洪珍主编. -- 北京:清华大学出版社,2025.4. -- (现代电子电气科学技术丛书). -- ISBN 978-7-302-68671-2

Ⅰ. TP277

中国国家版本馆 CIP 数据核字第 202535J87P 号

策划编辑:刘　星
责任编辑:李　锦
封面设计:李召霞
责任校对:刘惠林
责任印制:刘海龙

出版发行:清华大学出版社
　　　网　　　址:https://www.tup.com.cn,https://www.wqxuetang.com
　　　地　　　址:北京清华大学学研大厦 A 座　　　邮　　编:100084
　　　社 总 机:010-83470000　　　邮　　购:010-62786544
　　　投稿与读者服务:010-62776969,c-service@tup.tsinghua.edu.cn
　　　质量反馈:010-62772015,zhiliang@tup.tsinghua.edu.cn
　　　课件下载:https://www.tup.com.cn,010-83470236
印 装 者:三河市龙大印装有限公司
经　　销:全国新华书店
开　　本:185mm×260mm　　　印　　张:15　　　　字　　数:368千字
版　　次:2025年6月第1版　　　　　　印　　次:2025年6月第1次印刷
定　　价:69.00元

产品编号:109064-01

前 言
PREFACE

　　监测监控技术是众多行业的核心技术之一,涵盖了自动化生产线的精确操控、军事设施的智能化运作、能源分配的自动化管理、金融市场的自动化操作、楼宇智能控制系统、铁路系统的调度与维护、高速公路的集中监控、油气管道的远程监测与控制、矿井作业的安全监控、环境监测的自动化、森林火险的预警系统、城市基础设施的供水与供热自动化管理、水资源的远程监测、大型水利工程的自动化监管,以及河流流域水电站的数据搜集与远程监控等。自20世纪90年代以来,监测监控任务变得更加多元与复杂,伴随着计算机技术、通信技术和微电子技术的快速进步,监测监控技术也经历了翻天覆地的变化。尽管这些系统在应用背景和执行任务上各有千秋,但它们在系统架构上普遍展现出功能的整合性、网络的互联互通性,以及系统的开放性和标准化的发展方向。

　　随着监测监控任务的日益复杂化和通信网络技术的飞速进展,分布式、网络化、集成化的信息捕获与处理已成为当今传感技术发展的主要趋势。基于网络的传感技术和信息融合技术为获取更精确、更有效、更可靠的信息提供了关键的技术保障。在整个信息捕获、处理、传输和应用的链条中,信息捕获作为起始环节,其技术发展的步伐落后于信息的处理、传输和应用环节,这对整个信息链条的效能构成了严重影响。近年来,全球学术界已经开始重视传感器与检测技术的提升,并致力于发展信息获取科学与技术这一新学科。

　　信息融合技术通过整合不同模态、不同类型的数据,实现对监测监控领域中不同数据之间的互补。本书专注于监测监控信息融合技术的研究,并结合作者近年来在矿井图像处理、无人驾驶环境感知与定位、水环境监测、灌区渠系水情估计、认知大模型等多个领域的应用成果,深入阐述了信息融合技术的作用、特点和应用场景。本书共9章,内容安排如下。

　　第1章概述了多传感器信息融合、传感器技术及发展、监测监控与信息处理,并探讨了支撑网络化、综合化监测监控的网络技术,包括传感器总线与现场总线、OPC技术规范、工业无线网络等。

　　第2章阐述信息融合处理过程、信息融合系统的模型、信息融合方法,分析情报环、JDL等常见模型,介绍加权平均、卡尔曼滤波、概率论等融合算法,并探讨融合效能的评估指标与方法。

　　第3章聚焦煤矿安全监测监控信息融合系统,概述技术发展及网络架构,详述信息融合策略与结构,结合实际介绍数据预处理、预测及态势评估技术,并以煤矿安全监测监控信息融合系统为例展示应用成效。

　　第4章探讨信息融合在矿井图像中的应用,包括超分辨率增强、细节提升和视频/图像检索,通过多元融合技术提升图像质量,带动矿井图像处理领域发展。

　　第5章研究矿山智能选冶过程中多源异构信息融合处理,概述现状,介绍预处理技术,分析故障诊断技术,并对冶风机与温度场工况进行分析。

第 6 章深入解析无人驾驶多源异构信息融合处理,概述发展现状,详述相机、激光雷达等融合方法,探讨其在定位和环境感知中的应用,为无人驾驶安全运行提供支撑。

第 7 章介绍水环境多源监测信息融合的证据理论方法,基于证据理论的信息融合方法,介绍和讨论其在水环境监测中的应用。在此基础上进一步介绍和讨论模糊证据理论,并对神经网络与证据理论结合的信息融合方法和实验结果进行分析。

第 8 章研究灌区渠系水情估计,提出干扰用水判别与检测方法,设计全局状态估计方法,并构建估计系统,通过试验验证其有效性和实用性。

第 9 章综述认知大模型的构建与应用,阐述总体设计及核心技术等,并展望其在智能招投标、文档问答等多场景的应用潜力。

本书第 1～3 章由于洪珍编写;第 4、5 章由程德强编写;第 6 章由徐飞翔编写;第 7、8 章由王鑫编写;第 9 章由储汉卿编写。全书由程德强统稿。

在研究和写作过程中,杜乐乐工程师、王晓艺博士、江鹤博士、张晨锴博士、郑平博士、孙凤乾博士、常君妍硕士、张瑞硕士、张秋阳硕士、徐琨硕士等提供了本书的部分素材,在此向他们表示衷心的感谢。

向所有参考文献的作者及为本书出版付出辛勤劳动的同志表示感谢!

限于作者的水平,书中难免有不妥之处,恳请广大专家同行批评指正。

编　者

2025 年 1 月

目 录
CONTENTS

第 1 章

绪　　论

本章简要介绍多传感器信息融合、传感器技术及发展、监测监控与信息处理、监测监控网络、传感器总线与现场总线、OPC 技术规范及工业无线网络等。

1.1　多传感器信息融合

1.1.1　多传感器信息融合的概念

从 20 世纪 70 年代起,一个新兴的学科——多传感器信息融合(Multisensor Information Fusion,MSIF),也称为多源信息融合(简称信息融合),便迅速发展起来,并在现代军事系统、各种武器平台,以及许多工业、民事领域得到了广泛的应用。多传感器信息融合技术产生于军事应用中,它将分布在不同位置的多个同类或异类传感器所提供的局部不完整观察量进行综合,消除多传感器信息之间可能存在的冗余和矛盾,实现互补,降低其不确定性,以形成对系统环境相对完整一致的感知描述,从而提高智能系统决策、规划和反应的快速性和正确性。同时,该技术还按照一定准则进行自动分析、综合,完成目标识别、决策和评估任务。这里传感器这个术语是广义的,人工记录的信息也可视为传感器数据源。信息融合是针对一个系统中使用多种(异质)传感器这一特定问题而展开的一种新的信息处理的研究方向。

信息融合(Information Fusion)技术,也称为多传感器信息融合技术或数据融合(Data Fusion)技术。信息融合是通过多种传感器数据的综合(集成和融合)来获得比单一传感器更多的信息。这里所指的传感器是广义的,它是指与环境匹配的各种信息获取系统。作为系统中任务机的传感器可以是雷达、导航、遥感遥测、通信等系统。采用多传感器系统必将导致信息量大增,这就要求对各种传感器所获得的信息实现智能化综合处理,因此可将信息融合理解为与多传感器系统相匹配的横向综合处理技术。信息融合应包括对各种传感器给出的有用信息的采集、传输、分析、集成、处理和融合等。

信息融合技术的理论基础是信息论、检测与估计理论、统计信号处理、模糊数学、认知工程、系统工程等。

虽然 20 世纪 70 年代信息融合的概念就被提出了,但信息融合技术的全面研究大致始于 20 世纪 80 年代。20 世纪 80 年代中期,其首先在军事领域研究中取得了相当大的进展。

近年来,随着计算机技术和网络通信技术的飞速发展,以及二者之间日趋紧密的相互促进,加之军事应用领域的 C^4I 系统和 IW 系统的迫切需要,信息融合技术取得了惊人的发展。迄今为止,信息融合技术已成功地应用于众多研究领域,Fusion 一词几乎被无限制地引用。这些领域主要包括：机器人和智能仪器系统、图像分析与理解、多源图像复合、战场任务与无人驾驶飞机、目标检测与跟踪、自动目标识别等。

同时，信息融合的应用领域不断扩展，从开始的军事领域，逐渐向其他领域渗透，如智能机器人与智能车辆、医学图像处理与诊断、气象预报、地球科学、农业、现代制造和经济商业等领域。此外，信息融合还被用于火车定位、鱼类识别或车辆通过的探测等。

在学术方面，美国于 1984 年成立了数据融合专家组，从 1988 年起美国海陆空三军每年联合召开一次学术会议，并通过 SPIE 发表有关论文。从 1998 年开始，由美国航空航天局（National Aeronautics and Space Administration，NASA）试验研究中心、美国陆军研究部、电气电子工程师协会（Institute of Electrical and Electronics Engineers，IEEE）信号处理学会、IEEE 控制系统学会、IEEE 宇航和电子系统学会发起的信息融合国际会议每年召开一次，使全世界有关学者都能及时了解和掌握信息融合技术发展的新动向，促进了信息融合技术的发展。

信息融合技术应用范围日趋广泛，在一些实际应用中也取得了相应的成就。例如，突尼斯的 Nagesware 提出了一种基于物理规则的物理系统融合方法，在甲烷氢氧化物探测中取得了满意的效果；法国的 Serge Reboul 提出了对风速和风向进行融合的方法，较好地解决了风场问题。

在国内，信息融合的研究起步于 20 世纪 80 年代末。20 世纪 90 年代以来，在信息融合研究领域中涌现出一批研究成果。国内研究多集中在军事领域，但同时信息融合也已经成功地应用在很多民用领域，如机器人和智能仪器系统、煤矿信息融合综合管理系统、无人驾驶飞机、图像分析与理解、目标检测与跟踪和多源图像复合等。

1.1.2 多传感器信息融合的工作原理

信息融合的基本目的是通过多种传感器数据的综合处理来获得比单一传感器更多的信息。一般可以理解为对来自多传感器的原始信息进行智能化综合，从而导出新的有意义的信息，这种信息的价值比单一传感器所获得的信息要高得多，它有利于判断和决策。

信息融合的过程是对多信源数据进行多级多层次的处理，每一级处理都代表了对原始数据的不同程度的抽象化，它包括对数据的检测、关联、估计和组合等处理。信息融合按其在传感器信息处理层次中的抽象程度，可以分为低级融合、中级融合和高级融合三个基本层次。低级融合指在融合算法中要求各融合的传感器信息间具有精确到一个像素的配准精度的任何抽象层次的融合，该层次信息融合是最低层次的融合，是在对原始传感器信息未经或经过很少处理的基础上进行的。中级融合指从各个传感器提供的原始信息中提取一组特征信息，并在对目标进行分类或解释前对各组特征信息进行融合。该层次的信息融合又称为特征级融合，特征级融合是一种折中形式。高级融合指利用来自各传感器的信息对目标属性进行独立决策，然后对各自传感器的决策结果进行融合，以得到整体决策。该层次的信息融合又称为决策级融合，决策级融合具有好的容错性，即当某一个传感器失效时，通过适当的融合，系统仍能获得正确结果。总之，融合层次越高，信息抽象性越强，信息表现形式的统一性要求越高，系统容错性越强。

信息融合可以在各传感器获得的信息未预处理前、预处理后或传感器处理部件完成决策后进行。按照送入融合中心前数据所经过的处理，信息融合可分为数据级融合、特征级融合和决策级融合。以下就按融合的层次和内容的划分方法,介绍数据级融合、特征级融合和决策级融合的含义和优缺点。

1. 低级或数据级融合

数据级融合指各个传感器送入融合中心的信息为原始信息,融合中心将对这些未经过或经过很少处理的信息进行融合,该层次的融合是最低层次的融合。数据级融合是指在融合过程中要求各参与融合的传感器信息间具有精确到一个像素的配准精度,融合可在像素或分辨单元上进行,这些像素可以包括一维时间序列数据、焦平面数据等。

原始数据级的融合是最低层次的融合,是在采集到的传感器的原始信息层次上(未经处理或只做很小的处理)进行融合,对各种传感器的原始测报信息在未经预处理之前就进行信息的综合和分析。由于原始数据级融合带有浓厚图像处理色彩,故有时也称其为像素级融合。

数据级融合的优点是保留了尽可能多的有用信息,并能提供其他融合层次不能提供的细微信息。数据级融合的缺点是处理的信息量大,所需时间长,实时性差;信息的稳定性差,不确定和不完全情况严重;数据通信量大,抗干扰能力较差。

2. 中级或特征级融合

特征级融合指在各个传感器提供的原始信息中,首先提取一组特征信息,形成特征矢量,并在对目标进行分类或其他处理前对各组特征信息进行融合,有时也称为中级融合。特征级融合属于中间层次,兼具数据级融合和决策级融合的优点。它利用从传感器的原始信息中提取的特征信息进行综合分析和处理。一般来说,提取的特征信息应是像素信息的充分表示量或充分统计量,然后按特征信息对传感器数据进行分类、聚集和综合。它是在信息的中间层次进行融合,是对预处理和特征提取后获得的景物信息进行综合与处理。特征级融合可划分为两大类:一类是目标状态信息融合;另一类是目标特性融合。

目标状态信息融合主要应用于多传感器目标跟踪领域,目标跟踪领域的大量方法都可以修改移植为多传感器目标跟踪方法。传感器输出的参量数据可以是角度(方位角或仰角)、距离等,也可以是被观测平台的参数矢量、立体像或真实状态矢量(三维位置和速度的估计)。融合系统首先对传感器数据进行预处理以完成数据配准,即通过坐标变换和单位换算,把各传感器输入数据变换成统一的数据表达形式(即具有相同的数据结构)。在数据配准后,融合处理主要实现参数关联和状态矢量估计。

目标特性融合就是特征层联合识别,它实质上是模式识别问题。多传感器系统为识别提供了比单传感器更多的有关目标的特征信息,增大了特征空间维数。具体的融合方法仍是模式识别的相应技术,只是在融合前必须先对特征进行关联处理,把特征矢量分类成有意义的组合。

综上所述,特征级融合无论在理论上还是应用上都逐渐趋于成熟,形成了一套针对问题的具体解决方法。在融合的三个层次中,特征级融合发展最完善,而且由于在特征级已建立了一整套行之有效的特征关联技术,可以保证融合信息的一致性,所以特征级融合有着良好的应用与发展前景。但由于跟踪和模式识别本身所存在的困难,也相应牵制着特征级融合研究和应用的进一步深入。

3. 高级或决策级融合

决策级融合指在融合之前,各传感器相应的处理部件首先已经独立地完成了决策或分类任务,然后对各自传感器的决策结果进行融合,以得到最优决策。这是在最高层次进行信息融合。该层次进行的融合具有良好的容错性,在一种或几种传感器失效时也能工作,通信量小,抗干扰能力强,实时性强。

决策级融合在信息处理方面具有很高的灵活性,系统对信息传输带宽要求较低,能有效地融合反映环境或目标各个侧面的不同类型信息,而且可以处理非同步信息,因此目前有关信息融合的大量研究成果都是在决策级上取得的,并且构成了信息融合研究的一个热点。但由于环境和目标的时变动态特性、先验知识获取的困难、知识库的巨量特性、面向对象的系统设计要求等,决策级融合理论与技术的发展仍受到阻碍。

1.1.3　多传感器信息融合系统的应用

信息融合技术在民事和军事上都有着十分广泛的应用。军事上主要用于各类指挥与控制系统、作战预警系统、智能武器系统、各类作战平台(包括战机、舰艇)系统等。民事中主要包括下述一些领域。

1. 工业过程监测和安全管理

在工业过程监测中,通过各类传感及检测装置的信息融合,可识别出工业过程各类系统的异常状态,并据此触发报警,如对轧钢生产过程的监测、对矿井环境的安全监测监控、对空间站的故障诊断等。

在对重要设施、银行、机场、小区等的安全监视中,通过对各类监控设备信息的融合处理,可提取异常信息,实现报警,提高安全防范的响应和管理效率。

2. 工业机器人

工业机器人使用模式识别和推理技术来识别三维对象,确定它们的方位,并引导机器人的附件去处理这些对象。

移动机器人将触觉、听觉、两维视觉、激光测距等传感器结合起来,使之能在未知环境中操作。可将触觉、立体视觉和超声波传感器用于非结构化人为环境中的机器人导航。应用最多的是机器人目标识别系统,它是将非视觉传感器与视觉传感器相结合,解决视觉信息在机器匹配中遇到的问题。在这类研究中,常把视觉和触觉传感器、视觉和温度传感器、激光测距仪和前视红外线传感器进行融合。例如,利用视觉和温度融合方法可对室外景象进行分类;激光测距仪和前视红外线的融合,通过互补信息融合方法,可以分割和识别在成群的背景中的物体,如坦克、卡车等。

3. 环境保护与资源探测

可以通过空中遥感和地面传感器系统相结合的方式,实现对资源和环境的立体监视,这里要涉及遥感信息融合、地面传感器信息融合,以及不同尺度和不同时空的数据、信息的融合。

通过遥感可以实现对地面的监视,以便识别和监视地貌、气象模式、矿产资源、植物生长、环境条件和威胁情况(如原油泄漏、辐射泄漏等)。地面传感器系统数据融合,主要用于协调各类传感器装置,通过对互补或冗余信息的融合处理,提高监测系统的精度和性能。

4. 医疗诊断和病人护理

医疗诊断系统是将超声波、核磁共振、X射线成像等传感技术数据进行融合,能更加准确地进行医疗诊断。对于病人照顾系统,由于病人的状态随时随地在变化,所以必须根据各种数据源,如传感器、病历、本人病史、气候、季节等信息确定其护理、诊断和治疗方案,这时就可以采用信息融合技术综合处理这些数据。

5. 交通领域

在城市智能交通系统中,采用摄像头、雷达、超声波、地感线圈等装置,基于多传感器信息融合技术,可实现交通流的自动检测、交通安全识别与监控、信号灯的智能管理与控制,以及无人驾驶系统等。

在船舶避碰与交通管制系统中,依靠雷达、声呐、信标、灯塔、气象水文、全球定位系统(Global Positioning System,GPS)等传感器提供的信息以及航道资料数据,基于信息融合技术可实现船舶的安全航行和水域环境保护。

在空中交通管制系统中,依赖由导航设备、监视和控制设备、通信设备和人员组成的系统,通过一二次雷达的融合可提供有关飞机位置、航向、速度和属性等信息,再综合工作人员、管理机构、技术资源和操作程序管理等资源,可建立安全、高效而又秩序井然的空中交通。

1.2　传感器技术及发展

监测监控系统中最基本、最重要的测量单元是传感器。传感器是信息获取的最前端,如果没有传感器技术的产生和发展,就不可能有大量的监测监控系统及应用。从信息的角度分析,人类与外界交流的过程就是不断取得信息,传递、处理加工信息,以及把决策信息作用于外部世界的过程,是一个信息处理过程。然而,人类的信息活动由于受到感官机能和智力功能的限制,无法满足各种生产活动的应用需求,因此作为人类信息器官的延伸,传感器技术的出现就是一种必然的结果。传感器技术大大扩展了人类感知物理世界信息的功能,随着人类信息活动在时间、空间和内容方面的不断拓展,以及信息技术的不断发展,传感技术也日益多样化,具有不同的发展特征。

现代信息技术的三大基础是信息的采集、传输和处理技术,即信息获取技术、网络与通信技术和计算机技术,它们也是构成现代信息链的核心技术。而传感器是信息获取系统的主要部件,作为信息采集的源头,其重要性毋庸置疑。

传感器的主要功能是感测,即感受被测信息,并传送出去。在监测监控应用中,传感器是实现自动检测和自动控制的首要环节,如果没有精确可靠的传感器,也就不会有精确可靠的自动检测和控制系统。

1.2.1　传感器及其应用

1. 传感器概念

传感器的定义一般是针对物理传感器而言,传感器主要用来感知和接收来自实体目标的信息。

国际电工委员会(International Electrotechnical Committee,IEC)的定义为:传感器是测量系统中的一种前置部件,它将输入变量转换成可供测量的信号。

根据国家标准 GB/T 7665—2005《传感器通用术语》规定,传感器是指:能感受规定的被测量并按一定规律转换成可用输出信号的器件或装置,通常由敏感元件(Sensing Element)和转换元件(Transduction Element)组成。敏感元件是指传感器中能直接感受或响应测量的部分。转换元件是指传感器中能将敏感元件感受或响应的被测量转换成适于测量或传输的电信号的部分。

上述概念主要包含 4 方面的含义：

(1) 传感器是测量装置，能完成信号获取任务；

(2) 它的输入量是某一被测量，可能是物理量、化学量，也可能是生物量；

(3) 它的输出量是某种物理量，这种量要便于传输、转换、处理、显示等，这种量主要是电量；

(4) 输出与输入有对应关系。

2. 传感器分类

传感器可按其被测参量、工作原理、制造材料等来分类。

(1) 按被测参量分类，可分为：①机械量参量，如位移传感器、速度传感器等；②热工参量，如温度传感器、压力传感器、流量传感器等；③生物性参量，如含氧量传感器、pH 值传感器等。

(2) 按工作原理分类，可分为：①物理传感器，指利用物质的物理现象和效应感知并检测出待测对象信息的器件，如电容传感器、电感传感器、光电传感器、压电传感器等，物理传感器开发早、发展快、品种多、应用广，目前正向集成化、系列化、智能化发展；②化学传感器，主要是利用化学反应来识别和检测信息的器件，如气敏传感器、湿敏和离子敏传感器等，这类传感器在环境保护、火灾报警、医疗卫生和家用电器方面有着广泛的应用；③生物传感器，是利用生物化学反应的器件，由固定生物体材料和适当转换器件组合而成的系统，与化学传感器有密切关系，如味觉传感器、听觉传感器等。

(3) 按制造材料分类，可分为：半导体传感器、陶瓷传感器、复合材料传感器、金属材料传感器、高分子材料传感器、超导材料传感器、光纤材料传感器、纳米材料传感器等。

(4) 按能量转换分类，可分为：①能量转换型传感器，主要由能量变换元件构成，无须外加电源，基于物理效应产生信息，如热敏电阻、光敏电阻等；②能量控制型传感器，在信息变换过程中，需外加电源供给，如霍尔传感器、电容传感器等。

另外，也可以按照传感器与测量目标的距离将传感器划分为直接感知、触及、接近、远离、遥远感知等类型。按照感知机理可划分为雷达、声呐、声音、图像、光谱等传感类型。

3. 传感器的应用及作用

目前，传感器技术大量应用的领域包括工业自动化、汽车、家用电器、机器人、医疗及人体医学、航空及航天、遥感技术、环保等。随着计算机集成制造系统(CIMS)、智能化的各种工业生产线、汽车自动驾驶、宇宙或海洋探测器、地球资源管理与灾情监测系统、战场态势估计、数字化部队等应用系统的发展，这些系统均需要配置成千上万的传感器，用于检测和获取各种各样的数据和信息，以达到监测、运行、控制、决策的目的。

现代工业的一个重要标志是自动化，为了实现自动控制，需要由传感器采集各种参数和信息，然后通过电子电路对这些信息进行处理并按预先设定的条件给出控制信号，驱动执行器以实现控制。例如，在机器人中就需要大量的传感器。又如，汽车行业是传感器的一个大市场，除目前的温度、压力、安全气囊加速计和轮速传感器外，还会在轮胎压力监控、车辆动态控制、陀螺仪/速度传感、制动压力传感、引擎射出压力传感和燃料气化压力传感等诸多方面大量应用。

近年来,传感器在生物医学和医疗器械工程方面也显露出广阔的前景。它能将人体内各种生理信息转换成工程上容易测定的量,从而正确地显示出人体生理信息。

表 1-1 列举了在不同应用中所需要的传感器种类。

表 1-1 传感器种类及其应用领域

应 用 领 域	所需传感器种类
环境监测	温度、湿度、液位、流量、压力、pH 值、光强、磁性、震动、污染、气体、红外线
工业仪器仪表	温度、湿度、液位、流量、压力、放射线、气体、质量、形状、超声波、成分、转速、位移、震动、磁性
防盗防灾	气体、火焰、烟、温度、红外线、震动、超声波
农业水利	温度、湿度、气体、红外线、日照、pH 值、形状、质量、风向、风力、雨量、水位、流量
海洋气象	气压、雨量、盐分、潮位、波高、浊度、日照、磁性、光强、红外线
资源能源	电磁波、地震波、超声波、放射线
医疗卫生	放射线、温度、体重、心电图、电压、血流、光强、超声波、磁性

综上所述,人类生活的各个领域都离不开传感器和传感器技术,随着社会的发展,它的作用也会越来越大。

4. 半导体传感器及微电子机械系统的应用实例

1) 在工业生产控制系统中的应用

例如,用电控晶体管组成冲床保护电路,当冲床工作时,工作灯照射到 4 只光控晶闸管上(组成桥式电路),继电器吸合,冲床正常工作。当身体的某一部分误入冲床禁区,挡住了工作灯光,哪怕是遮住 4 只晶闸管中的 1 只时,都会使继电器断开,冲床停机,从而确保了工作人员的安全。电控晶体管组成冲床保护电路如图 1-1 所示。

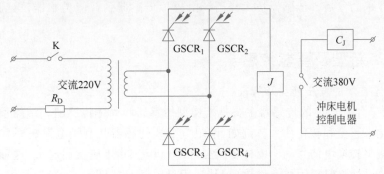

图 1-1 电控晶体管组成冲床保护电路

2) 在显示器及数码相机中的应用

(1) 数字微镜显示器。数字微镜显示器(Digital Micromirror Devices,DMD)是由数十万到上百万个微机械加工的铝镜与上百万个电子元件的微电子电路集成在一起的微电子机械系统。美国的 Texas Instruments 公司在成功地开发出 DMD 后,已开发出多种数字微镜显示器。它们由金属卤化物光源、光路系统、信号处理电路和一个或几个 DMD 构成。最初的数字微镜显示产品在 1995 年问世,它是一个 640 像素×480 像素分辨率的投影显示系统,重约 4.5kg,其特点是显示亮度高。后来又出现了分辨率达 1280 像素×1024 像素的超级视频图形阵列(Super Video Graphics Array,SVGA)和扩展图形阵列(Extended Graphics

Array,XGA)产品以及用于家庭的产品。

（2）数码相机。在数码相机中，当光线透过镜片传送到电荷耦合器件（Charge Coupled Device,CCD）后，CCD会将其转换为电子信号，再由模数转换器（Analog-to-Digital Converter, ADC）转换为数字信号，传到DSP上，最后存储于记录媒体中。在这个过程中，CCD占有非常重要的地位。CCD图像传感器已在摄像机上广泛应用。近年来利用CCD图像传感器制成的数码相机已大量上市。CCD的优点是可以在拍摄之后立即显示所摄相片，删除不满意的镜头而保留满意的镜头。所存储的图像信息可以用彩色打印机打印出彩色相片，也可以直接转入计算机进行处理与存储，还可以通过计算机进入网络系统（如因特网），是网页制作的有用工具。

3）在尖端武器中的应用

尖端武器要求具备高的目标搜索和跟踪能力，于是红外探测系统、激光报警系统和毫米波雷达等先进光电侦察器材应运而生。红外探测器具有较高的灵敏度和目标图像分辨率，探测距离远。激光报警系统由传感器、信号处理装置、显示装置等组成，可及时向指挥官报告有关情况，以便采取措施进行对抗。

4）在家用电器中的应用

在电视机、录音机、录像机、电冰箱、洗衣机、空调器等各类家用电器中，有多种传感器，其中磁敏、光敏、温敏传感器等多数为半导体传感器。近年来，模糊技术在工业控制、医学、信息处理、人工智能等方面得到广泛应用，家用电器也推出了模糊洗衣机、模糊吸尘器、模糊空调器等产品。

各种应用系统的发展，为传感技术提出了各种不同的感知需求，由单点监测到面监测，由一维参数监测到多维状态监测，由对简单系统监测到对复杂系统监测等，同时这些需求也推动了传感技术的发展。传感器技术经历了由模拟传感器到智能传感器，再到网络化监测的发展历程。

1.2.2 新型及智能传感器

1. 传感器技术的发展趋势及特征

20世纪80年代以前的传感器主要是结构型传感器和固体传感器。结构型传感器利用结构参量变化来感受和转化信号。例如，电阻应变式传感器是利用金属材料发生弹性形变时电阻的变化来转换电信号的。固体传感器在20世纪70年代发展起来，这种传感器由半导体、电介质、磁性材料等固体元件构成，是利用材料某些特性制成的，如利用热电效应、霍尔效应、光敏效应，可分别制成热电偶传感器、霍尔传感器、光敏传感器等。20世纪70年代后期，随着集成技术、分子合成技术、微电子技术及计算机技术的发展，出现了集成传感器，它包括两种类型：传感器本身的集成化和传感器与后续电路的集成化，如电荷耦合器件（CCD）、集成温度传感器、集成霍尔传感器等。这类传感器主要具有成本低、可靠性高、性能好、接口灵活等特点。

20世纪80年代，智能化测量主要以微处理器为核心，将传感器信号调节电路、微计算机、存储器及接口集成到一块芯片上，使传感器具有一定的人工智能。20世纪90年代智能化测量技术有了进一步的提高，在传感器一级水平实现智能化，使其具有自诊断功能、记忆功能、多参量测量功能以及联网通信功能等。

传感器技术发展趋势之一是开发新材料、新工艺和开发新型传感器；二是实现传感器的多功能、高精度、集成化和智能化。

1）新材料的开发

传感器材料是传感器技术的重要基础，由于材料科学的进步，传感器技术越来越成熟，传感器种类越来越多。除了早期使用的材料，如半导体材料、陶瓷材料以外，光导纤维以及超导材料的发展为传感器技术发展提供了物质基础。美国 NRC 公司开发的纳米气体传感器，用于检测和控制汽车尾气的排放，效果很好，应用前景广阔。采用纳米材料的传感器，有利于向微型化发展。

2）集成化技术

随着 VLSI 技术的发展，半导体细加工技术、微机电系统（Micro-Electro-Mechanical System，MEMS）技术的进步，采用集成化技术的传感器，会实现更高性能化和更小型化。集成温度传感器、集成压力传感器等早已被使用，今后将有更多集成传感器被开发出来。

3）传感器多功能集成化

传感器多功能集成化是指在一块集成传感器上可以同时测量多个被测量，如可同时检测 Na^+、K^+ 和 H^+ 的多离子传感器，可同时测量温度和压力的硅压阻式复合传感器等。

4）传感器智能化

传感器智能化是传感器技术未来发展的主要方向。近十多年来，传感器智能化同人工智能相结合，研制出各种基于模糊推理、人工神经网络、专家系统等人工智能技术的高度智能传感器，也称为软传感技术。高度智能传感器已经在军事、工业、民用等方面得到初步应用。

2．智能传感器

1）智能传感器的含义及特征

目前国内外学者普遍认为，智能传感器是由传统的传感器和微处理器（或微计算机）相结合而构成的，它充分利用计算机的计算和存储能力，对传感器的数据进行处理，并能对它的内部行为进行调节，使采集的数据达到最佳。

以往人们主要强调在工艺上将传感器与微处理器两者紧密结合，认为"传感器的敏感元件及其信号调理电路与微处理器集成在一块芯片上就是智能传感器"，然而，这样的提法没有突出智能传感器系统的主要特点，同时在实际应用中并不总是必须将传感器与微处理器集成在一块芯片上才能构成智能传感器系统。智能传感器系统的主要特点是把计算机技术和现代通信融入传感器系统中，它一方面使传感器在计算机的管理下更好地发挥信息检测功能，降低对元器件的要求，从而降低成本；另一方面在软件的支持下使传感器具有较强的信息处理和通信能力，具备较高的智能，极大地提高传感器系统的性能。智能传感器系统与传统传感器相比，具有如下特点。①高精度。智能传感器系统由于采用微型计算机管理及处理数据，因而可采用多种方案来保证它的高精度，通过软件不仅可修正各种确定性系统误差，而且还可适当地补偿随机误差、降低噪声，大大提高了传感器精度。②高可靠性。集成传感器系统小型化，消除了传统结构的某些不可靠因素，改善了整个系统的抗干扰性能；同时它具有自诊断、自校准和数据存储功能，具有良好的稳定性。③高性能价格比。在相同精度的要求下，多功能智能传感器与单一功能的普通传感器相比，性能价格比明显提高，尤其是在采用较便宜的单片机后更为明显。④多功能化。智能传感器可以实现多传感器多参数综合测量,具有一定的自适应能力,可根据检测对象或条件的改变,相应地改变量程及输出数据的形式,具有数字通信接口功能,可直接送入远程计算机进行处理,并具有多种数据输出形式,适配各种应用系统。

由此可见,智能传感器系统较传统传感器有了质的飞跃,它代表了传感器的发展方向,是传感技术克服自身落后向前发展的必然趋势。

2)智能传感器结构及功能

智能传感器是由传统的传感器和微处理器(或微计算机)相结合而构成的,兼有检测判断和信息处理、存储、通信、控制等功能。例如,美国霍尼尔公司的 ST-3000 型传感器是一种能够进行检测和信号处理的智能传感器,具有微处理器和存储器功能,可测差压、静压及温度等。

智能传感器主要由传感器及相关电路组成,其结构框图如图 1-2 所示。

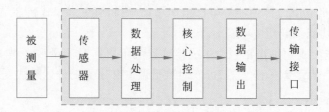

图 1-2 智能传感器结构框图

(1)数据采集与信号转换:传感器将被测的物理量转换成相应的电信号,送到信号处理电路中。

(2)数据处理:对传感器采集的电信号进行滤波、放大、模数转换后,送到微计算机中。

(3)核心控制:计算机是智能传感器的核心,它不但可以对传感器测量数据进行计算、存储、处理,还可以通过反馈回路对传感器进行调节。这一部分功能由微控制器的软硬件实现,是智能化的主要体现。微控制器可以控制数据采集的时间间隔、速率等相关参数;也可以进行温度补偿、非线性校正等数据处理;还可以控制数据传输。

计算机充分发挥了各种软件的功能,可以完成硬件难以完成的任务,从而大大降低了传感器制造的难度,提高了传感器的性能,降低了成本。智能传感器的结构可以是集成式的,也可以是分离式的,按结构可以分为集成式、混合式和模块式 3 种形式。集成式的智能传感器是将一个或多个敏感器件与微处理器、信号处理电路集成在同一芯片上,其集成度高、体积小,但这种集成式的传感器在目前的技术水平下还很难实现。将传感器和微处理器、信号处理电路装配在不同的芯片上,则构成混合式的智能传感器。

(4)数据输出与传输:在控制系统中,智能传感器采集并整理好的数据,需要传输给系统的核心控制器或其他控制单元。由于控制系统的特点,数据传输一般需要经过一段空间距离,故需使用专门的电路和方式实现数据传输。例如,对数据进行编码处理后,利用电流环或 RS232 等方式传输。在现有的控制系统中,绝大多数情况下都采用有线传输方式实现传感器与控制系统的连接。

智能传感器的主要功能有:①自补偿、自校准能力。通过软件程序对传感器的非线性、温度及时间漂移、响应时间、量程标定等进行自补偿和自校准。②数据处理、信息存储和数据管理功能。根据软件程序,自动处理数据和存储与管理数据。③数字量输出功能。输出数字信号,方便与计算机或接口总线相连。④双向通信功能。微处理器接收、处理传感器数据,同时可将信息反馈至传感器,对传感器测量过程进行调节、控制、自诊断。

近年来,智能传感器研究在标准化方面做了大量的工作,主要集中在对智能传感器的定义、功能和通信水平上,目的是实现在广泛范围内应用的互换性。具有局部决策能力的智能传感器,可作为与其他传感器和执行器对等的独立设备,或者作为网络中的智能节点进行通信;而互换性则使不同网络中独立的操作通过不同的接口得以实现,这种努力将加快发展速度并逐渐过渡到网络化智能传感器,加快智能传感器和智能执行器的商业化进程。

3. 面向领域应用的新型传感器

1) 光纤传感器

光纤传感器分为两大类。一类是利用光纤本身的某种敏感特性或功能制成的传感器,称为功能型传感器;另一类是光纤仅仅起传输光波的作用,必须在光纤端部或中间加装其他敏感元件才能构成的传感器,称为传光型传感器。

2) 固态图像传感器

固态图像传感器是利用光电器件的光-电转换功能,将其感光面上的光像转换为与光像成相应比例关系的"图像"电信号的一种功能器件。它是由在同一半导体衬底上布设的若干光敏单元和移位寄存器构成的集成化、功能化的光电器件。固态图像传感器的结构有线列阵和面列阵两种形式,它将光强的空间分布转换为与光强成比例的大小不等的电荷包空间分布,然后通过移位寄存器将这些电荷包形成一系列幅值不等的时序脉冲序列输出。也就是说,固态图像传感器利用光敏单元的光电转换功能将投射到光敏单元上的光学图像转换成"图像"电信号。

3) 红外传感器

红外传感器是将红外辐射能转换成电能的一种光敏器件,通常称为红外探测器。常见的红外探测器有两类:热探测器和光子探测器。热探测器是利用入射红外辐射引起敏感元件的温度变化,进而使其有关物理参数发生相应的变化。通过测量有关物理参数的变化可确定探测器所吸收的红外辐射,主要有热电阻型、热电偶型、热释电型和高莱气动型等几种形式。热探测器的主要优点是响应波段宽,可以在室温下工作,使用方便。但由于热探测器响应时间长、灵敏度低,故一般只用于红外辐射变化缓慢的场合。光子探测器是利用某些半导体材料在红外辐射的照射下会产生光子效应,使材料的电学性质发生变化,通过测量电学性质的变化,可以确定红外辐射的强弱。

4) 机器人传感器

机器人传感器是指能把智能机器人对内外部环境感知的物理量变换为电量输出的装置。智能机器人通过传感器实现某些类似于人类的知觉作用。机器人传感器可分为内部检测传感器和外界检测传感器两大类。内部检测传感器安装在机器人自身中,用来感知它自己的状态,以调整和控制机器人的行动,通常由位置、加速度、速度及压力传感器组成。外界检测传感器是机器人用来获取周围环境、目标物的状态特征信息,使机器人与环境之间能发生交互作用,从而使机器人对环境有自校正和自适应能力。外界检测传感器通常包括触觉、接近觉、听觉、嗅觉、味觉等传感器。

5) 网络化传感器

网络化传感器是指传感器在现场级实现传输控制协议/因特网互联协议(Transmission

Control Protocol/Internet Protocol,TCP/IP),使现场测控数据就近登录网络,在网络所能及的范围内实时发布和共享,实现大型复杂测控系统的远程检测。设计网络化传感器的目标是采用标准的网络协议,同时采用模块化结构将传感器和网络技术有机地结合起来。敏感元件输出的模拟信号经模数转换及数据处理后,由网络处理装置根据程序的设定和网络协议(TCP/IP)将其封装成数据帧,并加上目的地址,通过网络接口传输到网络上。反过来,网络处理器又能接收网络上其他节点传给自己的数据和命令,实现对本节点的操作。这样,传感器就成为测控网中的一个独立节点。网络化传感器的基本结构如图 1-3 所示。

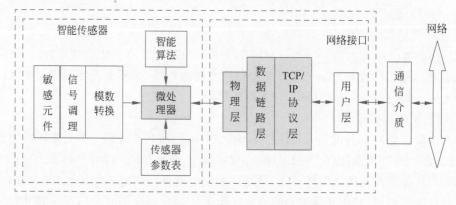

图 1-3　网络化传感器的基本结构

　　网络化传感器分两类:有线网络化传感器和无线网络化传感器。在大多数测控环境下,传感器采用有线方式,有线网络化传感器通过网络,在远端就可以获得被测对象的运行数据,并可通过网络对其进行实时控制。基于 IEEE1451.2 标准的有线网络化传感器的体系结构如图 1-4 所示,其中主要包括两种模块,即网络适配器(Network Capable Application Processor,NCAP)和智能变送器接口模块(Smart Transducer Interface Module,STIM)。STIM 包括传感器电子数据单(Transducer Electronic Data Sheet,TEDS),存放 STIM 的通信速度、数据格式等信息,其他部分由制造商自主决定。

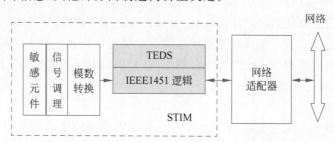

图 1-4　基于 IEEE1451.2 标准的有线网络化传感器的体系结构

　　而在一些特殊的测控环境(无人区、偏远地区)下使用有线电缆传输传感器信息是不方便的,为此,有些国外公司已开发出将 IEEE1451.2 标准和蓝牙(Bluetooth)技术相结合设计的无线网络化传感器,以解决原有有线系统的局限。蓝牙技术是 1995 年 8 月由 Ericsson、IBM、Intel、Nokia、Toshiba 等公司联合主推的标准的代称,在近距离(10cm～100m)具有互用、互操作性。

　　基于 IEEE1451.2 和蓝牙协议的无线网络化传感器由 STIM、蓝牙模块和 NCAP 网络适配器三部分组成,其体系结构如图1-5所示。蓝牙模块实现了数据的无线传输,克服了特殊测控环境下使用有线方式无法应用的困难。

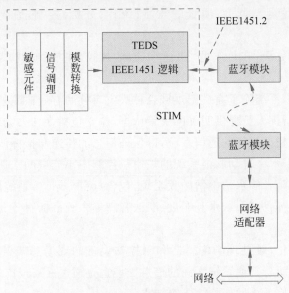

图1-5　无线网络化传感器的体系结构

从上面的描述中不难发现,传感器技术总体上经历了3个发展阶段,并呈现出不同的发展特色。第一代是传统传感器技术,主要完成数据采集功能,大多采用平面结构,不具有任何智能;第二代是智能传感器技术,主要面向应用,采用多级分层结构,同时具有本地智能;第三代技术主要提供网络化感知服务,面向目标,采用动态结构,并具有网络智能。从信息处理层面讲是一个由数据到信息再到知识的发展过程,最终目标是实现所谓的"泛在检测"。从单纯的数据采集发展到提供感知服务,应该说是个翻天覆地的变化,这里有许多问题是值得我们去深入研究和探索的。

1.3　监测监控与信息处理

1.3.1　监测监控技术与系统的发展及特点

监测监控技术广泛应用于各种工业过程控制、军事自动化、矿山安全监测监控、环境自动观测、森林防火、城市供水供暖系统监控、水情遥测等领域。自20世纪90年代以来,随着监测监控任务和要求的不断复杂化以及计算机、通信、微电子等技术的进一步迅速发展,监测监控技术发生了深刻的变化。尽管各种系统应用的场合和完成的任务不同,但它们在系统级上,大致有着如下的特点和发展趋势。

1. 系统功能综合化

对于被测被控对象的监控方式从单一的现地(或机旁)监控、集中监控发展到分散、分布式监控;从系统的数字化监测与控制,发展到与工业电视监视相结合,信息的获取与处理也在单一数据的基础上增加了多源多模式的获取与处理;从综合监控发展到与管理自动化相结合。因此,当前先进的监测监控系统集控制、监测、管理以及决策支持等功能于一体,成为综合自动化系统。

在工业过程测控方面,从原来只对与生产过程有关的环节实施测控和简单的集中管理,进一步发展到生产、管理与调度、质量的监测、统计、分析、控制,直到其他各种管理控制功能。

在遥测遥控技术方面,在传统的"四遥"(遥测、遥控、遥信、遥调)基础上增加了图像监视,即所谓的"遥视"。

在森林防火方面,系统除了完成宏观域森林火灾事件的有效监测外,还包括编制森林火灾事态发展情报,为指挥人员提供明确的决策依据,建立包括森林火灾现场临时指挥部在内的各级地方森林防火指挥部间的通信系统,以保证信息的传递和指挥调度的畅通。

在水情遥测方面,水文自动测报系统的规模从控制中小流域的水情雨情变化的小系统,发展到控制几万平方千米的水情雨情的大系统,包含近百个站点,系统的建设目标也正在从单一的为防汛服务,转向为防洪、水利调度、灌区管理等多种目标服务。

2. 互连网络化

系统功能的综合化,通过现场传感器和测控站设备的现场总线(Field Bus),以及分中心、中心站网络实现,而与其他系统之间的信息交换也是通过网络或广域网络实现的。互连网络化是当前监测监控系统发展的第二个特点。

3. 开放性与标准化

在计算机界,开放的要求已成为一个最基本的要求。同样,开放性与标准化也是当前监测监控系统所具有的第三个特点。系统功能的综合化和互连网络化必须要求系统具有开放性和标准化。开放性在不同的层次有不同的含义。在现场测站层采用积木式结构,各功能模块化、标准化,使系统扩展能力强,各模块高度自治又相互配合,功能可根据用户需要配置,设备可增可减。对于系统一级来说,开放性指的是系统的通信环境建立在正式的或事实上的接口标准之上。具体表现在遵循下列一些标准:操作系统接口标准、图形界面标准、数据库访问标准、网络通信标准、语言标准、文件标准等。

上述分析说明,当前的监测监控系统具有功能综合化、互连网络化、开放性和标准化等特征,发展成为网络化、综合性的监测监控系统。系统的功能综合化通过现场总线、各种通信网络进行,而系统的功能综合化和互连网络化又必须要求系统具有开放性和标准化。

1.3.2 集成化、综合化的信息获取与处理

在信息获取、处理、传输和应用的信息链中,信息获取是源头,其技术的发展较信息处理、传输和应用落后,严重影响整个信息链。近年来,国际和国内学术界已提出将传感器与检测技术提升,并创建发展"信息获取科学与技术"学科。信息获取技术水平的提高也应该在整个信息链中协同解决。

随着监测监控任务和要求不断复杂化,以及通信网络技术的快速发展,分散、分布式和网络化、集成化的信息获取处理已成为当今感测及信息获取与处理技术发展的重要特征。基于通信网络的传感器技术、信息融合技术为信息获取的精确、有效和可靠提供了重要的技术支持。

1.4   监测监控网络概述

工业监测监控网络是工业监测监控系统的重要组成部分和基础设施,通过监测监控网络可以实现监测数据的有效可靠传输和数据集成。监测监控网络以多个分散在工业现场、具有数字通信能力的传感器/执行器和设备作为网络节点,采用规范的通信协议,将现场级的传感器和设备、现场级设备与车间级设备、车间级设备与工厂级设备相连接,使整个系统相互连接、相互沟通信息,共同完成监测与控制任务。

工业监测监控网络包括三级子网络。

(1)用于现场级、车间级进行数据传输的网络,称为底层通信网络,目前主要采用由各种总线技术和工业无线技术实现的传输网络。

(2)车间级和工厂级之间的数据通信网络多采用由局域网形式组成的工业以太网。

(3)利用互联网技术将监测监控信息发布到更广阔的范围中。

监测监控网络是以具有通信能力的传感器、执行器、测控仪表及设备为网络节点,并将其连接成开放式、数字化的网络系统,以实现多节点通信,能够完成感测和控制任务。因此,监测监控网络不仅要将现场的各种感测信息,以及生产现场设备的运行参数、状态以及故障信息等传送到远离现场的控制室,而且还需要将各种控制、维护、组态命令等送往位于现场的传感器及控制设备中,起着感测设备及控制设备之间数据联系与沟通的作用。随着互联网技术的发展,已经开始对现场传感器和设备提出了远程参数网络浏览,以及工作组态和监控的要求。

1.5   传感器总线与现场总线

总线可以理解为实现数据传输的一组公共的信号线。传感器总线(Sensor Bus)和现场总线(Field Bus)是用于过程自动化、制造自动化、楼宇自动化等领域的现场传感器和智能设备互连的通信网络。作为工业数字通信网络的基础,它沟通了生产过程现场及控制设备之间和设备与控制管理层之间的联系。它不仅是一个底层网络,而且还是一种开放式、全分布式控制网络系统。

1.5.1   基本概念

传感器总线和现场总线是基础底层自动化网络的有机组成部分。对它的理解要在底层测控网络的背景下进行。

一般来说,底层测控网络(现场级测控网络)可以分为两个层次:传感器总线和现场总线。传感器总线主要传输传感器感测信息和执行器状态信息,网上交换的数据单元一般是字节(Byte)。现场总线面向的是控制过程,除了数据信号外,还可传输控制信息,即现场总线上的节点可以是过程控制单元(Process Control Unit,PCU),现场总线网络交换的数据单元一般是帧。现场总线可以连接传感器、执行/控制器和现场仪表设备,网线上传输的是小批量数据信息,如感测信息、状态信息、控制信息等,传输速率低,但实时性高,是一种实时控制网络。

1.5.2　典型的传感器总线和现场总线

1996—1998 年,国际性组织现场总线基金会(Field-bus Foundation,FF)和 Profibus 用户组织先后发布了适用于过程自动化的现场总线标准 H1、HSE(High Speed Ethernet)和 Profibus-PA,H1 和 PA 都已开始在实际工程中应用。1999 年年底,包含 8 种现场总线标准在内的国际标准 IEC-61158 开始生效,除 H1、HSE 和 PA 以外,还有 WorldFIP、Interbus、Control Net、SwiftNet、P-NET 这 5 种。诞生于不同领域的总线技术一般对这一特定领域的适用性良好。如 FF 总线智能程度高、实时性强、组态灵活,在过程自动控制上有优势;Profibus 较适合于工厂自动化;P-NET 在农业自动化领域有很好的前景;IEC-61158 国际标准中虽未列入 LonWorks 和 CAN,但 LonWorks 很适合物业领域,LonWorks 主要应用在楼宇自动化、家庭自动化、保安系统、办公设备、交通运输、工业过程控制等行业;CAN 适用于汽车工业。而这些划分也不是绝对的,每种现场总线都力图将其应用领域扩大,彼此渗透。

1. 可寻址远程传感器数据通路(HART)

HART 是 Highway Addressable Remote Transducer 的缩写,HART 协议被认为是事实上的工业标准,最早由 Rosemount 公司开发,并得到 80 多家著名仪表公司的支持,于 1993 年成立了 HART 通信基金会。这种被称为高速数据总线可寻址远程传感器高速通道的开放通信协议,其特点是在现有模拟信号传输线上实现数字通信,属于模拟系统向数字系统转变过程中的过渡性产品,因而在之前的过渡时期具有较强的市场竞争能力,得到了较好的发展。

HART 通信模型由三层(物理层、数据链路层和应用层)组成。物理层采用频移键控技术,在 4~20mA 模拟信号上叠加一个频率信号,它成功地使模拟信号与数字双向通信能同时进行,且互不干扰。频率信号采用 Bell 202 国际标准,数据传输速率为 1200b/s,逻辑"0"频率为 2200Hz,逻辑"1"频率为 1200Hz。数据链路层用于按 HART 通信协议规则建立 HART 信息格式。其信息构成包括开头码、显示终端与现场设备地址、字节数、现场设备状态与通信状态、数据和奇偶校验等。其数据字节结构为 1 个起始位,8 个数据位,1 个奇偶校验位,1 个终止位。

HART 应用层的作用在于使 HART 指令付诸实现,即把通信状态转换成相应的信息。它规定了一系列命令,这些命令按特定方式工作,可分为三类,第一类称为通用命令,是所有设备都能理解、执行的命令;第二类称为一般行为命令,它所提供的功能可以在大多数现场设备(尽管不是全部)中实现,这类命令包括最常用的现场设备的功能库;第三类称为特殊设备命令,用于在某些设备中实现特殊功能,这类命令既可以在基金会中开放使用,也可以为开发此命令的公司所独有。在一个现场设备中,通常可发现同时存在这三类命令。

HART 支持点对点主从应答方式和多点广播方式。按应答方式工作时的数据更新速率为 2~3 次/s;按广播方式工作时的数据更新速率为 3~4 次/s,它还可以支持两个通信主设备。总线上可挂设备数多达 15 个,每个现场设备可以有 256 个变量,每个信息最多可包含 4 个变量。最大传输距离为 3000m,HART 采用统一的设备描述语言(DDL)。现场设备开发商采用这种标准语言描述设备的特性,由 HART 基金会负责登记管理这些设备描述,并把它们编为设备描述字典,主设备运用 DDL 技术来理解这些设备的特性参数,而不必为这些设备开发专用接口。由于这种模拟数字混合信号制,导致难以开发出一种能满足各公司要求的通信接口芯片。

2. 图像/视频传感器数据传输接口

目前,在监测监控系统应用中,图像/视频传感器主要采用了电荷耦合器件和互补金属氧化物半导体(Complement Metal Oxide Semiconductor,CMOS)两种类型,由于它们是以非接触方式进行视觉测量,因此可以实现危险地点或人、机械不可到达场所的测量与控制。它们在监测测控领域主要应用于组成测量仪器可测量物位、尺寸、工件损伤等;用作光学信息处理装置的输入环节,如用于传真、光学文字识别以及图像识别技术等;用作自动生产流水线装置中的敏感器源件,可用于机床、自动搬运车以及自动监视装置等。

当前,图像采集与传输技术已日益成熟,从工业相机输出接口的发展和变化可以充分反映出监测监控数据传输的技术发展特征。由于视频数据量巨大,对传输带宽有要求,因此,图像/视频传感器输出接口主要采用了 Camera Link、IEEE1394、USB 2.0、千兆以太网等传输接口。

1) Camera Link

Camera Link 传输接口是一款特别为工业/科研图像/视频采集设计制造的高速数字接口。它可以在采集卡和摄像头设备之间实现简单标准连接。Camera Link 建立在 Channel Link 基础之上,是一项来自 National Semiconductor 的基于 LVDS 的高速序列传输技术。Channel Link 技术传输速率达到 2.38Gb/s,传输距离可达 10m(32 英尺)。

Camera Link 标准打破了工业相机公司和采集卡公司各自为政的格局,采用了统一的物理接插件和线缆定义,规范了数字摄像机和图像采集卡之间的接口。其包含 Base、Medium、Full 三个规范,使用统一的线缆和接插件。Base 使用 4 个数据通道,Medium 使用 8 个数据通道,Full 使用 12 个数据通道,传输速率可达 3.6Gb/s。它提供双向的串行通信连接,图像卡和数字摄像机可以通过它进行通信,方便用户以直接编程的方式控制数字摄像机。

2) IEEE1394

IEEE1394 有很多不同的称谓,如 Apple 称之为 FireWire(火线),Sony 称之为 iLink,Texas Instruments 称之为 Lynx。尽管各厂商注册的商标名称不同,但实质都是指 IEEE1394 这项技术。

IEEE1394 是一种目前最快的高速串行总线,最高的传输速率为 400Mb/s。支持的传输速率有 100Mb/s、200Mb/s、400Mb/s,将来会提升到 800Mb/s、1Gb/s、1.6Gb/s。最大连线 4.5m,大于 4.5m 可采用中继设备支持,同样支持即插即用。IEEE1394 标准支持异步传送和等时传送两种模式。它也是目前唯一支持数字摄录机的总线。

IEEE1394—1995 定义了 1394 的总线结构、数据传输协议和传输媒介,是目前所有 1394 设备遵循的标准。IEEE1394a 又称为 IEEE1394—2000,是 IEEE1394—1995 的附加规范,对原规范中模糊的地方做出了详尽的解释,增强了产品的兼容性,同时规定了增强性能的措施,并对电源管理特性做了较大的改进,是目前受欢迎的标准。IEEE1394b 是由 Intel 支持制定的最新规范,在保持向下兼容的同时极大地提高了传输速率,增加了传输距离,并支持包括光纤在内的多种传输媒介。

3）USB 通用串行总线

通用串行总线（Universal Serial Bus，USB），支持热插拔，具有即插即用、易扩展、使用方便及成本低等特点。USB 有两个规范，即 USB 1.1 和 USB 2.0。USB 1.1 是目前较为普遍的 USB 规范，其高速方式的传输速率为 12Mb/s，低速方式的传输速率为 1.5Mb/s。目前，大部分图像/视频传感器采用此类接口类型。USB 2.0 规范是由 USB 1.1 规范演变而来的，传输速率达到了 480Mb/s，足以满足大多数外设的速率要求。USB 2.0 中的"增强主机控制器接口"（EHCI）定义了一个与 USB 1.1 相兼容的架构，它可以用 USB 2.0 的驱动程序驱动 USB 1.1 设备。所有支持 USB 1.1 的设备都可以直接在 USB 2.0 的接口上使用而不必担心兼容性问题，而且像 USB 线、插头等附件也都可以直接使用。USB 2.0 标准进一步将接口速度提高到 480Mb/s，是普通 USB 速度的 20 倍。

4）Gigabit Ethernet 接口（GigE）

千兆以太网接口拥有以太网技术的特点，在长距离（100m）传输时仍可保证其高帧频。其在应用中一个重要的特性是可扩充性强，这在工业监控应用中非常重要。

表 1-2 列出了这 4 种技术的主要特征。

以上 4 种技术的比较如下。

Camera Link，高速，高可靠性，但不便于多相机连接和集中控制，电缆价格高；IEEE1394，灵活性高，成本低，但传输距离短，可靠性低；USB 2.0，灵活性高，成本低，但传输距离短，可靠性低，技术不成熟；Gigabit Ethernet，灵活性高，可扩充性强，支持远距离传输，支持多点传输，技术成熟，鲁棒性强，成本低。

3. 基金会现场总线

基金会现场总线（Foundation Fieldbus，FF）是在工业自动化领域得到广泛支持和具有良好发展前景的技术。其前身是以美国 Fisher-Rousemount 公司为首，联合 Foxboro、横河、ABB、西门子等 80 家公司制定的交互式会话协议（ISP）和以 Honeywell 公司为首，联合欧洲等地的 150 家公司制定的 WorldFIP（World Factory Instrumentation Protocol）。迫于用户的压力，这两大集团于 1994 年 9 月合并，成立了现场总线基金会，致力于开发出国际上统一的现场总线协议。它以 ISO/OSI 开放系统互连模型为基础，取其物理层、数据链路层、应用层为 FF 通信模型中的相应层次，并在应用层上增加了用户层。

基金会现场总线分为低速 H1 和高速 H2 两种通信速率。H1 的传输速率为 31.25kb/s，通信距离可达 1900m，可支持总线供电，支持本质安全防爆环境。H2 的传输速率有 1Mb/s 和 2.5Mb/s 两种，其对应的通信距离分别为 750m 和 500m。物理传输介质可支持双绞线、光缆和无线发射，协议符合 IEC1158-2 标准。H1 支持点对点、总线、菊花链、树状拓扑结构，而 H2 只支持总线拓扑结构。

基金会现场总线的物理媒介的传输信号采用曼彻斯特编码，每位发送数据的中心位置或正跳变，或负跳变。正跳变代表 0，负跳变代表 1，从而使串行数据位流中具有足够的定位信息，以保持发送双方的时间同步。接收方既可根据跳变的极性来判断数据的"1"或"0"状态，也可根据数据的中心位置精确定位。每帧协议报文的长度为 8～273B。为满足用户需要，Honeywell、Ronan 等公司已开发出可完成物理层和部分数据链路层协议的专用芯片，许多仪表公司已开发出符合 FF 协议的产品。H1 总线已通过 α 测试和 β 测试，完成了由 13 个不同厂商提供设备而组成的 FF 现场总线工厂试验系统。H2 总线标准也已经形成。

表 1-2 4 种技术的主要特征

技术名称	连接类型	带　宽	拓　扑	PC 接口	数据转换类型	视频流	设备最多数目	全双工方式	面扫描支持	线扫描支持	多相机支持
Camera Link	点到点	base：2380Mb/s Medium：4760Mb/s full：7140Mb/s	链接	PCI 图像采集	专用	连续	1	是	是	是	是
IEEE1394b	对等网络	STP：800Mb/s	总线	PCI 卡或主板	异步/同步	猝发	63	是	是	限制	是
USB 2.0	主从式	STP：480Mb/s	带集线器总线	PCI 卡或主板	异步/同步	猝发	127	否	是	否	否
GigE	点对点或局域网	5 类：1000Mb/s 光纤：1000Mb/s	链接	GigE 网络接口卡或主板	专用	连续	不限	是	是	是	是

4. 过程现场总线

过程现场总线,即 Profibus(Process Field BUS),是一种国际化的开放式现场总线标准,是德国于 1986 年推出的德国国家标准 DIN19245,同时也是欧洲现场总线标准 EN50170。它是传输速率最快的总线,可广泛地应用于制造加工自动化、过程自动化和楼宇自动化领域。

Profibus 系列包括传输速率可达 12Mb/s 的高速总线 Profibus-DP(H2)和用于过程控制的本质安全型低速总线 Profibus-PA(H1),以及用于一般自动化的 Profibus-FMS。现场总线报文规范(Fieldbus Message Specification,FMS)是用于车间级监控的令牌方式实时多主网络,用于连接控制系统中的工程师工作站、操作员站、可编程控制器(Programmable Logic Controller,PLC)或分散控制系统(Distributed Control System,DCS)控制站。分布式外围设备(Distributed Peripheral,DP)用于控制系统与分散式 I/O 的通信。DP 和过程自动化(Process Automation,PA)的完美结合使得 Profibus 现场总线在结构和性能上优越于其他现场总线。它的缺点是,若在网内增加和删除站点,要重新初始化整个网络,并对各站重新排序。

Profibus 的传输速率为 9.6~12kb/s,在速率为 12kb/s 时,最大传输距离为 1000m;在速率为 1.5Mb/s 时,最大传输距离为 400m,可用中继器延长至 10km。其传输介质可以是双绞线,也可以是光缆,最多可挂接 127 个站点。

5. 局部操作网络

局部操作网络(Local Operating Network,LON)也被称为 LonWorks,是通用的测控总线网,它是由美国 Echelon 公司推出,并与摩托罗拉、东芝公司共同倡导,于 1990 年正式公布而形成的。LonWorks 技术是采用神经元芯片(Neuron Chip)技术,在 ISO/OSI 七层协议上实现的网络控制技术,采用面向对象的编程方法,使用网络变量或显式消息进行相互通信。在一个 LonWorks 控制网络中,智能控制设备(节点)使用同一个通信协议(LonTalk),与网络中的其他节点通信。具有 300b/s~1.5Mb/s 的数据传输速率,直接通信距离可达 2700m;可以使用双绞线、同轴电缆、光纤、无线电波、红外线和电力线等多种通信媒介,一个 LonWorks 控制网络可以有 3~3000 个或更多的节点。

神经元芯片和 LonTalk 协议是 LonWorks 技术的核心。神经元芯片完成节点的事件处理,并通过多种介质把处理结果传递给网络上的其他节点。LonTalk 协议为 LonWorks 控制网络实现可互操作性提供了条件。神经元芯片是高度集成的,内部包含 3 个 8 位的 CPU。第一个 CPU 为介质访问处理器,处理 LonTalk 协议的第一、二层;第二个 CPU 为网络处理器,处理 LonTalk 协议的第三~六层,进行网络变量的处理、寻址、事务处理、证实、背景诊断、软件定时器、网络管理和路径选择等;第三个 CPU 为应用处理器,它执行由用户编写的代码及用户代码所调用的操作系统服务。Neuron 芯片的编程语言为 Neuron C,它是从 ANSI C 中派生出来的,并对 ANSIC 进行了删减和增补。

6. 控制器局域网

控制器局域网(Controller Area Network,CAN)是德国 Bosch 公司于 1983 年为汽车应用而开发的一种串行通信网络,它能有效地支持分布式控制和实时控制。它最初出现在 20 世纪 80 年代末的汽车工业里。它的基本设计规范要求有高的位速率、高抗电磁干扰性,并能检测出所产生的任何错误。由于 CAN 串行通信总线具有这些特性,它很自然地在汽车制造业以及航空工业中得到了广泛的应用。

CAN 总线的通信介质可采用双绞线、同轴电缆和光导纤维。通信距离与波特率有关，最大通信距离可达 10km，最大通信波特率可达 1Mb/s。CAN 总线仲裁采用 11 位标识和非破坏性位仲裁总线结构机制，可以确定数据块的优先级，保证在网络节点冲突时最高优先级节点不需要冲突等待。CAN 总线采用了多主竞争式总线结构，具有多主站运行和分散仲裁的串行总线以及广播通信的特点。CAN 总线上任意节点可以在任意时刻主动地向网络上其他节点发送信息，而不分主次，因此可以在各节点之间实现自由通信。CAN 总线协议已被国际标准化组织认证，技术比较成熟，控制芯片已经商品化，性价比高，特别适用于分布式测控系统之间的数据通信。

1.6　OPC 技术规范

1.6.1　OPC 技术特征

OPC 是 OLE for Process Control 的缩写，即面向过程控制的 OLE(Object Linking and Embedding)。OPC 接口是由 OPC 基金会(OPC Foundation)制定的一套标准 OLE/COM 接口协议。其目的是使过程控制工业中的自动控制应用程序、现场系统、仪表及商业办公应用程序之间有更强大的互操作性和兼容性。

1. OPC 技术规范及服务器组成

OPC 技术规范主要包括 OPC 服务器(SERVER)和 OPC 应用程序(CLIENT)两部分。一个 OPC CLIENT 可以连接一个或多个 OPC 服务器，而多个 OPC CLIENT 也可以同时连接一个 OPC 服务器。

OPC 服务器由 3 类对象组成：服务器(SERVER)、组(GROUP)和数据项(ITEM)。服务器对象保存服务器和服务器作为 OPC 组对象容器的所有信息。

OPC 组对象保存组对象的信息，并提供组织 OPC 数据项的机制。OPC 组对象为客户提供了组织数据的一种方法。例如，一个组可能代表一个特殊设备的数据项。OPC CLIENT 可以通过组对象来读写数据，并可以设定 OPC 服务器应该提供给 OPC CLIENT 的数据更新速率。OPC 规范定义了两种组对象：公共组和私有组。公共组由多个客户共享，私有组只隶属于一个 OPC 客户。公共组对所有连接在服务器的应用程序都有效，而私有组只能对建立它的 CLIENT 有效。在一个 SERVER 中，可以有若干组。

OPC 数据项代表到 OPC 服务器的数据源连接，并不是数据源本身，数据项是读写数据的最小逻辑单位(在实际应用中，可能是物理设备的寄存器或寄存器的某一位)。数据项不提供对外接口，不能作为单独的对象供 OPC CLIENT 访问，必须隶属于某一个组，所有对 OPC 数据项的访问必须经过包含 OPC 数据项的组对象，即必须通过组对象才可以访问到 OPC 数据项。在一个组对象中，客户可以加入多个 OPC 数据项。每个数据项包括 3 个变量：值(Value)、品质(Quality)和时间戳(Time Stamp)。数据值是以 VARIANT 形式表示的。

2. OPC 的访问方式

OPC 客户和 OPC 服务器进行数据交互有同步和异步两种访问方式。

同步方式实现较为简单,客户向服务器发出读写请求,然后等待服务器返回信息。当客户数据较少且同服务器交互的数据量也比较少的时候可以采用这种方式。然而,当网络堵塞或有大量客户访问时,会造成系统的性能效率下降。

异步方式实现较为复杂,客户向服务器发出读写请求后,服务器立刻返回信息表示请求已接收,客户可以进行其他处理。当服务器完成读写操作后,通过调用回调函数,通知客户程序操作完成,并传递相应的信息。因此,异步方式的效率更高,能够避免多客户大数据请求的阻塞,并可以最大限度地节省 CPU 和网络资源。另一种异步方式是服务器周期性地扫描缓冲区的数据,发现数据变化范围超过死区后,立刻通知客户程序,传递相应信息。

3. OPC 的组成和发展动向

OPC 基金会于 1996 年 8 月完成了最初的 OPC 规范,即 1.0 版。后来于 1997 年 9 月发布了 OPC 规范 1.0A 版。1998 年 12 月发布了报警事件规范 1.0 版(Alarm & Events Specification)。1999 年 12 月升级到 1.01 版。1998 年还发布了历史数据存取规范 1.0 版(History Data Access Specification)。2000 年 1 月发布了批量过程规范 1.0 版(Batch Specification)。2000 年 10 月发布了安全性规范 1.0 版(Security Specification)。

在日本,为响应以美国为中心的国际标准活动,由 11 家公司作为发起人,于 1996 年 6 月开始基金会成立的准备活动,并于 1996 年 10 月 17 日正式成立了日本 OPC 协会(OPC-J)。几乎与此同时,欧洲的 OPC 协会(OPC-E)也正式成立。在我国,由 5 家公司作为发起人于 2001 年 12 月正式成立了中国 OPC 促进会(OPC-C)。OPC 基金会从成立开始会员逐年增加,由控制设备厂商和控制软件供应商提供的 OPC 产品也日益增加。

2003 年 3 月,OPC 基金会发布了 OPC DA 规范 3.0 版本,同时也发布了 OPC DX 规范 1.0 版本,并于 6 月发布了相应的实例应用程序。

一些国内工控软件公司也充分利用 OPC 技术增强和扩展其软件功能,例如北京亚控公司从组态王 5.1 版本开始支持 OPC 技术。美国 TECHNOSOFTWARE AG 软件公司推出了基于 Linux、UNIX、Sun、Solaris、.NET 等各种操作平台的 OPC 客户端和服务器开发工具包,更加推动了 OPC 的快速发展。

1.6.2 基于 OPC 技术的监测监控系统应用设计

1. 基于 OPC 技术的监测监控系统架构

在系统集成中,监测监控系统的生产厂家很大一部分的工作是处理通信问题,将站内各家智能设备联入后台监控系统,用户所关心的是能否在监控系统中了解到所关心的数据。但在智能设备厂家众多、规约纷杂的现实情况下,如何有效地互联互通,保证工程顺利投运,保护用户投资利益是每个设备集成厂家所关注的重点。

随着现场总线技术和监测监控系统的应用,需要连接到监测监控系统中的智能设备越来越多,这就要求系统为每种智能设备都提供一种通信接口程序,现有的解决方案如图 1-6 所示。

在图 1-6 所示的系统应用模式下,每增加一种类型的设备,就要增加一种通信协议,显然,这种系统应用模式存在以下一些弊端。

(1) 不同厂家对于通信规约的理解不同,造成了即使是同一种规约文本,各家做法也不同,导致最终通信仍然无法连通。

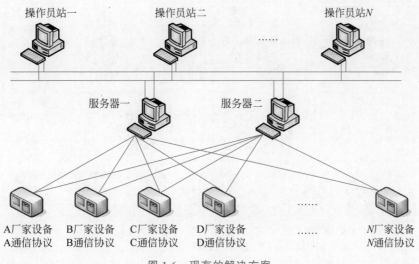

图1-6　现有的解决方案

（2）重复开发，每家软件系统开发商必须为每个特定的硬件开发一个驱动程序。

（3）不支持硬件特性的变化。由于驱动程序由监控系统的开发者开发完成，硬件特性的变化会使现有的驱动程序失效，为适应硬件特性的变化，软件开发者必须为硬件开发出新的驱动程序。

从以上分析可以看到，系统级设备急需一种现场标准接口，能够使各种智能设备在不用修改通信接口协议的情况下方便地连接进监控系统中。

对象链接与嵌入的过程控制（OLE for Process Control，OPC）技术的出现很好地解决了这个问题，OPC是一种设备服务器的标准接口，它能够被连接到I/O装置、PLC、现场总线设备等。OPC技术能提供一种即插即用的硬、软件组件，用户可以很容易地将它们集成为完整的自动化系统。由于所有的硬、软件组件都遵循单一的、标准的通信规约，因而集成系统的造价得以降低。另外，利用OPC技术所开发的OPC服务器来代替原先的设备通信规约，并将各种应用设计成OPC客户，这样在OPC客户和OPC服务器之间就可以进行通信和互操作了，硬件和软件制造商就能够在互联问题上花费较少的时间，而将主要精力放在解决应用需求上，从而消除大量的重复劳动，使用OPC技术能解决困扰监控系统不同生产厂家的现场通信问题。

应该说，OPC技术诞生以前，硬件的驱动器和与其连接的应用程序之间的接口并没有统一的标准。OPC技术正是为了实现不同供应厂商的设备和应用程序之间的软件接口标准化，使其间的数据交换更加简单化而提出的，从而可以向用户提供不依赖特定开发语言和开发环境的、可以自由组合使用的过程控制软件组件产品。

基于OPC的系统结构如图1-7所示，通过使用OPC技术，可以将系统结构优化为图1-7所示的应用模式，在这种应用模式下，通信和设备无关，和测点、数据表定义无关，也和寄存器内容无关。

2. 基于OPC的模式在水电站中的应用

水电厂监控系统普遍采用分层、分布、开放的模式。所谓分层是指计算机监控系统按功能分成现地控制层、厂站控制层、梯调（或集中）控制层（根据实际需要设立该控制层）。现地

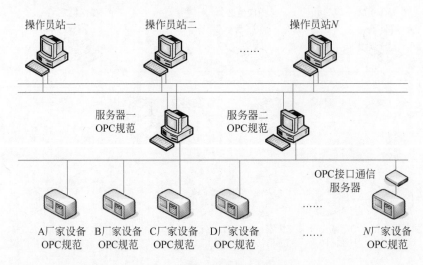

图 1-7　基于 OPC 的系统结构

控制层的功能是现地数据的采集并上送给厂站控制层及梯调控制层(以下将厂站控制层、梯调或集中控制层简称为上位系统),根据指令或自启动执行顺控流程。监控系统的实时性主要由现地控制层来保证,因此它要具有非常好的实时性和很高的可靠性。厂站控制层根据监控系统运行工况,由运行人员对现场设备发出控制命令(设备不成组),或根据负荷曲线、电网频率变化自动进行控制(设备成组情况)。梯调(或集中)控制层是厂站控制层的延伸,在流域梯级电站或电站群的情况下设立,负责所管辖电站的经济运行和统一调度。分布是指将现地控制层依据现场设备分成一个个单元,每个单元建立相对独立 LCU(Local Control Unit)。在水电厂监控系统中,一般每台机组设一个 LCU,开关站、公用设备、厂用电设备、大坝等依据控制设备的多少、设备的布置及资金情况设一个 LCU 或若干 LCU。开放主要指监控系统的软件适应硬件的程度,以及监控系统的节点可扩展性。水电站监控系统结构如图 1-8 所示。

在水电站监控的实际应用中,若每台智能设备都能将自身作为 OPC 服务器,监控系统通过客户端来和智能设备连接取得数据,在全系统架构中能实现无缝连接,那是最理想的结果。但 OPC 技术在嵌入式操作系统中并不能获得很好的支持。美国 TECHNOSOFTWARE AG 软件公司在嵌入式操作系统中做过一些工作,提供了一些开发工具软件包,但只限于在 VxWorks 等少数嵌入式操作系统中实现了部分的功能接口。

国内的生产厂商众多,技术力量和开发能力参差不齐,要在全系统架构中实现无缝连接比较困难,可能会有很多智能设备暂时不具有 OPC 接口。另一种方式是智能设备的硬件厂家提供一个运行于通用平台下的 OPC 通信服务器软件包,该软件包可以与自己的智能设备通信和进行数据采集,然后通过 OPC 方式发布,各个监控系统生产厂家不需要去了解具体智能设备的通信方式和协议细节,只要监控软件能采用 OPC 客户端方式连接即可完成互联互通。

对于不能提供 OPC 接口的其他智能设备,若需连接进监控系统,可以通过两种方式来实现该功能。一种方式为采用通信管理软件包,软件包运行在服务器端,完成与智能设备的通信工作,同时提供 OPC 服务器及客户端接口,以实现对外的数据发布功能,这种采用通信

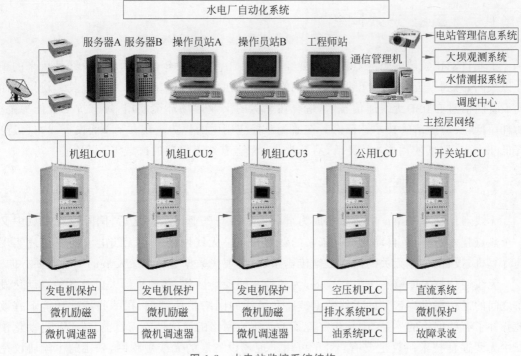

图 1-8 水电站监控系统结构

管理软件包的方式如图 1-9 所示。另一种是采用通用通信转换平台来实现,如图 1-10 所示。例如,采用专门的通信管理机,通信管理机提供各种现场总线接口(RS232、RS485/422、CAN 总线等)完成和智能设备的通信及规约转换,将设备信息采集上来,再由通信服务器提供对 OPC 服务器端和客户端的支持。这样,上层监控系统的软件就可以稳定运行,而不必考虑各种通信接口问题,由通信管理机(通信服务器)提供 OPC 服务器接口后,整个系统的组网结构也可以更加清晰。

图 1-9 采用通信管理软件包

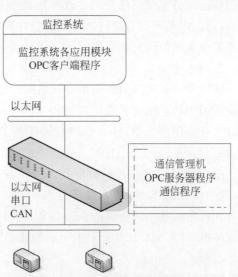

图 1-10 采用通用通信转换平台

1.7 工业无线网络

工业自动化领域的监测监控的发展经历了从 20 世纪 90 年代初的现场总线到后来的工业以太网,再到今天的包括无线传感器网络在内的工业无线网络技术几个阶段。新兴的面向设备间信息交互的无线通信技术,适合在恶劣的工业现场环境使用,具有抗干扰能力强、功耗超低、实时通信等技术特征。其在监测监控应用中的优势表现在:降低投资成本(最高降低 90%);降低使用成本;灵活,易于改造;覆盖有线不可达的区域等。

1.7.1 监测监控中的无线技术

无线通信技术在工厂的应用已成为继现场总线与工业以太网之后,国际测控领域中又一个热点技术,是工业自动化产品未来的新增长点。无线网络利用无线电波而非线缆实现与计算机、设备、位置无关的网络数据传输系统,是现代数据通信系统发展的一个重要方向。

无线通信技术能够在工厂环境下,为各种智能现场设备、移动机器人以及各种自动化设备之间的通信提供高带宽的无线数据链路和灵活的网络拓扑结构,在一些特殊环境下有效地弥补了有线网络的不足,进一步完善了工业测控网络的通信性能。目前,在工业自动化领域中无线通信技术协议主要有:对于可用于现场设备层的无线短程网,采用的主流协议是 IEEE802.15.4(ZigBee);对于大数据容量的短程无线通信,采用的是 IEEE802.15.3(高速无线个人局域网 WPAN);而对于适应较大传输覆盖面和较大信息传输量的无线局域网,采用的是 IEEE802.11 系列。其中应用较广的是无线短程网和无线局域网。

1. 红外线技术

红外线传输利用红外线为传输媒介,速度由 IrDA-SIR 的 115.2kb/s 到最新 IrDA-VFIR 的 16Mb/s 都有,传输距离一般在 1m 以内。目前,IrDA 技术的软硬件都很成熟,在小型移动设备上被广泛使用。红外线是一种视距传输,两个相互通信的设备必须在 30°范围内,而且中间不得有障碍物。这一特性限制了它在工业监测中的应用。目前也没有这方面在工业领域的研究和应用。

2. 蓝牙技术

蓝牙是一种无线数据与语音通信的开放性规范,它为固定或移动设备之间的通信环境建立了通用的近距离无线接口,能在约 10m 范围内(通过增加发射功率可达到 100m)利用全球公众通用的 2.4GHz ISM 频段,提供 1Mb/s 的数据传输速率。蓝牙技术诞生于 1994年,1998 年由 Ericsson、IBM、Intel、Nokia、Toshiba 这 5 家公司达成一致共同推出。蓝牙技术主要面向网络中的各种数据及语音设备,如 PC、拨号网络、笔记本计算机、打印机、传真机、数码相机、移动电话、高品质耳机等,通过无线的方式将上述设备连成围绕个人的网络,使各种便携设备实现无缝的资源共享。蓝牙技术的最终目的是要建立一个全球统一的无线连接标准,让不同厂家生产的移动计算设备在近距离内无需电缆线就可实现互操作和数据共享。

蓝牙网络采用微网(piconet)结构,由一个主设备来协调最多 7 个从设备间的无线数据传输,从设备间的通信必须通过主设备。针对大规模的网络应用,多个微网可构成一个分散网(scatternet)。微网采用时分多址(Time Division Multiple Access,TDMA)的信道接入方式,主设备在奇数的时间片(每个时间片 625μs)内发送数据和轮询请求,从设备在偶数的时间片内响应轮询请求,发送数据。对于分散网,为了避免网间的通信冲突,微网在 79 个带宽为 1MHz 的信道间实施跳频通信,最大频率是 1.6kHz,跳频顺序由主设备决定。在物理层,蓝牙技术采用高斯频移键控(Gaussian Frequency-Shift Keying,GFSK)调试方式,通信速率为 1Mb/s。若发射功率为 0dBm(1mW),通信距离为 10m;若使用 20dBm 的发射功率则可获得更长的通信距离,但需要实现功率控制来满足 ISM 频带的共享规则。蓝牙技术设计了异步无连接链路(Asynchronous Connectionless Link,ACL)和同步的面向连接的链路(Synchronous Connection-oriented Link,SCL)两种数据传输模式。ACL 模式采用循环冗余校验(Cyclic Redundancy Check,CRC)和自动重传请求(Automatic Repeat Request,ARQ)来保障通信的可靠性。ACL 有 6 种报文类型,其中 3 种非编码报文为 DH1、DH2、DH3;3 种加入前向纠错码(FEC)保护的编码报文为 DM1、DM3 和 DM5。SCL 模式用于提供实时通信服务,不支持重传。该模式下的 3 种报文具有相同的长度和传输时延(366μs),支持吞吐量为 64kb/s 的连续可变斜率增量(Continuously Variable Slope Delta,CVSD)编码语音通信。由于蓝牙的通信距离较短,人们分析了在工业环境下多个蓝牙微网共存的情况,讨论了网络吞吐量、设备分布、信号衰减模式和同频、邻频干扰等问题。仿真结果显示:

(1) 蓝牙微网具有较好的共存能力,30 个同时触发具有 1/3 通信负载的 SCL 链路只会造成 1%的报文丢失;

(2) FEC 无法解决同频冲突问题,而非编码报文在降低网络的能耗和负载方面有优势;

(3) 使用长格式报文可以有效地避免干扰,获得较好的网络吞吐量。

近年来,世界上一些权威的标准化组织也都在关注蓝牙技术标准的制定和发展。例如,IEEE 的标准化机构也已经成立了 802.15 工作组,专门关注有关蓝牙技术标准的兼容和未来的发展等问题。

蓝牙微网间虽有较好的共存能力,但易受同频段其他通信设备的干扰。研究显示,使用直接序列扩频(Direct-Sequence Spread Spectrum,DSSS)、数据速率为 11Mb/s 的 IEEE802.11b 系统,其发射功率为 20dBm 时,将使蓝牙的丢包率达到 13.46%。此外,在安全性和可扩展性方面,蓝牙也难以达到工业自动化应用的要求。因此,目前尚未见到蓝牙技术应用到工业监测中。

3. ZigBee 技术

ZigBee 技术是低成本、低功耗、低速率无线连接技术中最被看好的一种。随着技术的不断完善,它将成为当今最先进的数字化无线技术之一。ZigBee 技术目前已在家居控制、楼宇自动化与工业自动化等领域得到初步的应用。IEEE802.15.4 工作组是 ZigBee 联盟的核心成员和领导者。

ZigBee 支持 3 种通信设备的网络拓扑,即 Star、Mesh 和 Cluster Tree。其中,Star(星形)网络是一种常用且适用于长期运行使用的网络;Mesh 网络是一种高可靠性检测网络,它通过无线网络连接可提供多个数据通信通道,即它是一个高级别的冗余性网络,一旦设备数据通信发生故障,则存在另一个路径可供数据通信,这一点和下面的 Z-Wave 一样;Cluster Tree 网络是 Star/Mesh 的混合型拓扑结构,结合了上述两种拓扑结构的优点。

ZigBee 的主要技术特征如下。

(1) 功耗低。由于 ZigBee 的传输速率低,发射功率仅为 1mW,而且采用了休眠模式,功耗低,因此 ZigBee 设备非常省电。据估算,ZigBee 设备仅靠两节 5 号电池就可以维持长达 6 个月到 2 年的使用时间,其功耗远远低于其他无线设备。

(2) 成本低。ZigBee 模块的初始成本在 6 美元左右,预计很快就能降到 115～215 美分,并且 ZigBee 协议是免专利费的。

(3) 时延短。通信时延和从休眠状态激活的时延都非常短,典型的搜索设备时延为 30ms,休眠激活的时延是 15ms,活动设备信道接入的时延为 15ms。

(4) 网络容量大。一个星形结构的 ZigBee 网络最多可以容纳 254 个从设备和一个主设备,而且网络组成灵活。

(5) 可靠。采取了碰撞避免策略,同时为需要固定带宽的通信业务预留了专用时隙,避免了发送数据的竞争和冲突。

(6) 安全。ZigBee 提供了基于循环冗余校验的数据包完整性检查功能,支持鉴权和认证,采用了 AES-128 的加密算法,各个应用可以灵活确定其安全属性。

正是这些全新的特点,ZigBee 技术在无线数传、无线传感器网络、无线实时定位、射频识别、无线遥控器、汽车电子、矿山井下环境监测等方面得到了非常广泛的应用。当前 ZigBee 已处于逐步完善并广泛应用阶段。作为 ZigBee 联盟的领先者和主要推动者的美国 Ember 公司已经开发出成熟的符合 ZigBee 标准的 RF 芯片 EM2420 以及完整的硬、软件开发工具。国内也有公司开展了相关的研发,主要专注于 ZigBee 无线通信系统、分布式无线传感与控制系统的技术研发与产品应用,主要产品有短/中/远距离 ZigBee 无线通信模块、ZigBee 无线数据采集器、ZigBee/Ethernet/GPRS/USB 综合接入网关设备等。

4. UWB 技术

UWB(Ultra Wide Band)无线通信是一种不用载波,而采用时间间隔极短(小于 1ns)的脉冲进行通信的方式,也称作脉冲无线电(Impulse Radio)、时域(Time Domain)或无载波(Carrier Free)通信。与普通二进制移相键控(Binary Phase Shift Keying,BPSK)信号波形相比,UWB 方式不利用余弦波进行载波调制,而是发送许多小于 1ns 的脉冲,因此这种通信方式占用带宽非常宽,且频谱的功率密度极小,具有通常扩频通信的特点。

UWB 技术主要应用在小范围、高分辨率、能够穿透墙壁、地面和身体的雷达与图像系统中。由于它能在 10m 以内的范围里以至少 100Mb/s 的速率传输数据,所以在视频消费娱乐方面有广阔的应用前景,被认为是未来五年电信热门技术之一。

UWB 目前尚处于起步阶段,在国内外尚无成熟的芯片及开发环境问世。但其研究改进一直在进行,中国科学院沈阳自动化研究所的曾文等就在其中做了一些改进工作。

5. Z-Wave 技术

Z-Wave 技术是 2005 年年初 Z-Wave 联盟为推动家庭自动化市场而推出的无线协议。Z-Wave 是一种基于射频的低成本、低功耗、高可靠性、适用于网络的双向无线通信技术,工作频带为 908.42MHz(美国)和 868.42MHz(欧洲),采用 FSK 调制方式,支持窄带宽应用,传输速率为 9.6kb/s,信号传输距离为室内 30m 以上,室外 100m 以上,单一区网可以容纳 232 个节点,并且可以通过区域内的组网扩展更多节点,主要用于家居、商场里的照明控制、身份识别和小型工业控制。

Z-Wave 技术主要应用于家庭自动化领域,包括照明控制、读取仪表(水、电、气)、家用电器功能控制、身份识别、通路(出入口)管制、能量管理系统、预警火灾等。它在某些功能和应用领域与 ZigBee 极为相似,两种技术已处于竞争状态。Z-Wave 技术的主要特点如下。

(1)低成本。Z-Wave 使用新的协议处理技术代替了价值不菲的硬件实现方法,因此在保证自身高质量运作的同时,其成本只为同类技术的一小部分。此外,把 Z-Wave 置于一个集成的模块里也确保了低成本的实现。

(2)低功耗。和许多其他控制系统不同,其采用轻权协议和压缩帧格式达到低功耗的目的。除此之外,Z-Wave 采用单个模块的方案,也便于电池驱动的设备(如调温器、传感器等)采用先进的节电模式。这些都有利于家居控制系统降低功耗。

(3)高可靠性。和 Bluetooth 一样,Z-Wave 使用的是免授权通信频带,采用双向应答式的传送机制、压缩帧格式以及随机式的逆演算法来减少干扰和失真,从而确保了整个网络的高可靠通信。

(4)网络管理轻松。Z-Wave 技术便于智能化网络在安装时实现地址分配,同时还可以实现节点间的全纳(或连接)。此外,每个 Z-Wave 网络都有其自身独特的网络标识符,可以防止由于邻近网络而引起的控制或干扰问题。因此,对于 Z-Wave 用户来说,对网络进行管理将会非常轻松。

Z-Wave 的进展情况和 UWB 相差不大,Z-Wave 联盟成员现已生产了 100 多款产品,主要应用于家庭系统。它一直把 ZigBee 作为竞争对手,但由于没有被 IEEE 等国际化标准组织认可,在"权威性"方面存在软肋。在国内,只有部分学者在对其中的具体技术进行研究仿真,目前尚未查到相关的产品和专门的研究机构。

6. IEEE802.11/无线局域网

IEEE802.11 是一个系列无线局域网标准,其设计目的是为设备间提供具有较高吞吐量的连续网络连接,包括物理层的 IEEE802.11a、IEEE802.11b、IEEE802.11g 和数据链路层的 IEEE802.2。物理层各标准的主要参数如下。

(1)IEEE802.11a 工作于 5GHz 频段,采用多载波正交频分复用(Orthogonal Frequency Division Multiplexing,OFDM)技术,定义了 7 种传输模式,速率从 6Mb/s 到 54Mb/s。用户实际可用的传输速率是由所使用报文的长度来决定的。在 54Mb/s 传输模式下,若使用长度为 1500 字节的以太网报文,则用户实际可用的最大传输速率是 30Mb/s;若面向工业应用需求使用长度为 60 字节的报文,则用户实际可用的最大传输速率只有 2.6Mb/s,网络带宽利用率很低。

(2)IEEE802.11b 工作于 2.4GHz 频段,定义了速率为 1Mb/s、2Mb/s、5.5Mb/s 和 11Mb/s 的 4 种数据传输模式,使用长度为 1500 字节的以太网报文时为用户提供的最大传输速率是 7.11Mb/s;使用长度为 60 字节的报文时为用户提供的最大传输速率是 0.75Mb/s。

(3)IEEE802.11g 是 IEEE802.11b 的扩展,也工作于 2.4GHz 频段,兼容 IEEE802.11b 和 IEEE802.11a 的调制、编码方式。在 54Mb/s 传输模式下,若使用长度为 1500 字节的以太网报文,则用户实际可用的最大传输速率是 26Mb/s;若使用长度为 60 字节的报文,则用户实际可用的最大传输速率为 2Mb/s。从上述的物理层参数可以看出,与蓝牙和 IEEE802.15.4 相比,IEEE802.11 更适合于传输较长的数据文件。在数据链路层,IEEE802.11 提供了分布式协调功能(Distributed Coordination Function,DCF)和点协调功能(Point Coordination

Function,PCF)两种信道接入方式。前者基于载波侦听多路访问/冲突避免(Carrier Sense Multiple Access/Collision Avoid,CSMA/CA)协议,提供点到点的对等通信服务;后者由访问点(Access Point,AP)控制,提供实时通信服务。在安全性方面,IEEE802.11协议规范中提供了多种可选的加密、认证机制。

无线局域网的应用比较成熟和广泛,无线网通信协议可采用IEEE802.3来实现点对点传输方式或采用IEEE802.11实现一点对多点传输方式,也可以在普通局域网基础上通过无线Hub、无线接入站、无线网桥、无线Modem及无线网卡等来实现,其中无线网卡的使用最为普遍。国内外均有众多的厂商提供设备和完整的解决方案。

当前,国内外学者研究的重点主要集中在安全性、可靠性、能耗性、移动漫游、网络管理以及与其他移动通信系统之间的关系等问题上。其发展方向有:更高的通信速率;研发智能天线进一步提高频谱利用率,增加覆盖范围;与微波存取全球互通(Worldwide Interoperability for Microwave Access,WiMax)融合,支持高速、移动接入。另外,现场总线的无线传输的可行性正在评估,无线通信技术将会和现场总线技术结合更加紧密。

但值得注意的是,无线局域网IEEE802.11/Wi-Fi技术就其本质而言,目前尚属于无线接入技术,要构成Mesh拓扑和自组织网络尚需时日,因此在工业监测中的应用有限。

当前国际上工业自动化领域的研究机构和企业,都在进行工业无线通信技术的研发工作,无线传输进入工业控制领域是必然趋势。同时,适应工业应用要求的无线通信的标准正在制定过程中,其发展和市场开发值得重视。

1.7.2　无线传感器网络

1. 无线传感器网络——一种信息获取的新方式

无线传感器网络的研究起步于20世纪90年代末期。从21世纪开始,无线传感器网络引起了学术界、军事领域和工业界的极大关注。美国国防部和各军事部门较早启动传感器网络的研究,在C^4ISR的基础上提出了C^4KISR计划,强调战场情报的获取能力、信息综合能力和信息的利用能力,将无线传感器网络作为一个重要的研究领域。

美国陆军在2001年提出了"灵巧传感器网络通信"计划,其基本思想是:在战场上布设大量的传感器以收集和传输信息,并对相关原始数据进行过滤,然后再把那些重要的信息传送到各数据融合中心,将大量的信息集成为一幅战场全景图。当参战人员需要时,可分发给他们,使其对战场态势的感知能力大大提高。美国陆军相继又提出了"无人值守地面传感器"项目和"战场环境侦察与监视系统"项目;美国海军也提出了"传感器组网系统"研究项目,其核心是一套实时数据库管理系统,利用现有的通信机制对从战术级到战略级的传感器进行信息管理,管理只需要一台专用的商用便捷机就可以。该系统以现有的宽带通信为基础,可协调来自全方位(海、陆、空、太空等)的监视设备的信息。

在非军事应用领域,美国最早于1995年提出了"国家智能交通系统项目规划",该计划试图有效集成先进的信息技术、数据通信技术、传感器技术、控制技术及计算机处理技术并运用于整个地面的交通管理,建立一个大范围、全方位的实时高效的综合交通运输管理系统。2002年10月,英特尔公司发布了"基于微型传感器网络的新型计算发展规划"。

在学术领域,美国国家自然科学基金委员会于2003年制订了无线传感器网络研究计划,并将其作为Internet2主要的远景规划之一。加拿大、英国、德国、芬兰、意大利和日本等国家的研究机构也相继加入了传感器网络的研究。我国在无线传感器网络及其应用方面的研究几乎与发达国家同步启动,经过几年的努力,在无线传感器网络及应用方面做了大量的研究工作,并取得了初步成果。

2. 无线传感器网络的特征

无线传感器网络主要具备自组织、动态性、可靠性、应用相关性等特点。无线传感器网络能根据环境自主完成指定任务,是具有自组织分布式的智能网络系统,它是以数据为中心的网络,这也是其与其他无线网络的本质区别。

传统的网络,特别是 Internet 的发展,改变了整个社会信息交换的方式。与传统的网络相比,传感器网络实现了真实的物理世界和虚拟的计算世界的耦合。

无线传感器网络的最基本组成部分是那些体积小,具有传感、数据处理和通信能力的传感器节点(Node)。传感器节点的基本组成包括 4 个功能块:由传感器和模数转换功能模块组成的传感单元,由中央处理器(Central Processing Unit,CPU)、存储器、嵌入式操作系统构成的处理单元,由无线通信模块组成的通信单元,以及供电的电源部分。由传感器节点通过自组织方式形成传感器节点网络,同网关和用户或应用组成传感器网络。

典型的无线传感器网络的结构如图 1-11 所示,由传感器节点、基站汇集节点、管理中心和远程用户几部分构成。传感器节点分布在指定的被监测区域,每个节点都可以收集数据,并通过"多跳"把数据送到基站节点。基站起着接收转发作用。基站直接与 Internet 或其他通信网络相连,其他通信网络也可以包括 PSTN、ATM、DDN、通信卫星等传统的通信网络。将整个区域内的数据传送到远程控制管理中心进行集中处理。上层任务管理是由控制中心或更高层次的控制中心执行的。远程用户可以通过有线或无线的方式访问管理中心,以获取自己需要的数据。

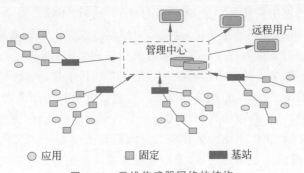

图 1-11 无线传感器网络的结构

为了获取精确信息,在监测区域通常会部署相对较密集的、大量的传感器节点。这样部署的优点是提高了信息获取的可靠性和精度。通过节点的空间冗余性和时间冗余性,所获信息的可靠性和信噪比较高;另外,密集部署也降低了对单个节点传感器的精度要求;大量节点还能够增大覆盖的监测区域,减少洞穴或盲区。

在无线传感器网络的某些应用中(如对无人区的监测),通常会将传感器节点放置在没有基础结构的地方,传感器的位置不能预先精确设定,节点之间的相互邻居关系预先也不知道,这就要求传感器节点具有自组织能力,能够自动进行配置和管理,通过拓扑控制机制和网络协议自动形成转发监测数据的多跳无线网络系统。

3. 无线传感器网络的关键技术

无线传感器网络作为当今信息领域新的研究热点,是涉及多学科交叉的研究领域,有非常多的关键技术有待研究。当前的相关技术研究主要集中在 WSN 体系结构、节点技术、通信协议、覆盖控制及其监测质量、节点自定位与时钟同步、数据管理和网络仿真等技术方面。下面主要围绕网络、信号处理、无线通信及应用技术这 4 方面来分析。

1) 网络技术

网络拓扑控制:对于无线的自组织的传感器网络而言,网络拓扑控制具有特别重要的意义。通过拓扑控制自动生成的良好的网络拓扑结构,能够提高路由协议和 MAC 协议的效率,可为数据融合、时间同步和目标定位等很多方面奠定基础,有利于节省节点的能量来延长网络的生存期。所以,拓扑控制是无线传感器网络研究的核心技术之一。

传感器网络拓扑控制目前主要的研究问题是在满足网络覆盖度和连通度的前提下,通过功率控制和骨干网节点选择,剔除节点之间不必要的无线通信链路,生成一个高效的数据转发的网络拓扑结构。拓扑控制可以分为节点功率控制和层次型拓扑结构形成两方面。节点功率控制机制调节网络中每个节点的发射功率,在满足网络连通度的前提下,减少节点的发送功率,均衡节点单跳可达的邻居数目;层次型拓扑控制利用分簇机制,让一些节点作为簇头节点,由簇头节点形成一个处理并转发数据的骨干网,其他非骨干网节点可以暂时关闭通信模块,进入休眠状态以节省能量。

除了传统的功率控制和层次型拓扑控制,人们也提出了启发式的节点唤醒和休眠机制。该机制能够使节点在没有事件发生时设置通信模块为睡眠状态,而在有事件发生时及时自动醒来并唤醒邻居节点,形成数据转发的拓扑结构。

网络协议:传感器节点的计算能力、存储能力、通信能量及携带的能量都十分有限,每个节点只能获取局部网络的拓扑信息,其上运行的网络协议不能太复杂。同时,传感器拓扑结构动态变化,网络资源也在不断变化,这些都对网络协议提出了更高的要求。传感器网络协议负责使各个独立的节点形成一个多跳的数据传输网络,目前研究的重点是网络层协议和数据链路层协议。网络层的路由协议决定监测信息的传输路径;数据链路层的介质访问控制用来构建底层的基础结构,控制传感器节点的通信过程和工作模式。

在无线传感器网络中,路由协议不仅关心单个节点的能量消耗,更关心整个网络能量的均衡消耗,这样才能延长整个网络的生存期。目前研究人员提出了多种类型的传感器网络路由协议,如多个能量感知的路由协议,定向扩散和谣传路由等基于查询的路由协议,GEAR 和 GEM 等基于地理位置的路由协议,SPEED 和 ReInForM 等支持服务质量(Quality of Service,QoS)的路由协议。

传感器网络的介质访问控制(Medium Access Control,MAC)地址协议首先要考虑节省能源和可扩展性,其次才考虑公平性、利用率和实时性等。在 MAC 层,能量的浪费主要表现在空闲侦听、接收不必要数据和碰撞重传等方面。为了减少能量消耗,MAC 协议通常采用"侦听/睡眠"交替的无线信道侦听机制,传感器节点在需要收发数据时才侦听无线信道,没有数据需要收发时就尽量进入睡眠状态。近期提出了 S-MAC、T-MAC 和 Sift 等基于竞争的 MAC 协议,DEANA、TRAMA、DMAC 和周期性调度等时分复用的 MAC 协议,以及 CSMA/CA 与 CDMA 相结合、时分多址(Time Division Multiple Access,TDMA)和频分多址(Frequency Division Multiple Access,FDMA)相结合的 MAC 协议。

网络安全：无线传感器网络作为任务型的网络，不仅要进行数据的传输，还要进行数据采集和融合、任务的协同控制等。如何保证任务执行的机密性、数据产生的可靠性、数据融合的高效性以及数据传输的安全性，就成为无线传感器网络安全问题需要全面考虑的内容。无线传感器网络需要实现一些最基本的安全机制：机密性、点到点的消息认证、完整性鉴别、新鲜性、认证广播和安全管理等。

2）信号处理技术

协同信号处理：它的研究涉及诸多传统的学科领域，如低功耗通信和计算、空时信号处理、分布式容错算法、自适应系统、传感器信息融合和决策理论。协同信号处理主要集中在发展一些新的算法，用于表达、存储和处理空间分布的多模信息。它的中心问题是如何在一个能量有限的传感器网络中动态地决定由哪个传感器进行感知，感知什么目标以及将感知的信息传递到什么位置。

时间同步：时间同步协同工作是传感器网络系统的一个关键机制。例如，测量移动车辆速度需要计算不同传感器检测事件的时间差，通过波束阵列确定声源位置也需要节点间的时间同步。

Jeremy Elson 和 Kay Romer 在 2002 年 8 月的 HotNets-I 国际会议上首次提出并阐述了无线传感器网络中的时间同步机制的研究课题，这一课题在传感器网络研究领域引起了关注。目前已提出了多个时间同步机制，其中 RBS、TINY/MINI-SYNC 和 TPSN 被认为是三个基本的同步机制。

定位技术：位置信息是传感器节点采集数据中不可缺少的部分，没有位置信息的监测消息通常毫无意义。确定事件发生的位置或采集数据的节点位置是传感器网络最基本的功能之一。为了提供有效的位置信息，随机部署的传感器节点必须能够在布置后确定自身位置。由于传感器节点存在资源有限、随机部署、通信易受环境干扰甚至节点失效等问题，故定位机制必须满足自组织性、健壮性、能量高效、分布式计算等要求。

根据节点位置是否确定，传感器节点分为信标节点和位置未知节点两类。信标节点的位置是已知的，位置未知节点需要根据少数信标节点，按照某种定位机制确定自身的位置。在传感器网络定位过程中，通常会使用三边测量法、三角测量法或极大似然估计法确定节点位置。根据定位过程中是否实际测量节点间的距离或角度，传感器网络中的定位可以分为基于距离的定位和距离无关的定位两种。

基于距离的定位机制就是通过测量相邻节点间的实际距离或方位来确定未知节点的位置，通常采用测距、定位和修正等步骤实现。根据测量节点间距离或方位时所采用的方法，基于距离的定位可以分为基于到达时间（Time of Arrival，TOA）的定位、基于到达时间差（Time Difference of Arrival，TDOA）的定位、基于到达角度测距（Angle of Arrival，AOA）的定位、基于 RSSI 的定位等。由于要实际测量节点间的距离或角度，基于距离的定位机制通常定位精度相对较高，因此对节点的硬件也提出了很高的要求。

距离无关的定位机制无须实际测量节点间的绝对距离或方位就能够确定未知节点的位置，目前提出的定位机制主要有质心算法、DV-Hop 算法、Amorphous 算法、APIT 算法等。由于无须测量节点间的绝对距离或方位，因而降低了对节点硬件的要求，使得节点成本更适合于大规模传感器网络。距离无关的定位机制的定位性能受环境因素的影响小，虽然定位误差相应有所增加，但定位精度能够满足多数传感器网络应用的要求，是目前大家重点关注的定位机制。

信息融合技术：信息融合技术在传感器网络中主要用于两方面：节能和提高信息准确度。减少传输的数据量能够有效地节省能量，因此在从各个传感器节点收集数据的过程中，可利用节点的本地计算和存储能力进行数据融合，去除冗余信息，从而达到节省能量的目的。由于传感器节点的易失效性，传感器网络也需要数据融合技术对多份数据进行综合，以提高信息的准确度。

数据融合技术可以与传感器网络的多个协议层次进行结合。在应用层设计中，可以利用分布式数据库技术，对采集到的数据进行逐步筛选，达到融合的效果；在网络层中，很多路由协议均结合了数据融合机制，以期减少数据传输量；此外，还有研究者提出了独立于其他协议层的数据融合协议层，通过减少 MAC 层的发送冲突和头部开销达到节省能量的目的，同时又不损失时间性能和信息的完整性。

3）无线通信技术

传感器网络需要低功耗、短距离的无线通信技术。IEEE802.15.4 标准是针对低速无线个人域网络的无线通信标准，把低功耗、低成本作为设计的主要目标，旨在为个人或者家庭范围内不同设备之间低速联网提供统一标准。由于 IEEE802.15.4 标准的网络特征与无线传感器网络存在很多相似之处，故很多研究机构把它作为无线传感器网络的无线通信平台。

4）应用技术

嵌入式操作系统：传感器节点是一个微型的嵌入式系统，携带非常有限的硬件资源，需要操作系统能够节能高效地使用其有限的内存、处理器和通信模块，且能够对各种特定应用提供最大的支持。在面向无线传感器网络的操作系统的支持下，多个应用可以并发地使用系统的有限资源。目前，美国加州大学伯克利分校针对无线传感器网络研发了 TinyOS 操作系统，在科研机构的研究中得到比较广泛的使用，但仍然存在不足之处。

数据管理：由于传感器节点能量受限且容易失效，所以要求传感器网络的数据管理系统必须在尽量减少能量消耗的同时提供有效的数据服务。同时，由于传感器网络中节点数量庞大，且传感器节点产生的是无限的数据流，故无法通过传统的分布式数据库的数据管理技术进行分析处理。此外，对传感器网络数据的查询经常是连续的查询或随机抽样的查询，这也使得传统分布式数据库的数据管理技术不适用于传感器网络。美国加州大学伯克利分校的 TinyDB 系统和 Cornell 大学的 Cougar 系统是目前具有代表性的传感器网络数据管理系统。

4. 无线传感器网络的工业应用及未来方向

无线传感器网络在工业上主要用于工业生产过程的状态监测、工业环境的安全监测等方面。例如，对汽车流水线的监测，由于工件的移动，使用有线网络很不方便，采用无线传感器网络系统可以提高监测系统的灵活性和扩大监测范围。另外，它也是实现工业生产节能减排的重要技术之一，并且随着技术的进步将会应用到越来越多的工业场景中。

目前，无线传感器网络在工业中的应用发展得到了高度的重视。美国总统科技顾问委员会在面向 21 世纪的联邦能源研究与发展规划中，寄希望于工业无线技术，指出无线传感器网络（Wireless Sensor Network，WSN）将使工业生产效率提高 10%，并使排放和污染降低 25%。美国能源部的未来工业计划中的《高级能源管理解决方案》，通过 WSN 采集能源利用数据、能耗设备的状态数据,从而改善了电机效率、传动系统效率,提高了企业效率并降低了能源成本。如美国在先进能源管理解决方案项目中所开展的"电动机高级普适无线能量监测"课题,欧洲开展的能源管理解决方案课题"建筑物能源管理系统"等研究。

通过上述分析可以看出,工业无线技术具有非常好的发展和应用前景,无论信息获取技术的终极目标是泛在监测还是泛在感知,工业无线技术都是不可缺少的基础技术之一。我们有理由对这一技术进行关注和开展深入研究。

第 2 章

信 息 融 合

信息融合技术作为一种信息综合和处理技术,实际上是许多传统学科和新技术的集成和应用。信息融合是基于一定的融合结构,对多源信息进行阶梯状、多层次处理的过程,信息融合的基本功能是相关、识别和评估,重点是识别和评估。本章主要介绍信息融合的处理过程、信息融合的模型、主要的信息融合方法以及信息融合有效性评估等内容。

本章首先介绍信息融合系统框架和融合处理过程,对信息融合的功能、模型和信息融合方法进行分析介绍。对常见的信息融合模型,如情报环、JDL 模型、Boyd 控制环和瀑布模型等给出了具体的分析描述。对常用的信息融合算法,如加权平均法、卡尔曼滤波法、概率论、推理网络和智能算法等做了介绍。最后介绍多传感器信息融合效能的评估指标和评估方法。

2.1 信息融合处理过程

2.1.1 信息融合处理的框架

信息融合的处理是面向具体应用的。针对一个具体的融合任务,其信息融合处理框架如图 2-1 所示。

图 2-1 信息融合处理框架

融合任务定义了融合实现的目标,即标明了融合所要实现的具体功能。融合数据准备实际上是将信息资源进行汇集和关联,包含传感器管理的方法、数据和信息关联的方法、单源与多源数据以及信息特性分析与表述方法等。融合处理过程是信息融合的核心问题,不仅要考虑整个融合处理是一次完成还是分阶段集成完成,而且要考虑实现融合处理所采用的具体处理结构。信息融合处理最终要实现的是高精度和高可靠性,因此进行融合性能的评估非常重要,主要涉及性能评估模型与准则、学习训练与试验方法等方面的内容。

在实际应用中,由于具体的融合目标及可以使用的资源与环境密切相关,故融合技术方案可能是多种多样的,必须认真选择一个最佳的方案,以使融合的结果真正提高系统性能。

2.1.2 典型的融合处理过程

典型的信息融合系统是由多传感器与多源的数据传感子系统和融合处理子系统两部分组成的。前者由多传感器和多源信息构成;后者由数据配准、数据关联、融合决策和与之相关的先验模型构成。系统的输出为融合结果。融合结果一方面会提供给高层决策应用,另一方面也会作为一种反馈信息,使融合系统可以据此实施传感器管理及模型更新。图 2-2 是一个典型的信息融合处理过程框图,现在分别简要介绍图中各个主要部分。

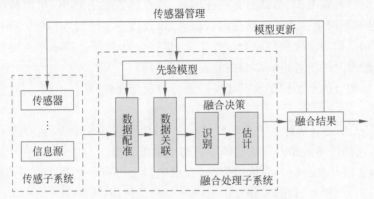

图 2-2 典型的信息融合处理过程框图

传感子系统是汇集与融合目标相关的多传感器数据和多源信息的系统,这些数据和信息可能来自同一平台或多个平台。其难点在于:传感器感知的多数据源和多信息源具有不同的数据类型和感知机理;多源数据和信息之间常常不能保持同步;感知的时空范围中目标、事件或者态势可能存在变化等。与此相适应,就需要时空协同、动态协同、面向目标、事件或者复杂态势的合适的控制。

数据配准是将传感器数据统一到同一参考时间和空间中,即以一致格式表示所有输入数据的处理过程,可以有先验的环境模型支持。每个传感器得到的信息都是某个环境特征在该传感器空间中的描述。由于各传感器物理特性以及空间位置上的差异,造成这些信息的描述空间各不相同,因此很难对这些信息进行融合处理。为了保证融合处理的顺利进行,必须在融合前对这些信息进行适当的处理,将这些信息映射到一个共同的参考描述空间中,然后进行融合处理,最后得到环境特征在该空间上的一致描述。

数据关联是使用某种度量尺度将来自不同传感器的航迹与量测数据进行比较,以确定要进行相关处理的候选配对。它实际上是将一个输入数据(特征)集与另外一个数据(特征)集相关联的处理过程,可以有先验的环境模型支持。

融合决策主要包括目标识别、状态估计等内容。这些处理过程依赖先验模型的支持。通过对目标的状态变量与估计误差方差阵进行更新,可以实现对目标位置的预测,确定目标的类型,并预测目标的进一步行动。

融合决策结果除了提供输出外,还要反馈给融合处理子系统和传感子系统。反馈给融合处理子系统的作用是调整相关的先验模型,不断检查或更新用于产生数据配准与关联处理的假设模型的有效性;可靠的反馈将修正融合处理具体算法的最终决策。反馈给传感子系统,是为了更好地指导传感子系统提供满足决策任务需求的时空与属性的感知,以及对具体单个目标或者事件的有效实时感知。

2.2 信息融合系统的模型

2.2.1 功能模型

从根本上说,信息融合的功能就是处理信息的冗余性和互补性。概括地说,信息融合的功能包括扩大时空搜索范围、提高目标可探测性、提高时空的分辨率、增加目标特征矢量的维数、降低信息的不确定性和改善信息的置信度,以及增强系统的容错能力和自适应能力。

信息融合功能模型主要是从融合过程出发,描述信息融合包括哪些主要功能、数据库,以及进行信息融合时系统各组成部分的相互作用过程。

以下对信息融合的典型模型及其优缺点进行分析与比较。

1. 情报环

UK 情报环把信息处理作为一个环状结构来描述,它包括 4 个阶段:

(1) 采集,包括传感器和人工信息源等的初始情报数据;

(2) 整理,关联并集合相关的情报报告,在此阶段会进行一些数据合并和压缩处理,并将得到的结果进行简单的打包,以便在融合的下一阶段使用;

(3) 评估,在该阶段融合并分析情报数据,同时分析者还直接给情报采集分派任务;

(4) 分发,在此阶段把融合情报发送给用户,以便决策行动,包括下一步的采集工作。

2. JDL 模型

1984 年,美国国防部成立了信息融合联合指挥实验室,该实验室提出了面向数据融合模型(Joint Directors of Laboratories,JDL 模型)。JDL 模型从信息融合的过程出发说明信息融合包含的主要功能。JDL 模型把信息融合分为 3 级:第 1 级为数据校正、数据关联和属性融合;第 2 级为态势评估,根据第 1 级处理提供的信息构建态势图;第 3 级为威胁评估,根据可能采取的行动来解释第 2 级处理结果,并分析采取各种行动的优缺点。图 2-3 为 JDL 模型,可以看出,经过态势评估和威胁评估后,一些输出结果将输送到动态数据库中,可以将动态数据库看作一个不断优化的过程,它通过数据管理系统不断地对数据库进行管理,完成数据的更新、删除等。

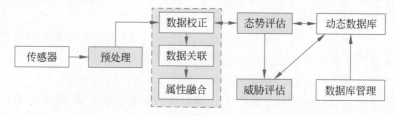

图 2-3 JDL 信息融合处理模型

3. Boyd 控制环

Boyd 控制环又称 OODA 环,它首先应用于军事指挥处理,现在已经大量应用于信息融合。Boyd 控制回路使得问题的反馈迭代特性显得十分明显,其包括 4 个处理阶段:

(1) 观测,在此阶段需要获取目标信息,相当于 JDL 的第 1 级和情报环的采集阶段;

(2) 定向,在此阶段需要确定大方向和认清态势,相当于 JDL 的第 2 级和第 3 级,同时在这个阶段需要完成情报环的采集和整理；

（3）决策，在此阶段需要制订反应计划，相当于 JDL 的第 4 级过程优化和情报环的分发行为，此阶段的任务还有后勤管理和计划编制等；

（4）执行，在此阶段需要执行计划，并与情报环和 JDL 模型相互比较。执行是 Boyd 控制环固有的，只有 Boyd 控制环通过执行环节考虑了使用中的决策效能问题。Boyd 控制环的优点是它使各个阶段构成了一个闭环，表明了信息融合的循环性。

4. 瀑布模型

瀑布模型由 Bedworth 等于 1994 年提出，广泛应用于英国国防信息融合系统，并得到了英国政府科技远期规划信息融合工作组的认可。瀑布模型融合过程为：信号获取、信号处理、特征提取、模式处理、态势评估和决策。模型重点强调了较低级别的处理功能，在瀑布模型中，传感和信号处理、特征提取和模式处理环节对应 JDL 的第 1 级，态势评估对应 JDL 的第 2 级和第 3 级，而决策制定对应 JDL 的第 4 级。

5. Dasarathy 模型

Dasarathy 模型是根据信息融合的任务或功能构建的，因此可以有效地描述各级融合行为，其包含 5 个融合级别，具体如表 2-1 所示。

表 2-1　Dasarathy 模型的 5 个融合级别

输　　入	输　　出	描　　述
数据	数据	数据级融合
数据	特征	特征选择和特征提取
特征	特征	特征级融合
特征	决策	模式识别和模式处理
决策	决策	决策级融合

6. 混合模型

从图 2-4 可以看出，混合模型是情报环、Boyd 控制环、JDL 和 Dasarathy 模型的混合体。该模型综合了情报环的循环特性和 Boyd 控制回路的反馈迭代特性，而且将瀑布模型中的定义应用在混合模型中，每个定义又都与 JDL 和 Dasarathy 模型的每个级别相联系。在混合模型中可以很清楚地看到反馈，该模型保留了 Boyd 控制回路结构，从而明确了信息融合处理中的循环特性，模型中 4 个主要处理任务的描述取得了较好的重现精度。另外，在模型中也可较为容易地查找融合行为的发生位置，形成了以上模型所没有的环中环结构。

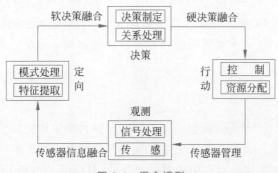

图 2-4　混合模型

2.2.2　结构模型

根据信息处理资源,如果每个传感器都具备充足的处理资源,则每个传感器都可以用来对数据进行预处理。在这种情况下,由每个传感器获得的检测和分类与决策信息被送到一个融合处理器以得到最终的分类结构;如果各传感器分布在一个相对较大的区域,但是具备高的数据传输率和宽带通信媒介,那么系统就有能力传输未作处理的原始数据到融合中心,这样,我们可以实现一个更加集中的数据处理与融合算法。以下给出几种信息融合结构的分类方式。

1. 信息流关系划分下的信息融合结构

根据传感器和融合中心的信息流关系划分,信息融合结构可分为串联型、并联型、混合型和网络型。

串联型多传感器信息融合(见图 2-5)是指传感器将其观测量或预处理后的特征或判断结果送到下一传感器,该传感器将以上信息和自身的观测、处理结果进行综合后输出。各传感器以这种方式串联起来,最后一个传感器得出所有传感器信息融合的最终结论或决策。对于串联结构而言,它对线路的故障非常敏感。然而,它的传输性能及融合效果很好。这是因为串联结构的传感器融合的顺序是固定好的,中间一个传感器发生了故障,没有信息传来,整个融合都将停止。若有一个传感器出现故障,就会导致整条线路出现故障。但其将检测信息传递到融合分站时,由于是逐级向上传输,而不需要接收其他不同类型传感器的信息,所以其传感器的传输速度快。串联结构方式不需要在融合之前接收来自所有传感器的信息。因此,这种方案比并联融合方案要快。

在并联型的信息融合中(见图 2-6),所有传感器将自身观测或预处理后的结果传输给融合中心,由该中心对全部传感器数据进行处理,得出对环境的判断和最终的结论。并联型比较适合解决时空多传感器信息融合问题,而且系统扩展性较好,即使增加或减少传感器的数目也不会对融合中心产生太大的影响,其缺点是当输入信息量很大时要求融合中心的处理速度很快。

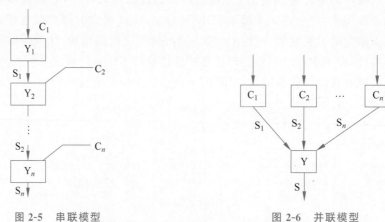

图 2-5　串联模型　　　　　　　　图 2-6　并联模型

混合型多传感器信息融合是串联和并联两种形式的结合。既可先串后并,也可先并后串,其输入信息与并联型一样,存在多种多样的形式,其运算同样可由并联型和串联型综合得到。

网络型多传感器信息融合结构比较复杂,不同于上述三种类型。它是将每个子信息中心作为网络中的一个节点,此节点的输入既有其他节点的输出信息,又可能有传感器的信息流。最终输出可以是一个信息融合中心的输出,也可以是几个信息融合中心的输出,最后的结论是这些输出的每种组合形式。

2. 开/闭环型信息融合结构

开/闭环型信息融合结构分为开环型结构和闭环型结构。开环型信息融合是指不控制传感器的工作,也不控制融合中心的融合,这些过程同时还不受最终结论或中间结论的控制和影响。

闭环型信息融合的处理方式及融合规则等要受到信息融合中心最终结论或中间结论的控制和影响,并对信息处理有一个反馈控制过程。

3. 集中/分散/混合式信息融合结构

根据传感器分辨率及对数据的处理能力,可以将融合结构划分为集中式、分散式和混合式结构。

集中式是将各传感器录取的原始数据传到中心融合处理器执行数据对准、数据互联、航迹相关、跟踪和目标分类等功能。分散式结构是每个传感器节点都有自身的处理单元和通信设备,不必知道该网络中有什么样的传感器节点,也不必知道它们提供什么样的信息,在任何相连的传感器节点间都可以进行通信。混合式结构是将分散式和集中式结构相结合,使融合数据互为补充。混合式结构的不足之处是加大了数据处理的复杂程度,并且需要提高数据的传输速率。

4. 多级式信息融合结构

根据融合的规模,可将信息融合系统划分为单平台多传感器信息融合系统和多平台多传感器信息融合系统。多平台信息融合采取的策略是首先对单平台同类传感器信息进行综合,再对不同类型传感器信息进行综合,最后完成多平台信息融合。因此,常常采用多级式信息融合结构。

2.3　信息融合方法

2.3.1　信息融合方法分类

许多文献中将信息融合方法归纳为四大类:基于模型的信息融合算法、基于统计理论的信息融合算法、基于知识的人工智能方法和基于信息理论的融合算法。

1. 基于模型的信息融合算法

它主要以估计理论为基础,首先需要建立融合对象的状态空间模型,然后利用各类估计理论的方法进行估计,以完成信息融合的任务。从属于这类方法的有加权最小二乘法、极大似然方法、维纳滤波、卡尔曼滤波及利用小波变换进行滤波的方法等。

2. 基于统计理论的信息融合算法

这类方法以统计理论为基础,通过反复迭代运算来实现融合,其代表方法是贝叶斯推理方法、Dempster-Shafer 推理方法和马尔可夫方法。

3. 基于知识的人工智能方法

该方法主要以产生式规则为理论基础,产生式规则可用符号形式表示物体特征和相应的传感器信息之间的关系。当涉及同一对象的两条或多条规则在逻辑推理过程中被合成为同一规则时,就完成了信息融合。这类融合的代表是黑板系统。

4. 基于信息理论的融合算法

有文献将基于信息理论的融合算法归结为两大类:概率统计方法和人工智能方法。其中概率统计方法包括卡尔曼滤波、估计理论、假设检验、贝叶斯方法和统计决策理论等。人工智能方法又可以分为两类,即逻辑推理方法和学习方法,其中逻辑推理方法主要针对不确定性推理,包括概率推理、证据推理、模糊推理和产生式规则等;学习方法则包括神经网络、免疫算法、强化学习等。

2.3.2　常用的信息融合方法

无论信息融合方法如何分类,其具体的方法大致可以包括以下几种:加权平均法、卡尔曼滤波法、概率论方法、推理网络方法、模糊理论方法、神经网络方法和粗(糙)集理论方法及其他方法。以下详细介绍这几类常用的方法。

1. 加权平均法

加权平均法是一种最简单、最直观的数据层融合方法,它将多个传感器提供的冗余信息进行加权平均后作为融合值。这种方法的特点是能够实时处理动态的原始传感器读数,但调整和设定权系数的工作量很大,并带有一定的主观性。

2. 卡尔曼滤波法

卡尔曼滤波法常用于实时融合动态的低层冗余传感器数据,其利用模型的统计特性递推决定统计意义下最优的融合数据估计。卡尔曼滤波的递归本质保证了在滤波过程中不需要大量存储空间,可以实时处理;它适用于数值稳定的线性系统,若不符合此条件则采用扩展卡尔曼滤波器。这种方法根据早先估计和最新观测,递推地提供对观测特性的估计。

3. 概率论方法

概率论是在融合技术中最早应用的一种方法,这种方法通过在一个公共空间根据概率或似然函数对输入数据建模,在一定的先验概率情况下,根据贝叶斯规则合并这些概率以获得每个输出假设的概率,从而处理不确定性问题。贝叶斯方法的主要难点在于对概率分布的描述,特别是当数据是由低档传感器给出时,就显得更为困难。另外,在进行计算时,假定信息源是独立的,这个假设在大多数情况下非常受限制。

4. 推理网络方法

贝叶斯推理用于信息融合时,假设被观测对象的假设向量为 H,其先验概率为 $P(H)$,X_i 表示系统中某一传感器对观测对象的观测值,该传感器相应的条件概率分布为 $P(x_i \mid H)$,后验概率为 $P(H \mid X)$,其中 $X = (x_1, x_2, x_3, \cdots, x_n)$,$n$ 为传感器的个数,观测值为 X 的情况下对 H 的相信度 $P(H \mid X)$ 为

$$P(H \mid X) = \frac{P(H)P(X \mid H)}{P(X)} \tag{2.1}$$

式中,$P(X)$ 为无条件概率分布:$P(X) = \sum P(X \mid H)P(H)$,再利用某一决策规则,如最大后验概率规则等,来选择对观测对象的最佳假设估计。

5. 模糊理论方法

模糊理论是基于分类的局部理论,其从产生起就有许多模糊分类技术得以发展。隶属

函数可以表达词语的意思,这在数字表达和符号表达之间建立了一个便利的交互接口,在信息融合的应用中主要是通过与特征相连的规则对专家知识进行建模。模糊理论的另一个方面是可以处理非精确描述问题,还能够自适应地归并信息。对估计过程的模糊拓展可以解决信息或决策冲突问题,可应用于传感器融合、专家意见综合以及数据库融合,特别是在信息很少,又只是定性信息的情况下效果较好。

6. 神经网络方法

人工神经网络(Artificial Neural Network,ANN),简称神经网络,是用来模拟人脑结构及智能特点的一个研究领域。它的一个重要特点是通过网络学习达到其输出与期望输出相符的结果,具有很强的自学习、自适应能力。在人工神经网络用于多源信息融合时,首先要选取合适的网络模型,如反向传播(Back Propagation,BP)模型、代数重建算法(Algebraic Reconstruction Technique,ART)模型、霍普菲尔德网络(Hopfield Network,Hopfield)模型、径向基函数神经网络(Radial Basis Function Neural Network,RBF)模型等,然后再根据多源信息的特点采取合适的学习方法,确定连接权置和连接结构,最后将得到的网络应用于多源信息融合。

7. 粗(糙)集理论方法

粗(糙)集(Rough Set)理论是研究不精确、不确定性知识的表达、学习、归纳等方法的,由波兰科学家 Zdzislaw Pawlak 于 20 世纪 80 年代提出。其主要思想是模拟人类的抽象逻辑思维,它以各种更接近人们对事物描述方式的定性、定量或者混合信息为输入,输入空间与输出空间的映射关系是通过简单的决策表简化得到的。它通过考察知识表达中不同属性的重要性,从中发现、推理知识和分辨系统的某些特点、过程、对象等。

粗糙集的基本概念是建立在集合结构和语义基础上的,主要包括粗糙集、上逼近集合、下逼近集合、边界区域。

定义 2.1(上逼近集合)　包含与目标集合有关特征的最小意义下的集合被定义为上逼近集合。

定义 2.2(下逼近集合)　包含与目标集合有关特征的最大意义下的集合被定义为下逼近集合。

这里的集合范围是以概率推断为定量依据而定义的,上逼近与 Dempster-Schafer 证据理论(简称 D-S 证据理论)中的似然函数等价,下逼近与 D-S 证据理论中的证据函数等价。

定义 2.3　从语义角度来看,上逼近的范围比目标集合的定义范围要大,而下逼近的范围又比目标集合的定义范围要小,在此空间中的集合族均属粗糙集。显然,上、下逼近集合分别是该空间中的两个极限情形,要获取对目标集合的识别或最优估计就必须在该问题求解子空间中进行。

定义 2.4　上逼近集合中不属于下逼近集合的元素所构成的部分属于边界区域。

8. 其他方法

除了以上介绍的几种方法外,其他可以用于信息融合的方法还有智能算法、小波法和马尔可夫方法等。

1) 智能算法

遗传算法、免疫算法、蚁群算法等这些来自生物界的智能算法在信息融合中也得到一定的应用,如将遗传算法与神经网络相结合应用在信号的特征提取上,将免疫算法应用在信号的节点提取之中。

2）小波法

小波变换是介于函数的空间域表示和频率域表示之间的一种表示方法,其基本思想源于经典调和分析的伸缩和平移方法。它在空间域和频率域上同时具有良好的局部化性质,对高频成分采用逐步精细的空间域取样步长,可以"聚焦"到对象的任一细节,具有"数学显微镜"的功能和变焦性、信息保持性和小波基选择的灵活性等优点。融合过程为:先在确定的邻区窗口内,在分辨率为 2^J 下,分别对融合的影像数据统计均值和方差,然后确定子带和基带融合值。2^J 通常表示小波变换的多尺度分解(或多分辨率分析)中的分辨率级别。这里,J 是一个非负整数,代表小波变换的不同分解层级或尺度层级。在小波变换的多尺度分解中,每一层都对应一个特定的分辨率级别。$J=0$ 通常表示原始数据的分辨率,而 $J=1,2,3$ 则分别表示经过一次、两次、三次等小波变换后的较低分辨率级别。

3）马尔可夫方法

Alberto Salinas 等提出了利用马尔可夫链组合多个传感器的观测值以形成一个一致的输出,并且这个输出是各个观测的线性加权组合。Lobbia. R 等将隐马尔可夫建模技术应用在纵队识别问题中,该方法需要结合组织结构的一般性先验信息,同时根据对单个目标的不完整观测资料来推断出目标的成分和目标的组织结构。

2.4　信息融合有效性评估

在各种面向复杂应用背景的多传感器系统中,信息表现形式的多样性,信息容量、信息处理速度以及准确性和可靠性等要求,推进了信息融合技术的发展。如何评估一个多传感器信息融合系统的效用是需要深入研究和解决的问题。因此,在系统设计和开发中,衡量和评价多传感器系统信息融合的有效性,显得特别重要。

多传感器系统信息融合的有效性分析主要体现在 3 方面。一是信息的互补性,信息融合并非是信息越多越好,只有具有互补性的信息,通过融合处理,才能提高系统描述环境的完整性和正确性,降低系统的不确定性;二是信息的冗余性,冗余信息的融合可以减少测量噪声等引起的不确定性,提高系统的精度;三是融合算法的有效性,相同的融合信息,不同的融合的算法,可能带来不同的融合结果,即融合有效性也不同。

Pinz 等在 1996 年提出了评价多传感器系统信息融合的有效性概念,认为融合信息选取适当,可以提高融合效果、节约成本。针对不同的融合方法,Pinz 等采取不同的方法对融合信息进行选取,目的是使融合成本效益最优。例如,采用 D-S 证据理论进行信息融合,融合信息的选取,由信息的测度来决定,这种测度是基于信息熵的。Jahromi 等认为融合系统的有效性及可靠性,依赖输入信息与输出信息的相关性。针对随机过程,Jahromi 等给出了量化这种相关性的方法,实际上这种方法是信息论中互信息的应用;还有学者通过对系统融合过程中信息熵的变化,从定性的角度,同时考虑融合信息的选取以及输入信息与输出信息的相关性,分析了融合系统处理多源信息的有效性。

多传感器信息融合系统是一个具有不确定性的复杂系统,信息熵在度量信息的不确定性方面具有明显的优势。以下主要从定性和定量两方面对多传感器系统信息融合有效性进行分析。

2.4.1　信息融合有效性的定性分析与评估

1. 信息熵及平均交互信息量

1) 信息熵

信息熵的定义起源于信息论中的信息度量,由信息论的创始人香农(Shannon)首先提出,所以又称为香农熵。香农熵的基本概念来自随机实验(或随机变量)的不确定性。熵是信息量的度量方法,它表示某一事件出现的消息越多,事件发生的可能性就越小,数学上就是概率越小。它是采用统计理论对信息进行度量的方法。

为简洁起见,对于离散的或连续的情况,基本定义式均写成连续形式。对于离散情况,积分符号"$\int$"要作离散和"$\sum$"理解,概率密度相应地改为概率,同时积分域和积分变量微元也作相应的理解和改变。

在信息论中,某个事件的信息量用 $I_i = -\log_2 p_i$ 表示,其中 p_i 为第 i 个事件的概率。为了刻画平均信息量,香农定义了信息熵的概念。

按照香农理论,信源 X 的信息熵定义为

$$H(x) = -\int_{\mathbf{R}} p(x) \log p(x) \mathrm{d}x \tag{2.2}$$

其中,$p(x)$ 是信源 X 的概率密度。

2) 平均交互信息量

由于事物是普遍联系的,因此,对于两个随机变量 X 和 Y,它们之间在某种程度上也是相互联系的,即它们之间存在统计依赖(或依存)关系。这种关系可以通过平均交互信息量来度量。同时,随机变量 X 和 Y 的平均交互信息量 $I(X,Y)$ 是对 X 和 Y 之间统计依赖程度的信息度量。设信源 X、Y 的概率密度分别为 $p(x)$、$p(y)$,则平均交互信息量分别为

$$I(X,Y) = \int_{\mathbf{R}^m} \int_{\mathbf{R}^n} p(x,y) \log \frac{p(x,y)}{p(x)p(y)} \mathrm{d}x \mathrm{d}y \tag{2.3}$$

一般情况下,平均交互信息量满足以下关系式:

$$0 \leqslant I(X,Y) \leqslant \min(H(X), H(Y))$$

证明:

由于 $H(X) \geqslant H(X|Y), H(Y) \geqslant H(Y|X)$　($H(X|Y)$、$H(Y|X)$ 为条件熵)

$$I(X,Y) = H(Y) - H(Y \mid X) = H(X) - H(X \mid Y) \tag{2.4}$$

得

$$I(X,Y) \geqslant 0$$

这说明了解一个信息有助于对另一信息的理解。

又由式(2.4)可知

$$I(X,Y) \leqslant H(X), \quad I(X,Y) \leqslant H(Y)$$

则 $I(X,Y) \leqslant \min(H(X), H(Y))$。证毕。

2. 信息融合的有效性定理

信息融合的本质是一个分层次地对多源信息进行整合、逐层抽象的信息处理过程。对信息逐层抽象意味着输入空间上信息的不确定性在更高层次的输出空间上受到一定程度的抑制,保证了融合后多传感器系统对所探测对象不确定性的降低。这种不确定性的降低使

得系统获得了有关探测环境或目标的更多信息。逐层抽象也就是逐层缩小信息的不确定性,因此信息融合实质上也是一个信息的不确定性处理问题,而描述信息不确定性的一个强有力的工具就是香农信息熵理论。

从信息融合过程可以看出,融合是对多源信息的整合,这样可将融合输入信息和输出信息分为两种不同的信息源,用两种概率空间及在这两种空间上定义的信息熵来描述,由此分析融合过程中两种信息源的信息熵的传递和转换,揭示出融合过程的本质,从理论上说明多源信息融合在缩小系统不确定性方面所获得的好处,进一步加深对信息融合过程的认识,指导系统的设计。

1) 信息融合熵

不失一般性,针对二源信息融合情况,下面定义信息融合熵的概念。

定义 2.5 设多传感器信息融合系统的二源输入信息为 $z_1 \in \mathbf{R}^m$、$z_2 \in \mathbf{R}^n$,系统输出信息为 $y \in \mathbf{R}^r$,且 y 与 z_1、z_2 之间不独立,则系统的信息融合熵为

$$H(Y \mid Z_1, Z_2) = -\int_{\mathbf{R}^r} \int_{\mathbf{R}^m} \int_{\mathbf{R}^n} p(z_1, z_2) p(y \mid z_1, z_2) \log p(y \mid z_1, z_2) \mathrm{d}y \mathrm{d}z_1 \mathrm{d}z_2$$

$$(2.5)$$

信息融合熵表示系统在多源信息输入条件下,系统输出的平均不确定性程度,也表征融合的不准确程度。在信息融合过程中,信息融合熵是表征信息融合精度的重要物理量。

2) 多源信息融合的有效性定理

由信息融合熵的定义,给出多传感器系统信息融合的有效性定理。

定理 2.1 多传感器系统信息融合的过程就是系统融合输出的不确定性比单一信息或部分组合信息的系统的不确定性得到更大程度地压缩(或减少)的过程,即信息融合的有效性。也就是,设 y 与 z_1、z_2 之间不独立,则多传感器系统的信息融合熵满足:

$$H(Y \mid Z_1, Z_2) \leqslant H(Y \mid Z_i), \quad i = 1, 2 \qquad (2.6)$$

证明:

$$H(Y \mid Z_1, Z_2) - H(Y \mid Z_1) = -\int_{\mathbf{R}^r} \int_{\mathbf{R}^m} \int_{\mathbf{R}^n} p(z_1, z_2) p(y \mid z_1, z_2) \log p(y \mid z_1, z_2) \mathrm{d}y \mathrm{d}z_1 \mathrm{d}z_2 +$$

$$\int_{\mathbf{R}^r} \int_{\mathbf{R}^m} p(z_1) p(y \mid z_1) \log p(y \mid z_1) \mathrm{d}y \mathrm{d}z_1$$

$$= -\int_{\mathbf{R}^r} \int_{\mathbf{R}^m} \int_{\mathbf{R}^n} p(z_1, z_2) p(y \mid z_1, z_2) \log p(y \mid z_1, z_2) \mathrm{d}y \mathrm{d}z_1 \mathrm{d}z_2 +$$

$$\int_{\mathbf{R}^r} \int_{\mathbf{R}^m} p(z_1, z_2) p(y \mid z_1, z_2) \log p(y \mid z_1) \mathrm{d}y \mathrm{d}z_1 \mathrm{d}z_2$$

$$= \int_{\mathbf{R}^r} \int_{\mathbf{R}^m} \int_{\mathbf{R}^n} p(y, z_1, z_2) \log \frac{p(y \mid z_1)}{p(y \mid z_1, z_2)} \mathrm{d}y \mathrm{d}z_1 \mathrm{d}z_2$$

$$= \int_{\mathbf{R}^r} \int_{\mathbf{R}^m} \int_{\mathbf{R}^n} p(y, z_1, z_2) \log \frac{p(z_2) p(y, z_1)}{p(y, z_1, z_2)} \mathrm{d}y \mathrm{d}z_1 \mathrm{d}z_2$$

$$\leqslant \log \int_{\mathbf{R}^r} \int_{\mathbf{R}^m} \int_{\mathbf{R}^n} p(y, z_1, z_2) \frac{p(z_2) p(y, z_1)}{p(y, z_1, z_2)} \mathrm{d}y \mathrm{d}z_1 \mathrm{d}z_2$$

$$= \log 1 = 0$$

证毕。

式(2.6)取等号的条件是 Z_1、Z_2 分别与 Y 独立。同理可得 $H(Y|Z_1,Z_2) \leqslant H(Y|Z_2)$。事实上等号是无法取得的,因为如果 Z_1、Z_2 分别与 Y 独立,则 Z_1、Z_2 与 Y 不相关,融合没有意义。同时,这也说明了信息的多源性,并不是越多越好,只有与输出信息相关的信息(或者有关同一目标或环境的多源信息)进行融合,才能使融合后的条件熵比单个信息的条件熵更小,即信息融合熵降低,从而减少融合系统的不确定性。相反,多个与输出信息不相关的信息进行融合,不会降低融合系统的不确定性。

在多传感器信息融合系统中,运用了一般性知识和引入了对象的具体知识(如先验概率、基本信任分配),这相当于增加了源信息,从而增加了 $Z \times Y$ 的信息量,降低了系统输出的不确定性。然而,若想使多传感器信息融合系统最大限度地降低系统输出的不确定性,源信息应满足什么条件? 对于该问题,则有如下定理。

定理 2.2 当输入信息 z_1 与 z_2 的相关性最小,即 z_1 与 z_2 相互独立时,多传感器信息融合系统对输出不确定性的压缩能力最大。也就是,设 y 与 z_1、z_2 之间不独立,则

$$H_0(Y|Z_1,Z_2) \leqslant H(Y|Z_1,Z_2) \tag{2.7}$$

式中,$H_0(Y|Z_1,Z_2)$ 为 z_1 与 z_2 彼此独立时系统输出的熵值; $H(Y|Z_1,Z_2)$ 为一般条件下,系统输出的熵值。

证明:

$$H_0(Y|Z_1,Z_2) - H(Y|Z_1,Z_2) = \int_{\mathbf{R}^r} \int_{\mathbf{R}^m} \int_{\mathbf{R}^n} p(y,z_1,z_2) \log \frac{p(z_1)p(z_2)}{p(z_1,z_2)} \mathrm{d}y \mathrm{d}z_1 \mathrm{d}z_2$$

由 Jenson 不等式,得

$$H_0(Y|Z_1,Z_2) - H(Y|Z_1,Z_2) \leqslant \log \int_{\mathbf{R}^r} \int_{\mathbf{R}^m} \int_{\mathbf{R}^n} p(y,z_1,z_2) \cdot \frac{p(z_1)p(z_2)}{p(z_1,z_2)} \mathrm{d}y \mathrm{d}z_1 \mathrm{d}z_2$$

$$= \log 1 = 0$$

$$H_0(Y|Z_1,Z_2) \leqslant H(Y|Z_1,Z_2)$$

证毕。

定理 2.1 和定理 2.2 表明,在多传感器信息融合系统中,为了最大限度地消除不确定性,应充分利用融合对象的互补信息(如机器人感知对象中的几何、形状、材质等信息)及时空信息,以尽量减少信息的相关性。如何控制和选择有关融合对象的多源信息,以使系统获得最优性能,也是信息融合必须研究的问题,即多传感器的协调管理和控制。

2.4.2 基于证据理论的融合有效性分析

信息融合系统的有效性不仅体现在信息的多源性和互补性上,还体现在融合算法的有效性上。相同的输入信息,不同的融合算法,得到的结果可能不一样,相应地,多传感器信息融合系统的有效性也不一样。下面以 D-S 证据理论为例,讨论介绍融合算法的有效性。

证据理论由 Dempster 于 1967 年最初提出,后经他的学生 Shafer 改进和完善,因此称为 D-S 证据理论。

在多传感器目标识别中,若某一待识别的目标 E 的所有可能结果集为 $\Theta = \{\theta_1, \theta_2, \cdots, \theta_n\}$,并设各类传感器只识别 Θ 中的某一非空子集 A,不识别 Θ 中其他任何子集。不失一般性,对于两个传感器识别目标 E 的情况,应用 Dempster 合成规则融合这两个传感器的识别,有如下结论。

命题 2.1 若两个传感器关于目标 E 提供同类的识别证据,则该目标的 Dempster 融合识别较各单传感器识别的可信度增强,似真度不变,未知度减少,进而减少了各类传感器识别的不确定性。

证明:设不同类的传感器 S_1 和 S_2 识别同一目标 E,S_1 识别该目标为 $A_1(A_1 \in P(\Theta))$ 的基本信任分配为

$$m_1(A_1) = S_1, \quad m_1(\Theta) = 1 - S_1$$

由于 S_1 和 S_2 提供同类证据,故 S_2 也识别该目标为 $A_1(A_1 \in P(\Theta))$,且基本信任分配为

$$m_2(A_1) = S_2, \quad m_2(\Theta) = 1 - S_2$$

则 S_1 单独识别 A_1 的可信度、似真度及未知度分别为

$$\text{Bel}_1(A_1) = S_1, \quad \text{Pl}_1(A_1) = 1, \quad \text{Not}_1 = 1 - S_1$$

S_2 单独识别 A_2 的可信度、似真度及未知度分别为

$$\text{Bel}_2(A_2) = S_2, \quad \text{Pl}_2(A_2) = 1, \quad \text{Not}_2 = 1 - S_2$$

因此,Dempster 组合规则融合传感器 S_1 和 S_2 识别的基本信任分配、可信度、似真度及未知度分别为

$$m(A_1) = S_1(1 - S_2) + S_2 = S_2(1 - S_1) + S_1, \quad m(\Theta) = (1 - S_1)(1 - S_2)$$

$$\text{Bel}(A_1) = S_2 + S_1(1 - S_2) = S_1 + S_2(1 - S_1), \quad \text{Pl}(A_1) = 1,$$

$$\text{Not}(A_1) = (1 - S_1)(1 - S_2)$$

由此可得

$$\text{Bel}(A_1) > \text{Bel}_i(A_1), \quad \text{Pl}(A_1) = \text{Pl}_i(A_1), \quad \text{Not}(A_1) < \text{Not}_i(A_1)(i = 1,2)$$

证毕。

命题 2.2 若两个传感器关于目标 E 提供不同类的识别证据,传感器 S_1 识别目标 E 为 A_1,传感器 S_2 识别目标 E 为 $A_2(A_1, A_2 \in P(\Theta))$,$A_1 \bigcap A_2 \neq \varnothing$,且 A_1 与 A_2 互不包含,则目标的 Dempster 融合识别的可信度、似真度和未知度与各单传感器识别相同,即没有改变传感器识别的不确定性,但有新的目标子集 $A_1 \bigcap A_2$ 被识别出来。

证明:类似命题 2.1,设传感器 S_1 识别目标 E 为 $A_1(A_1 \in P(\Theta))$ 的基本信任分配,传感器 S_2 识别目标 E 为 A_2 的基本信任分配以及 S_1 和 S_2 单独识别 A_1 的可信度、似真度及未知度均同于命题 2.1 的证明。

Dempster 组合规则融合传感器 S_1 和 S_2 识别的基本信任分配、可信度、似真度及未知度分别为

$$m(A_1 A_2) = S_1 S_2, \quad m(A_1) = S_1(1 - S_2), \quad m(A_2) = S_2(1 - S_1),$$

$$m(\Theta) = (1 - S_1)(1 - S_2)$$

$$\text{Bel}(A_1) = S_1(1 - S_2), \quad \text{Bel}(A_2) = S_2(1 - S_1), \quad \text{Bel}(A_1 A_2) = S_1 S_2$$

$$\text{Pl}(A_1) = \text{Pl}(A_2) = \text{Pl}(A_1 A_2) = 1, \quad \text{Not}(A_1) = 1 - S_1, \quad \text{Not}(A_2) = 1 - S_2,$$

$$\text{Not}(A_1 A_2) = 1 - S_1 S_2$$

由此可得

$$\text{Bel}(A_1) = \text{Bel}_1(A_1), \quad \text{Bel}(A_2) = \text{Bel}_2(A_2), \quad \text{Bel}(A_1 A_2) = \text{Bel}_1(A_1)\text{Bel}_2(A_2)$$

$$\text{Pl}(A_1) = \text{Pl}_1(A_1), \quad \text{Pl}(A_2) = \text{Pl}_2(A_2), \quad \text{Pl}(A_1 A_2) = 1$$

$$\text{Not}(A_1) = \text{Not}_1(A_1), \quad \text{Not}(A_2) = \text{Not}_2(A_2), \quad \text{Not}(A_1 A_2) = 1 - S_1 S_2$$

证毕。

命题 2.3 若两个传感器关于目标 E 提供不同类的识别证据,传感器 S_1 识别目标 E 为 A_1,传感器 S_2 识别目标 E 为 $A_2(A_1, A_2 \in P(\Theta))$,$A_1 \subset A_2$,则目标的 Dempster 融合识别保持传感器 S_1 的识别不变,而使传感器 S_2 识别的可信度增强,似真度和未知度减少,从而减少了传感器 S_2 识别的不确定性。

证明:该命题的条件与命题 2.2 的区别是 $A_1 \subset A_2$,此时,D-S 组合规则融合传感器 S_1 和 S_2 识别的基本信任分配、可信度、似真度及未知度分别为

$$m(A_1) = S_1, \quad m(A_2) = S_2(1-S_1), \quad m(\Theta) = (1-S_1)(1-S_2)$$

$$\mathrm{Bel}(A_1) = S_1, \quad \mathrm{Bel}(A_2) = S_2 + S_1(1-S_2), \quad \mathrm{Pl}(A_1) = \mathrm{Pl}(A_2) = 1$$

$$\mathrm{Not}(A_1) = 1 - S_1, \quad \mathrm{Not}(A_2) = (1-S_1)(1-S_2)$$

由此可得

$$\mathrm{Bel}(A_1) = \mathrm{Bel}_1(A_1), \quad \mathrm{Bel}(A_2) \geqslant \mathrm{Bel}_2(A_2), \quad \mathrm{Pl}(A_1) = \mathrm{Pl}_1(A_1), \quad \mathrm{Pl}(A_2) = \mathrm{Pl}_2(A_2)$$

$$\mathrm{Not}(A_1) = \mathrm{Not}_1(A_1), \quad \mathrm{Not}(A_2) < \mathrm{Not}_2(A_2)$$

证毕。

命题 2.4 若两个传感器关于目标 E 提供不同类的识别证据,传感器 S_1 识别目标 E 为 A_1,传感器 S_2 识别目标 E 为 $A_2(A_1, A_2 \in P(\Theta))$,$A_1 \cap A_2 = \varnothing$,$1 - S_1 S_2 \neq 0$,则目标的 Dempster 融合识别的可信度和似真度都较各单传感器减少,未知度也减少,从而减少了各单传感器识别的不确定性。

证明:该命题的条件与命题 2.2 及命题 2.3 的区别是 $A_1 \cap A_2 = \varnothing$,此时,Dempster 组合规则融合传感器 S_1 和 S_2 识别的基本信任分配、可信度、似真度及未知度分别为

$$m(A_1) = \frac{S_1(1-S_2)}{1-S_1 S_2}, \quad m(A_2) = \frac{S_2(1-S_1)}{1-S_1 S_2}, \quad m(\Theta) = \frac{(1-S_1)(1-S_2)}{1-S_1 S_2}$$

$$\mathrm{Bel}(A_1) = \frac{S_1(1-S_2)}{1-S_1 S_2}, \quad \mathrm{Bel}(A_2) = \frac{S_2(1-S_1)}{1-S_1 S_2}, \quad \mathrm{Pl}(A_1) = \frac{1-S_2}{1-S_1 S_2}, \quad \mathrm{Pl}(A_2) = \frac{1-S_1}{1-S_1 S_2}$$

$$\mathrm{Not}(A_1) = \mathrm{Not}(A_2) = \frac{(1-S_1)(1-S_2)}{1-S_1 S_2}$$

由此可得

$$\mathrm{Bel}(A_1) < \mathrm{Bel}_1(A_1), \quad \mathrm{Bel}(A_2) < \mathrm{Bel}_2(A_2), \quad \mathrm{Pl}(A_1) < \mathrm{Pl}_1(A_1), \quad \mathrm{Pl}(A_2) < \mathrm{Pl}_2(A_2)$$

$$\mathrm{Not}(A_1) < \mathrm{Not}_1(A_1), \quad \mathrm{Not}(A_2) < \mathrm{Not}_2(A_2)$$

证毕。

命题 2.5 若两个传感器关于目标 E 提供不同类的识别证据,传感器 S_1 识别目标 E 为 A_1,传感器 S_2 识别目标 E 为 $A_2(A_1, A_2 \in P(\Theta))$,$A_1 \cap A_2 = \varnothing$,$1 - S_1 S_2 = 0$,则不能采用 Dempster 规则进行融合、识别目标。

证明:该命题的条件与命题 2.4 的区别是 $1 - S_1 S_2 = 0$,此时,Dempster 组合规则融合传感器 S_1 和 S_2 识别的基本信任分配为

$$m(A_1) = \frac{S_1(1-S_2)}{1-S_1 S_2}, \quad m(A_2) = \frac{S_2(1-S_1)}{1-S_1 S_2}, \quad m(\Theta) = \frac{(1-S_1)(1-S_2)}{1-S_1 S_2}$$

因为 $1 - S_1 S_2 = 0$,所以 $m(A_1)$、$m(A_2)$、$m(\Theta)$ 值为 ∞,没有意义。证毕。

综合命题 2.1～命题 2.5 可得以下结论。

（1）当各传感器只识别目标 E 的可能结果集 $\Theta=\{\theta_1,\theta_2,\cdots,\theta_n\}$ 上的某一子集时，Dempster 组合规则的融合识别减少（至多等于）各单传感器的未知度，进而减少（或保持）了各单传感器单独识别时的不确定性。

（2）依据以上命题，在进行多传感器目标 Dempster 融合识别时，一方面可以有目的地选择不同类型的传感器用于观测识别，另一方面可以适度地增加传感器的数量，以利于减少识别的不确定性，从而提高融合识别的效率。

2.4.3 信息融合有效性的定量分析与评估

多传感器系统的信息融合定性分析仅给出融合有效性的趋势，是一种感性认识，因而需要对其进行度量。本节定义了度量多传感器系统的信息融合有效性的量化指标，即信息融合有效率指数。

信息融合熵表示系统在多源信息输入条件下，系统输出的平均不确定性程度，是一个绝对概念。针对不同的融合系统，即使是相同的条件，可能其输出的不确定性程度也不一样，因此采用绝对概念的信息融合熵度量融合算法、输入信息及融合结构的有效性，显得明显不足。信息融合的有效率指数是度量多传感器信息融合系统的信息融合有效性程度的相对概念。信息融合有效率指数将信息融合熵作为其因子，克服了信息融合熵在度量信息融合有效性方面的不足，其具体定义如下。

定义 2.6 设多传感器信息融合系统的二源输入信息为 $z_1\in\mathbf{R}^m$、$z_2\in\mathbf{R}^n$，系统输出信息为 $y\in\mathbf{R}^r$，且 y 与 z_1、z_2 之间不独立，则融合系统对信息 z_1、z_2 的信息融合有效率指数 $\gamma(Y,Z_1,Z_2)$ 为

$$\gamma(Y,Z_1,Z_2)=\frac{H(Y)-H(Y\mid Z_1,Z_2)}{H(Y)},\quad H(Y)>0 \tag{2.8}$$

由定理 2.1 得：$H(Y)-H(Y\mid Z_1,Z_2)>H(Y)-H(Y\mid Z_1)$，再根据定义 2.2，得 $\gamma(Y,Z_1,Z_2)>\gamma(Y,Z_1)$；同理 $\gamma(Y,Z_1,Z_2)>\gamma(Y,Z_2)$。这说明若提高系统的信息融合有效率指数，必须增加与目标或环境相关的信息，并对其进行融合处理，也就是增加输入信息源的数量。另外的办法是采用有效的信息融合技术（融合算法），将多源信息进行关联和综合。

由定理 2.2 可以看出，在多传感器信息融合系统中，输入信息之间的相关性越小，系统融合输出的不确定性越小，信息融合的有效率指数越大。

在信息融合过程中，融合算法的优劣集中反映在系统的传递概率上，依据信息论原理，融合算法的有效性可通过信息融合有效率指数来衡量。例如，设多传感器信息融合系统的二源输入信息为 $z_1\in\mathbf{R}^m$、$z_2\in\mathbf{R}^n$，系统输出信息为 $y\in\mathbf{R}^r$，且 y 与 z_1、z_2 之间不独立。采用融合算法 A 的信息融合熵为 $H_A(Y\mid Z_1,Z_2)$，采用融合算法 B 的信息融合熵为 $H_B(Y\mid Z_1,Z_2)$，且 $H_A(Y\mid Z_1,Z_2)<H_B(Y\mid Z_1,Z_2)$，则由信息融合的有效率指数得

$$\gamma_A(Y,Z_1,Z_2)=\frac{H(Y)-H_A(Y\mid Z_1,Z_2)}{H(Y)}>\gamma_B(Y,Z_1,Z_2)=\frac{H(Y)-H_B(Y\mid Z_1,Z_2)}{H(Y)}$$

$$\tag{2.9}$$

式（2.9）说明，对信息 Z_1、Z_2 的融合，融合算法 A 比融合算法 B 更有效。同时也说明信息融合有效率指数不仅能反映融合信息的互补性，而且能反映融合算法的有效性。

第 3 章

CHAPTER 3

煤矿安全监测监控信息

融合系统

本章以煤矿安全监测监控系统为背景,介绍了煤矿安全监测监控系统及技术发展概况和煤矿监测监控网络系统,并在讨论信息分析的基础上,介绍了面向煤矿安全监测监控的信息融合的数据级、特征级和决策级分层结构,以及信息融合的体系结构。

3.1 煤矿监测监控系统综述

能源产业是国民经济的支柱产业,能源技术始终是推动经济发展、促进社会进步的关键因素之一。煤是我国的第一能源。要振兴煤炭工业,就要依靠现代科学技术和提高现代化管理水平。

为了保证煤矿生产安全和生产的顺利进行,煤炭企业投入了大量的人力、物力和财力,为生产过程的各个环节建立了相应的自动化系统和监测监控系统,对生产环节的运行状况进行监测,对相应的设备进行监控。通过监测监控系统不仅可以监测到主(副)井绞车、皮带、压风、水泵四大运转系统的模拟量,模拟量包括风量、风速、负压、甲烷、水位、温度、压力、一氧化碳等,而且可以监测到四大运转系统的开关量,开关量包括皮带、局扇、工作面上的运输机、给煤机、割煤机、高防、风筒开关、风门、风机、仓下皮带、泻水巷、综掘机等。这些系统在实际生产中,发挥了较大的作用,提高了煤矿的生产效率。同时,煤炭企业建立了一些环境监测监控系统,对生产环境的瓦斯、粉尘、供电、通风、顶板压力、涌水量等状况进行监测,因为生产环境监测系统监测的量是影响煤矿生产安全状况的因素,有时也称这些生产环境监测系统为生产安全监测系统。

监测监控系统可帮助煤矿指挥调度人员及时了解和掌握生产情况,在一定程度上保证了煤矿生产的顺利进行,也在一定程度上起到了保证生产安全的作用。但从调研的资料看,这些监测监控系统只是将信息存储在数据库,然后传送到地面的相应单位进行显示,对这些信息的使用还需要相关人员花费大量的精力来进行。此外,这些监控监测系统大部分是独立运行的,且只负责对某一个特定的对象进行控制和监测,彼此之间缺少沟通,监测到的信息也没有联系,在实际应用中没有形成一个完整、协调的运行系统。

3.1.1 国外煤矿监测监控系统

20 世纪 60 年代,国外采用了一个监测点用一对芯线电缆来传输的通信信道的空间划分方式(即空分制),其中最有代表性的是法国 CTT63/40 煤矿生产环境监测系统,该系统可监测瓦斯、一氧化碳、风速、温度等,最多可测 40 个点,构成了煤矿监测监控系统的第一代产品。20 世纪 70 年代,CTT63/40 系统在西欧一些国家共装备了 150 多套,为确保当时煤矿安全生产起到了一定作用。20 世纪 70 年代末发展起来的煤矿监测监控技术,对改变煤矿安全生产状况,提高生产效率,提升煤矿生产的现代化管理水平等起到了重要作用。煤矿监测监控系统是微电子技术、计算机技术、通信技术等高科技发展的产物。

煤矿监测监控技术发展到第二代产品的主要技术特征是采用通信信道频率划分制(简称频分制)技术,并很快取代了空分制系统。其中最有代表性,且至今仍有影响的是德国西门子公司的 TST 系统和 F+H 公司的 TF200 系统,这些都是音频传输系统。集成电路的出现推动了时分制系统的发展,从而出现了以时分制为基础的第三代煤矿监测监控系统。其中发展较快的是英国,其于 1976 年推出了以时分制为基础的 MINOS 煤矿监测监控系统。到 20 世纪 80 年代初,MINOS 系统已经十分成熟,在英国国内得到大量推广。这一系统的成功运用,开创了煤矿自动化和煤矿监测监控技术发展的新篇章。

20 世纪 80 年代是计算机技术、微电子技术、数字通信技术等现代技术飞速发展的年代,也是煤矿监测监控技术高速发展的时期。英国推出的 MINOS 系统及软件系统应用成功后,英国的 HSDE、HUWOOD、Westhouse 及 Trasmitig 等公司分别生产了以时分制为技术特征的系统;德国也提出了以时分制为技术特征的 GEAMA TIC-2000i 全矿井监控系统的实施计划。德国西门子公司、AEG 公司等也纷纷推出以时分制为特征的煤矿监控系统;波兰也自行开发了以时分制为特征的 HADES 工矿设备监测监控系统。

近年来,随着信息技术的飞速发展,煤矿监测监控系统的主要发展方向是综合化、智能化和网络化。各研究机构和各大公司都积极开展了将人工智能、数据管理、地理信息系统(Geographic Information System,GIS)、无线通信、传感器网络等新技术相集成的监测监控系统的研究和开发。煤矿安全生产监测监控技术的不断提高及推广使用,产生了明显的效果,我国煤矿百万吨死亡率大大下降。

3.1.2　国内煤矿常用的监测监控系统

1. 矿井监测系统

矿井监测系统是煤矿中最常使用的监测监控系统,监测技术及装备的发展与完善为煤矿安全生产提供了物质保障。煤矿生产监控主要可分为环境安全监控、生产过程监控和生产工艺监控三种。目前推广较多的系统的主要技术参数如表 3-1 所示。

表 3-1　系统的主要技术参数

型号	KJ2	KJ4	TF200	A1
最大容量	255 个分站	128 个分站	52 个信号	128 个测点
地面中心站	国产 0530 微机	Intel86/310 微机	长城 286/386 微机	长城 0520C-H
传输方式	基带,时分	FSK,时分	频分制	基带
传输距离	15km	20km	18~42km	25km
分站模拟量	8 点	8 点	4 点、8 点	
分站开关量	8 点	8 点	16 点	
适用范围	大、中型矿井安全生产监测	大、中型矿井安全生产监测	中、小型矿井安全生产监测	中、小型矿井安全生产监测
推广数量	大约 50 套	大约 60 套	70~80 套	大约 50 套

自 2000 年以来,随着国家对煤矿企业安全生产要求的不断提高和企业自身发展的需要,我国各大、中、小煤矿的高瓦斯或瓦斯突出矿井都陆续装备了矿井监测监控系统。经多年实践表明,安全监测监控系统在煤矿安全生产和管理中起到了十分重要的作用,各矿务局和煤矿都已将其作为一项重大的安全装备来配置。

矿井监测监控系统的组成已由早期的地面单微机监测监控发展成为网络化监测监控以及不同监测监控系统的联网监测。监测监控系统主要由监测终端、监控中心站、通信接口装置、井下分站、传感器等组成。矿井监测监控系统结构如图 3-1 所示。

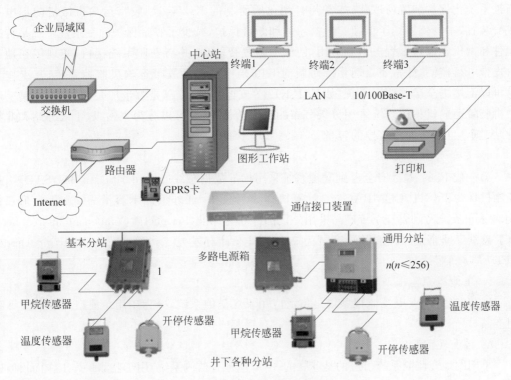

图 3-1 矿井监测监控系统结构

2. 矿井"信集闭"系统

信集闭是"信号、集中、闭塞"的简称。电机车是我国煤矿主要的输送工具之一,随着煤矿生产的发展,电机车运行台数逐年增多,如何提高线路通过能力、保证运输安全、减少辅助人员都具有重要意义。为此,寻求适合我国煤矿井下使用的"信、集、闭"装置和系统,一直是一项重要的研究课题。

目前,信集闭的类型可分为三种:继电器联锁信集闭系统、可编程控制器控制信集闭系统和微机控制信集闭系统。

由中国矿业大学研制的可编程控制器 KJ35 轨道运输监控系统(用于平顶山矿务局一矿)是我国首次使用的可编程控制器控制信集闭系统。1991 年被评为能源部科技进步二等奖,以后又在多家矿井推广。煤科总院常州自动化研究所研究的 KJ3A 微机控制信集闭系统,能保证机车运输安全,提高了机车运输效率和现代化水平。

3. 皮(胶)带运输监控系统

随着生产力的不断提高,工作面不断趋向高产,人们对胶带运输机安全、可靠运行的要求越来越严格,因为现在胶带运输机的运行状态已成为决定采煤工作面效率的主要因素。为了使胶带机安全、可靠地运行,人们逐步完善了保护装置的功能,到目前为止,现场已基本上配备了低速打滑、断带、撕裂、跑偏、堆煤、烟雾、超温洒水等保护装置;在保护技术上也由传统单纯由硬件组成的逻辑控制发展到采用由计算机控制、传感元件构成的具有智能化特点的电控设备。许多系统能与煤矿安全监测系统联成网络,并通过计算机终端显示器显示,实现在地面对井下胶带机运行状况的监测。

近几年,胶带机保护装置的研制发展很快,其发展特点有以下三个:一是单一的保护逐渐被系统化保护装置所取代,如常州自动化所研制的 KJ2002 型胶带运输机微机防爆电控成套装置,本身就容纳了低速、打滑、超速和断带保护,减少了胶带保护的复杂性。二是传感元件和微机在保护装置上得到应用,使保护装置智能化,并与安监系统接口,实现了在地面对皮带进行监测,如常州自动化所研制的 KJ9 矿用经济型胶带运输机监控系统,其工作信息可以汇接进全矿井监测系统(如 KJ1、KJ2 等安监系统)。三是容量加大,如 KJD-2 型矿用微机胶带运输机集控系统采用分级分布的系统结构,系统可以分为主站级、Ⅰ级分站和Ⅱ级分站三个层次,增加了监控的容量。

4. 安全考勤管理系统

第一代 KJ30 人员安全考勤管理系统采用标准数据总线(Standard Data Bus,STD)工业控制机作为上位机,COMPAQ386 计算机作为后台机,红外编码卡容量为 400 万。第二代 KJ30 人员安全考勤管理系统产品采用外设部件互连标准(Peripheral Component Interconnect,PCI)总线工业控制机,条形码容量为 9999 个,设计有发光二极管(Light-Emitting Diode,LED)大屏幕显示屏。

5. 工业电视监视系统

KJ28 光纤工业电视监视系统是广泛应用于煤矿的系统,分为矿用一般型和本安型等系列产品。

6. 地音监测系统

早期的地音监测系统引进的是苏联的 3A-6 型地音监测系统,用于监测采煤工作面顶板破碎、煤壁破碎等声音。后来国内自行研制了 MA0104E 地音监测系统,由 COMPAQ386/20E 型通用微机控制,配备专用的监测处理技术和地音接收仪,用于采煤工作面顶板声音的动态监测。

7. 矿井提升机电控及监测系统

目前我国提升机 90% 以上均采用交流异步电动机的拖动方式,其中 90% 的控制方式都采用转子串电阻继电器-接触器电控系统。

近年来随着煤矿机械化程度大幅度提高,迫切需要容量大、可靠性高的井下防爆绞车,为此国家从"中华人民共和国国民经济和社会发展第七个五年计划"开始,将"煤矿井下防爆绞车变频电控系统"列入研究课题和攻关项目。

变频电控系统的主要特点包括:①采用全数字化、多微机并行控制;②采用交-交变频器-异步电动机调速系统,变频器的输出电压波形为梯形波,电机额定工况下运行时,交-交变频工频侧功率因数可达 0.75;③带负载适应定子电压补偿的单闭环速度调节系统;④设有完善的自检和诊断功能;⑤变频器触发控制的硬件和软件具有较高的可靠性且电流过零时间很短(小于 2ms);⑥电机加减速过程平滑,无速度跟随误差;⑦如需更高精度的交流调速系统,可在不变更硬件结构的条件下,另外引入电流和电压反馈以实现矢量控制。

当今世界上技术先进的国家,特别强调微电子和计算机技术在矿井提升机拖动控制系统的应用,尤其是以可编程控制器(Programmable Logic Controller,PLC)为代表的工业控制计算机。由于PLC在性能、速度、价格和体积等方面的不断发展,其在矿井提升机拖动控制系统中得到了广泛应用。

在20世纪80年代后期,特别是20世纪90年代以来,随着半导体技术的发展,交-直-交变频技术发展越来越成熟,应用也越来越广。因此,以全数字变频控制技术来代替传统的TKD控制方式已经成为一种趋势。其控制方式为"全数字变频调速＋多PLC冗余控制＋上位机监控"全数字电控系统。与原系统相比较,新系统能耗小、噪声低,特别是配备全数字控制系统时可靠性更高、维护极为方便。

矿井变频调速提升机全数字电控系统有如下特点。

(1) 硬件结构简单,故障点少,可靠性高。

(2) 可控精度高,工作稳定性好。

(3) 故障自诊断能力强,大大降低了使用维护成本。

(4) 具有较高的可构置性,扩展方便,运行灵活性高。

(5) 可与其他系统联网,实现现代化管理。

(6) 性能价格比高。

尽管矿井变频调速提升机全数字电控系统具有以上特点,但针对我国矿山常用的高压绕线式异步电动机拖动的提升机而言,仍然因元件耐压等问题而难以实现。虽然采用电平叠加的方式可以解决耐压问题,但终究因变压器、器件等损耗而使效率较低,且价格昂贵。以IGBT为代表的全控器件组成的脉冲宽度调制(Pulse Width Modulation,PWM)变换器具有谐波分量小的显著优点,于是针对高压绕线异步电动机转子双馈变压变频调速成为可能,解决了上述问题,也适合我国国情。

8. 矿山电网自动化(遥测、遥信、遥控)系统

矿山电网的自动化水平相对落后,现有一些电网调度自动化系统均采用常规变送器,投资大,技术落后,而且由于种种原因,系统运行情况很不理想,有些系统甚至已经瘫痪。实现电网的综合自动化,可以对系统中的无功进行控制,减少无功在电网上的流动,以达到降低电网线损的目的。同时,可以控制电压在允许的范围之内,大大减少配电变压器的损耗,提高电网的安全运行水平,缩短故障处理时间。

矿山电网综合自动化系统以WJ-410 SCADA系统为基础开发、研制而成。系统的后台机是操作员和整个控制系统的接口,一方面它利用多种媒体,应直观、生动地显示尽可能多的远动信息;另一方面它应尽可能方便地提供各种操作控制手段,改善人机接口,提高整个系统的自动化水平。

该系统的特点如下。

(1) 系统结构水平高。

(2) 采用微机变送器交流采样代替传统的功率变送器和电压、电流变送器。

(3) 多媒体技术应用于矿山电网自动化系统。

(4) 采用微波通信。

(5) 可实现实时网络通信。

（6）系统结构简单，扩充方便，可扩充多达 64 个分站，且经济效益和社会效益显著。

3.1.3 煤矿安全监测监控需要解决的关键技术

针对目前煤矿在使用环境、生产监测监控系统中存在的主要问题，应解决的关键技术如下。

（1）提高传感器使用寿命，增加可靠性，并研制开发新一代传感器及传感器系统。

（2）进一步完善、提高现有的监测监控系统的性能，并提升各种保护功能。

（3）应用计算机及信息融合技术提高煤矿监测监控的技术水平，并扩展系统的功能。

（4）根据国务院安委办〔2006〕21 号文件要求，煤矿在用的安全监控系统，必须按新的 MA 标志证确认的系统配置进行改造。

（5）使用新一代基于网络摄像机或视频服务器的网络视频监控系统，目前信息融合监测监控综合管理网络系统属于这种系统。

3.2 煤矿监测监控网络系统

本节以某煤矿为背景，介绍一种典型的煤矿监测监控网络系统，包括系统组成、系统的功能等内容。

3.2.1 系统组成

1. 系统组成及示意图

煤矿监测监控网络系统由地面中心站、网络传输接口、井下分站、井下防爆电源、各种矿用传感器、矿用机电控制设备及 KJ2000N 安全生产监测监控软件组成。整个系统的示意图如图 3-2 所示。煤矿监测监控网络系统为环境监测和生产监控提供支持。

1）环境监测

主要监测煤矿井下各种有毒有害气体及工作面的作业条件，如高浓度甲烷气体、低浓度甲烷气体、一氧化碳、氧气浓度、风速、负压、温度、岩煤温度等。

2）生产监控

主要监控井上、下主要生产环节的各种生产参数和重要设备的运行状态参数，如提升机、皮带运输机、磁力启动器的运行状态和参数以及煤仓煤位、水仓水位、功率等模拟量。

2. 地面中心站

地面中心站是整个系统的控制中心，安装在地面计算机房。井下部分包括：KJ2007N 井下分站，隔爆兼本质安全型电源，各种安全、生产监测传感器，报警箱和断点控制器等。井下分站和传感器安装在井下具有煤尘、瓦斯、一氧化碳等危险气体的环境中，对煤矿井下的各种安全、生产参数进行实时监测和处理，并将安全生产参数及时传输到地面中心站。各种数据由分站和中心站处理。地面中心站通过网络传输接口采用光缆与井下分站进行通信。通过 KJ2000N 系统可以准确全面地了解井下安全情况和生产情况，实现对灾害事故的早期预测和预报，并能及时地自动处理。生产调度人员可以掌握井下设备运行情况，准确地指挥生产。

3. 环形光缆干线架构

煤矿生产的调度、管理系统一般都在井上，现有的监测监控系统如通风、安全、环境和皮

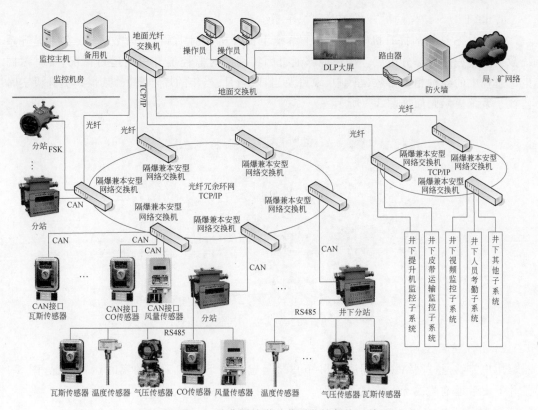

图 3-2 一种典型的煤矿监测监控网络系统

带监控等,其监控终端一般也都在井上,而且大多集中在调度室。因此以井上调度室为中心,设计了一个环形光纤传输网络,光纤传输容量大,抗干扰,防爆。井筒主干线光缆可以采用多芯结构,将调度电话、工业电视等其他通信系统与控制器局域网(Controller Area Network,CAN)总线综合在一条光缆中传输。井上、下传输系统采用工业以太网+CAN总线传输平台。

3.2.2 系统功能

煤矿监测监控网络系统以高速多媒体计算机网络为中心,通过各种智能接口与煤矿的已有系统进行融合,综合了文字、音频、视频、动画、图形等多种媒体信息,为领导的管理与决策提供了有力的参考依据,提高了煤矿生产调度自动化水平,也使煤矿安全管理水平上升了一个台阶。

系统利用万维网(World Wide Web,WWW)技术、多媒体技术以及实时数据库技术,开发了基于浏览器/服务器(Browser/Server,B/S)模式结构的提升机实时监视子系统、井下皮带运输及主扇工况实时监视子系统,使用户能够通过因特网实时监控提升机的运行情况,实时掌握生产过程中的各种相关参数;系统利用嵌入式技术、Web技术开发了实时视频监控子系统,用户能够通过因特网实时监控各监测点的视频信息;利用信息融合技术融合了KJ2000N安全监测子系统、考勤管理子系统等,可以实时监控瓦斯量等井下实时信息,实时掌握井下人员分布等情况,增强了决策的科学性和可靠性。

1. 基于 B/S 结构的提升机实时监视子系统

基于 B/S 结构的提升机实时监视子系统由提升机实时动画、实时数据库、实时提升系统数据采集程序三部分组成。用户能够通过因特网实时监控提升机的运行情况,实时掌握生产过程中的各种相关参数(早、中、晚班及当日、当月、当年的煤产量)。某煤矿提升机实时监视子系统显示画面如图 3-3 所示。

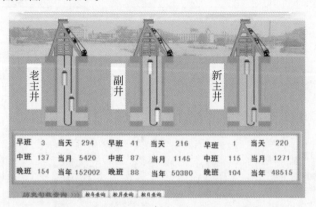

图 3-3　提升机实时监视子系统显示画面

2. 井下皮带运输监视子系统

用户能够通过网络浏览器查看井下皮带运输和井下主扇工况的实时运行情况,图 3-4 是井下皮带运输监视子系统显示画面。

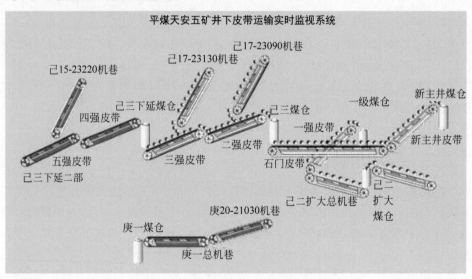

图 3-4　井下皮带运输监视子系统显示画面

3. 视频监控子系统

实时视频监控子系统由 MPEG-4 视频服务器和基于 Web 服务器的实时点播系统两部分组成。用户能够实时监控各监测点的视频信息,如图 3-5 所示。

4. KJ2000N 安全监测子系统

KJ2000N 安全监测子系统可以实时监控模拟量、瓦斯量、开关量等井下实时信息。采集的数据及报表画面如图 3-6 所示。

(a) 单画面视频   (b) 四画面视频

图 3-5 实时视频监控子系统监控画面

图 3-6 采集的数据及报表画面

　　煤矿监测监控网络系统除了上述各功能外,还设计了面向信息融合的煤炭企业数据库系统,管理者只需打开 Web 浏览器,通过系统的身份认证,就可以实时查看井下各种实时数据、提升机、皮带运输机的实时运行数据、主扇实时工况数据、监测点实时视频等实时监控数据及相关的历史数据,可方便地查阅当前和历史的生产日报、煤质报表等报表数据;查阅井下的计算机辅助设计(Computer Aided Design,CAD)图表数据和其他技术资料;查看当前井下人员分布信息等。

3.3 煤矿监测监控信息分析

3.3.1 引言

　　为了提高生产效率和及时掌握生产情况,现有的国有大中型煤矿,大部分已经配备了不同类别的生产监测监控系统。这些监测监控系统在煤炭企业信息化建设中发挥着重要的作用,离开监测监控系统,生产调度系统就失去了判断的依据,从而无法正常工作。但就目前建设的状况来看,监测监控系统内部的信息各自为单元,难以与其他信息进行交互,这在一定程度上制约了企业信息化的发展,也使企业的调度人员和管理者难以全面及时地掌握企业的生产状况和经营状况,从而导致决策的时滞性和错误性。因此非常有必要将这些信息进行融合,以使生产指挥调度人员全面及时地掌握这些信息。

　　将信息融合应用在监测监控系统中,首先需要建立一个适用于监测监控系统进行信息融合的结构,在这个结构下才能使信息融合按照一定的步骤顺利进行。

3.3.2　信息分析

1. 信息传输分析

从信息在煤矿监测监控系统中的流动顺序看,可以把信息分为信息采集、信息传输、信息的接收和处理、信息的应用与集成四个过程。信息传输如图 3-7 所示。

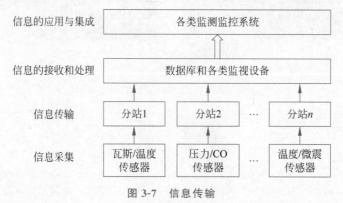

图 3-7　信息传输

1) 信息采集

信息采集就是通过各类传感器对数据进行采集。信息采集的方法有两个,一个是通过监控主机的串口直接读取传感器采集的数据,即串口数据采集方法;另一个是网络数据采集方法,将传感器传输的数据在网络上广播,然后截获网上的广播数据。对串口数据采集方法来讲,由于监测监控系统采集的数据均由主控计算机串口读入,因此可以将数据监听设备直接连接到监控主机串口的接收线上,地线互连,调整监听设备的串口配置,将信息读入,并以二进制方式存盘,以便离线分析。对网络数据采集方法而言,需要开发专门的网络端口扫描程序来处理广播数据,进行网络通信端口扫描,发现通信端口后,将接收到的信息实时显示出来,并以二进制文件的形式存储下来,以便进行在线/离线数据分析。

2) 信息传输

信息传输是指通过通信设备将采集到的信息传输到数据库或各个监测监控终端。根据信息传输中信号的类别,信息传输可以分为模拟传输和数字传输。

3) 信息的接收和处理

信息经过通信方式传输后,其接收对象可以是企业局域网内部的服务器或各种监视设备的终端。服务器将信息存储在数据库中,监视设备的终端则直接将这些信息显示出来供人们直接浏览。

4) 信息的应用与集成

通过信息管理系统或调度决策系统等对数据库中的信息进行分析处理,从而根据不同的需求来完成信息的显示,即实现了信息的应用。

2. 信息层次分析

对应上面描述的信息流动的顺序,按照监测监控系统的结构,将信息顺序划分为以下几个层次:物理层、传输层、接收层和应用层。具体信息层次分析如图 3-8 表示。

1) 物理层

物理层根据实际系统的需要设置各类传感器对数据进行采集,与信息采集相对应。

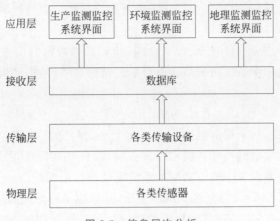

图 3-8　信息层次分析

2）传输层

传输层根据现场施工条件的要求，利用有线传输设备和无线传输设备将采集到的数据发送到数据库中，与信息传输相对应。

3）接收层

接收层是利用建立好的数据库来接收通信设备传送来的数据，设计数据库时一定要注意数据库存储容量的限制，这一层与信息的接收和处理相对应。

4）应用层

通过不同的监测界面将数据库中的信息显示出来，不同的用户对信息的需求是不同的，这一层与信息的应用与集成相对应。

3.4　面向煤矿安全监测监控的信息融合系统体系结构

体系结构是系统的物理结构，它明确系统组件的安排管理、它们之间的相互关系以及数据流向，同时特别需要说明一个系统的数据或者信息交换如何实现。体系结构的描述可能是抽象的、高级层次的，也有可能是对特定结构的详细阐述。数据融合系统的结构可以抽象分成集中式和分布式两种。而分布式又可以根据融合单元的位置和数量、融合算法本身的特点，以及融合是否存在反馈分成多种结构，如分层结构、树状结构、完全分散式结构、并行分散式结构、带反馈分散式结构、无反馈分散式结构等。

3.4.1　信息融合的层次

从上面的介绍可知，监测监控系统只是将信息输送到数据库和监视终端，而没有对这些信息进行融合。目前已经有人在工程项目中将多个相对分散、独立运行的信息系统中的数据进行整合处理，将其组成一个统一的新的数据源，供用户透明地、方便地使用来自不同系统的数据，但这种"整合"过程仅仅是对原有数据的简单综合，还没有进行信息融合。通过信息融合，可以对原有数据进行进一步的分析处理，将处理结果导入新的数据库中，并共享使用。

从信息处理层次的角度出发，将信息融合结构划分为三个层次：数据级、特征级和决策级。数据级对应信息流中的物理层和传输层，特征级对应信息流中的信息集成层，决策级对应信息流中的应用层。以下对这三个层次的信息融合结构分别进行研究讨论。

1. 数据级

数据级应该完成信息融合中的最低级处理,如对采样数据的误差消除。根据传感器检测数据的方式不同,适用于数据级的结构有分散式结构、并行结构、串行结构、树状结构和带反馈的并行结构。

分散式结构如图 3-9 所示,系统中的每个传感器都独立完成对信号的采集,然后在内部完成对信息的局部判决,每个局部判决 $u_i(i=1,2,\cdots,N)$ 又都是最终判决。由于各个传感器之间不互相联系,且做出的局部判决也没有校验,因此在实际应用中,分散式结构适用于传感器数目不是很多、节点又少的监测监控系统来处理数据误差。

并行结构如图 3-10 所示,与分散式结构相比,其添加了一个局部融合节点,该融合节点对 N 个节点 $S_1,S_2,\cdots,S_N$ 传感器采集到的原始数据进行局部融合判定,然后做出局部检测判决 $u_1,u_2,\cdots,u_N$。

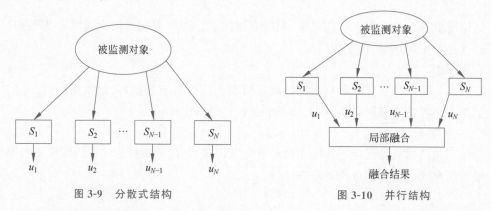

图 3-9　分散式结构　　　　　　　　图 3-10　并行结构

在串行结构中(见图 3-11),N 个局部节点 $S_1,S_2,\cdots,S_N$ 分别接收各自的检测后,首先由节点 S_1 做出局部判决 u_1,然后将它传送到节点 S_2,而 S_2 将它本身的检测与 u_1 融合形成自己的判决,然后重复前面的过程,信息继续向前传递到下一节点。最后,将它的检测与融合做出判决 u_N,即最后的判决 u_0。

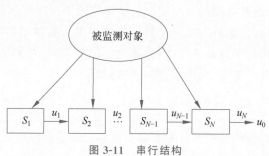

图 3-11　串行结构

树状结构如图 3-12 所示,在这类结构中,信息传递处理流程是从所有的树枝到树根,最后,在树根将从树枝传来的局部判决和自己的检测进行融合,形成最后的判决 u_0。

带反馈的并行结构中(见图 3-13),N 个局部检测器在接收到观测之后,把它们的判决传送到融合中心,中心通过某种准则组合 N 个判决,然后把获得的判决分别反馈到各局部传感器作为下一时刻局部决策的输入。

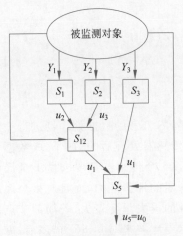

图 3-12　树状结构

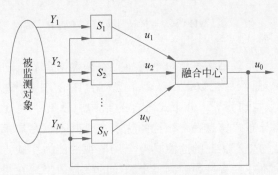

图 3-13　带反馈的并行结构

2. 特征级

特征级融合对进行过预处理的信息进行特征提取,形成特征矢量。在特征级融合中系统结构模型主要有集中式、分布式和多级式 3 种。

1) 集中式

集中式结构将传感器获得的检测信息传送到融合中心,进行数据的预处理、数据校准、数据关联、数据预测等数据处理。在集中式结构中,各传感器信息的流向是自底层向融合中心单方向流动,各传感器之间缺乏必要的联系。在系统的特征级融合中心采用融合处理方法来获得系统的全局状态估计信息。这种结构的最大优点是若采样的信息比较全面,则信息的损失量比较小。

针对集中式结构的特点,以下采用卡尔曼滤波来描述集中式结构的信息融合过程。设监测监控系统的状态为 $\boldsymbol{X}(k)$,传感器的观测量为 $\boldsymbol{Z}(k)$,状态方程可描述如下:

$$\boldsymbol{X}(k+1)=\boldsymbol{F}(k)\boldsymbol{X}(k)+\boldsymbol{G}(k)\boldsymbol{\omega}(k) \tag{3.1}$$

$$\boldsymbol{Z}(k)=\boldsymbol{H}(k)\boldsymbol{X}(k)+\boldsymbol{V}(k) \tag{3.2}$$

式中,$\boldsymbol{X}(k)$ 为状态矩阵;$\boldsymbol{G}(k)$ 为噪声矩阵;$\boldsymbol{H}(k)$ 为观测矩阵;$\boldsymbol{\omega}(k)$ 为输入噪声模型;$\boldsymbol{V}(k)$ 为观测噪声模型;k 为离散时间索引,并满足条件:

$$E[\boldsymbol{\omega}(k)]=0 \tag{3.3}$$

$$E[\boldsymbol{\omega}(k)\boldsymbol{\omega}^{\mathrm{T}}(j)]=\boldsymbol{Q}(k)\boldsymbol{\delta}_{kj} \tag{3.4}$$

$$E[\boldsymbol{V}(k)]=0 \tag{3.5}$$

$$E[\boldsymbol{V}(k)\boldsymbol{V}^{\mathrm{T}}(j)]=\boldsymbol{R}(k)\boldsymbol{\delta}_{kj} \tag{3.6}$$

$$E[\boldsymbol{\omega}(k)\boldsymbol{V}^{\mathrm{T}}(j)]=0 \tag{3.7}$$

$\hat{\boldsymbol{X}}(k|j)$ 是基于延续到 j 时刻的观测量对 k 时刻状态的估计值,$\boldsymbol{P}(k|j)$ 为状态的估计协方差,则卡尔曼滤波给出的系统状态递归算法如下。

需要预测

$$\hat{\boldsymbol{X}}(k|k-1)=\boldsymbol{F}(k-1)\boldsymbol{X}(k-1|k-1) \tag{3.8}$$

$$\boldsymbol{P}(k|k-1)=\boldsymbol{F}(k-1)\boldsymbol{P}(k-1|k-1)\boldsymbol{F}^{\mathrm{T}}(k-1)+\boldsymbol{G}(k)\boldsymbol{Q}(k)\boldsymbol{G}^{\mathrm{T}}(k) \tag{3.9}$$

$$\boldsymbol{Z}(k|k-1)=\boldsymbol{H}(k-1)\hat{\boldsymbol{X}}(k|k-1) \tag{3.10}$$

状态发生变化后

$$\hat{X}(k \mid k) = \hat{X}(k \mid k-1) + W(k)[Z(k) - \hat{Z}(k \mid k-1)] \tag{3.11}$$

$$P^{-1}(k \mid k) = H^{T}(k)R^{-1}(k)H(k) + P^{-1}(k \mid k-1) \tag{3.12}$$

$$W(k) = P(k \mid k)H^{T}(k)R^{-1}(k) \tag{3.13}$$

2）分布式

分布式结构是指每个传感器在检测对象后，先由传感器内自带的数据处理器进行一部分处理，然后把数据传送到信息融合中心，中心根据各个传感器处理后的数据完成数据分析、数据预测等。分布式融合的结构中没有中央处理单元，每个传感器都要求做出全局估计。分布式信息融合结构的优点在于其不仅在局部具有一定的评价能力，而且对整个煤炭企业的生产状况的监测具有全局监视的能力。缺点是信息的损失量比较大，若局部节点的融合不好会直接影响到整个系统的融合效果。在采用卡尔曼滤波来对其进行描述前，需要强调以下 3 个问题。

（1）传感器分散网络结构中的每一个融合节点都和其他节点直接相连。

（2）节点的通信在一个周期内同时进行。

（3）所有节点使用同样的状态空间。

设系统的动力学方程仍为式（3.1），观测方程由 m 个单传感器观测方程组成，则第 i 个节点的局部 Kalman 估计方程如下。

需要预测

$$\hat{X}(k \mid k-1) = F(k-1)X_i(k-1 \mid k-1) \tag{3.14}$$

$$P_i(k \mid k-1) = F(k-1)P_i(k-1 \mid k-1)F^{T}(k-1) + G(k)Q(k)G^{T}(k) \tag{3.15}$$

$$Z_i(k \mid k-1) = H_i(k)\hat{X}_i(k \mid k-1) \tag{3.16}$$

状态更新后

$$\hat{X}(k \mid k) = H(k)\hat{X}_i(k \mid k-1) \tag{3.17}$$

$$P_i^{-1}(k \mid k) = H_i^{T}(k)R_i^{-1}(k)H_i(k) + P^{-1}(k \mid k-1) \tag{3.18}$$

$$W_i(k) = P_i(k \mid k)H_i^{T}(k)R_i^{-1}(k) \tag{3.19}$$

当每个节点得到自己的局部估计后，就与其他相连的节点进行通信，接收其他节点传递来的信息后进行同化处理，同化包括状态同化和方差同化，经推导可得第 i 个节点的状态方程为

$$\hat{X}(k \mid k) = P(k \mid k)[P^{-1}(k \mid k-1)\hat{X}(k \mid k-1) + \sum_{i=1}^{m} P_i^{-1}(k \mid k)\hat{X}_i(k \mid k) - $$

$$P^{-1}(k \mid k-1)\hat{X}(k \mid k-1)] \tag{3.20}$$

从而，在每个节点都可以得到全局的状态估计和方差估计。在由 n 个节点组成的分布式融合结构网络中，任一个节点都可以做出全局估计，某一节点的失效不会显著地影响系统正常工作，因为其他 $n-1$ 个节点仍可以对全局做出估计，这有效地提高了系统的鲁棒性。尽管每个节点都具有较大的通信量，但是其通信量没有集中式融合中心的通信量大，且其采取并行处理，解决了通信瓶颈问题。

一个完全分布式融合结构由许多融合节点组成，如图 3-14 所示。

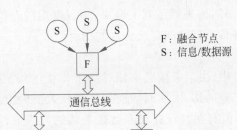

图 3-14　完全分布式融合结构

　　节点之间没有固定的主从关系,每个融合节点本身具有自己的融合单元对本地传感器进行数据融合(每个节点只是在连接的限制下相互通信)。同时各融合节点之间通过相当于总线形式的通信系统相互连接,形成一个分布式网络。相对于集中式结构,分布式结构负荷分散到各个节点,每个数据融合节点的处理负荷较小,没有必要维护一个庞大的中心数据库,每个节点都有自己的本地数据库,通信量大大降低。

　　3) 多级式

　　多级式结构中,各局部节点可以同时作为融合节点来处理数据,同时这些节点也可以接收和处理来自多个传感器的数据,然后作为系统的中心融合节点再对融合节点的数据进行融合。

　　多级式融合结构有两种形式:无反馈的分级结构和有反馈的分级结构,分级结构的思想具体描述如下。

　　设系统的观测方程为

$$\boldsymbol{X}(k+1) = \boldsymbol{F}(k)\boldsymbol{X}(k) + \boldsymbol{G}(k)\boldsymbol{\omega}(k) \tag{3.21}$$

$$\boldsymbol{Z}(k) = \boldsymbol{H}(k)\boldsymbol{X}(k) + \boldsymbol{V}(k) \tag{3.22}$$

则无反馈时

$$\boldsymbol{P}_i^{-1}(k \mid K) = \sum_{i=1}^{m}\left[\boldsymbol{p}_i^{-1}(k \mid K) - \boldsymbol{p}_i^{-1}(k \mid K-1)\right] + \boldsymbol{P}^{-1}(k \mid k-1) \tag{3.23}$$

$$\hat{\boldsymbol{X}}(k \mid k-1) = \boldsymbol{P}(k \mid k)\left[\boldsymbol{P}^{-1}(k \mid k-1)\hat{\boldsymbol{X}}(k \mid k-1)\right] +$$

$$\sum_{i=1}^{m}\left[\boldsymbol{p}_i^{-1}(k \mid k)\hat{\boldsymbol{X}}_i(k \mid k)\right] - \boldsymbol{P}_i^{-1}(k \mid k-1)\hat{\boldsymbol{X}}_i(k \mid k-1) \tag{3.24}$$

有反馈时可以描述为

$$\boldsymbol{P}_i^{-1}(k \mid K) = \sum_{i=1}^{m}\left[\boldsymbol{p}_i^{-1}(k \mid K) - (m-1)\boldsymbol{p}^{-1}(k \mid K-1)\right] \tag{3.25}$$

$$\hat{\boldsymbol{X}}(k \mid k-1) = \boldsymbol{P}(k \mid k)\left[\sum_{i=1}^{m}\left[\boldsymbol{p}_i^{-1}(k \mid k)\hat{\boldsymbol{X}}_i(k \mid k)\right] - (m-1)\boldsymbol{p}^{-1}(k \mid k-1)\hat{\boldsymbol{X}}(k \mid k-1)\right]$$

$$\tag{3.26}$$

　　状态方程中有下标的表示低层的信息,没有下标的表示高层的信息。从上面公式中可以看到:信息从低层向高层逐层流动,无反馈时,层间传感器属于单向联系,高层信息不参与低层处理；有反馈时，层间传感器是双向联系，不仅低层融合信息向高层传递，高层信息也参与低层节点处理。各传感器之间是一种层间的有限联系。

3. 决策级

在煤矿监测监控系统中，决策级信息应该对特征级融合的结果进行综合分析处理，根据具体的要求完成对全局态势的估计，从而帮助指挥调度人员做出决策。决策级信息融合结构采用如图 3-15 的方式，但其在特征提取和数据关联的方式上，可以采用不同的方法。从图 3-15 可以看出，决策级信息融合的结构为瀑布型，该结构按照信息的流动由低到高处理。信息经过属性分类、数据关联后再进行决策融合。决策级融合中的融合算法是关键，决策层的融合方法可采用 Bayes 理论、D-S 证据理论、模糊理论及专家系统方法等，在实际应用中应该根据目标的需要来确定相应的决策算法。

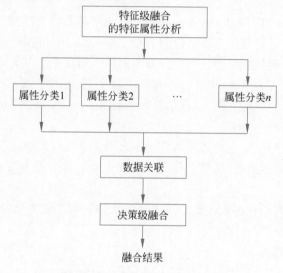

图 3-15 决策级信息融合结构图

3.4.2 信息融合体系结构

由上述分析可知，数据级、特征级和决策级的每个融合层次上可以使用不同的融合结构体系，为了便于煤矿监测监控系统信息融合的顺利进行，下面介绍集散式的信息融合体系结构。

集散式的体系结构吸取了集中式和分布式的优点，它以集中式为支撑，在各个节点的融合上采用分布式，并将信息融合结果反馈给数据级，达到反馈控制的目的。煤矿监测监控系统的信息融合体系结构如图 3-16 所示。集散式的信息融合体系结构对同一检测对象的处理可以是同步的。从内部信息处理的方式看，传感器到各个分站之间的信息融合结构为集中式结构，即将信息采集到分站后集中处理，然后再传输到各个监测节点。从数据级融合结构来看，数据从传感器到分站的传输上属于分散式结构，而从分站到服务器的数据传输过程来看，其属于一种带反馈的树状结构。信息在底层的传输上为分散式结构，而信息从各个分站传输到中心调度属于并行结构，信息从服务器与其他设备的传输上属于一类带反馈的树状结构，这种结构带有控制功能，能控制低层信息与高层信息之间的传输。从特征级融合结构来看，其从传感器到分站的传输上属于分布式，而从整体结构来看其属于带反馈的多级式。从决策级融合结构来看，信息的分类和挖掘属于集散式。

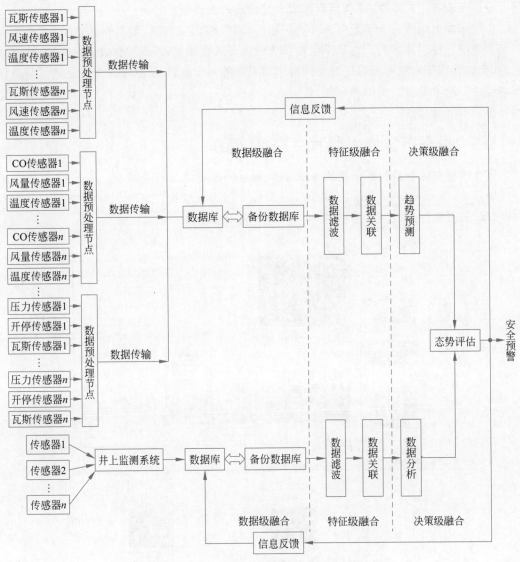

图 3-16　煤矿监测监控系统的信息融合体系结构

3.5　地面车场多媒体信息融合监控的研究

本节运用一个实例,即东滩煤矿地面车场的多媒体信息融合监控,对信息融合展开研究,首先介绍融合监控系统的组成和功能,建立系统融合监控的结构模型。然后以机车闯红灯为例,阐述融合监控的具体实现过程,即系统对来自轨道传感器、图像传感器两路传感信息分别进行时域融合。在此基础上,多媒体工作站对时域融合的局部结果,进行空域融合,从而给出最终的判决结果。

东滩煤矿是一个年产原煤六百多万吨的现代化矿井。井下采出的煤炭经主井提升后进入选煤厂,选煤厂选出的矸石进入选矸仓存放;同时中小块煤进入洗煤厂,洗煤厂洗出的矸石进入洗矸仓;除此之外,井下掘进矸石车经副井提升至地面,存在地面车场;三处排出的矸石分散存放在不同地点,这些矸石都需经过轨道列车运至矿外。

由于车场运输线路受工业广场环境限制,运输线路比较拥挤,道岔多且集中,电机车在车场内频繁穿梭运输,因此,对机车监控系统设计要求比较高,不仅要保证电机车安全、高效运输,而且要保证电瓶车及时把升井的料车和下井的料车放置到位,不得影响生产。为确保车场运输安全以及提高机车排矸量,根据该矿地面排矸运输特点,研制了多媒体信息融合监控系统。

3.5.1　多媒体信息融合监控系统组成

多媒体信息融合监控系统组成如图 3-17 所示。该系统选用美国 Modicon984 可编程逻辑控制器(Programmable Logic Controller,PLC)作为下位机。现场服务器主要用于数据(如图像)的采集存储、显示、传输,提供给现场多媒体工作站等。

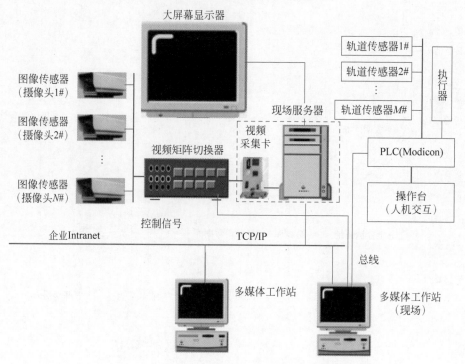

图 3-17　多媒体信息融合监控系统组成

现场多媒体工作站用来处理键盘录入,对地面车场整个运输过程进行全面跟踪显示,记录机车运输和生产过程的有关数据,然后完成相应的状态显示、报表打印、数据保存或传输等功能,其中主窗口如下:PLC 对现场传感器,如架线传感器、导轨传感器,现场设备如信号机、转辙机等进行实时监测,并将数据存储后,分时送到现场多媒体工作站;接收操作台或多媒体工作站的控制指令,驱动执行器,如转辙机等完成相应的操作。

系统所采用的传感器主要有:架线式传感器、轨道式传感器、摄像头。

3.5.2　多媒体信息融合监控系统功能

多媒体信息融合监控系统具有以下主要功能。

1. 两级管理模式

系统采用两级管理模式（对图像和声音的管理），多媒体工作站通过监视器跟踪显示机车位置，采用多媒体技术实现系统的图像声音和数据的管理，通过以太网卡接入企业内联网Intranet。

2. 图像监视

采用图像监视洗矸仓、选矸仓、道口及翻笼等的工作情况，画面可通过遥控器切换，也可在多媒体工作站采用软件切换。

3. 显示功能

显示画面以汉字的、动态的模拟图形及数据表格等多种形式显示机车车号、列车位置、进路占用、信号显示、转辙机岔尖位置等信息。

4. 故障报警

当发生信号机灯泡断路、转辙机岔尖不到位、传感器电气等故障时，在多媒体工作站将实时显示故障性质、种类和地点，如传感器故障，计算机会说出"传感器故障"，同时屏幕打出"××号传感器故障"。当故障消除时，会有提示钟声和"××号传感器故障解除"字幕。信号机、转辙机都有如上功能。

5. 重演功能

存储各机车日常运行轨迹数据，根据需要可随时调出数据，为调度和事故分析提供参考数据。

在多媒体工作站专门设置信号重演功能，可存储各机车日常运行轨迹数据，根据需要可随时调出数据，为调度和事故分析提供参考数据。

6. 调度功能

调度员通过键盘发出机车和列车的行车指令，每条指令按航程一次排通，系统不断地检测各机车运行前方进路的空闲情况及道岔到位情况，自动开放、关闭及解锁信号，实现自动化调度，对于特殊进路按人工干预方法调度。

3.5.3　视频切换控制

作为地面车场多媒体融合监控系统的一个重要的子系统——视频切换控制子系统，完成的功能是：在各多媒体工作站实现多路视频信号（通过各路摄像仪完成实时采集）的自由切换；在各多媒体工作站接收由PLC检测的来自轨道传感器的信息，并根据信息来源将屏幕显示切换至相应的画面；各多媒体工作站，可根据事先设定的优先级对云台进行控制。

对于一个可同时监视 N 路工业电视信号的地面车场融合系统，它的各路视频信号由 N 台摄像头实时采集，以空分复用方式经光缆（或同轴电缆）传输给系统视频矩阵切换器。切换器受视频切换卡和用户终端遥控器的控制，可进行多通道切换。

当然，在实际的电路设计上可以有不同的方式，有的做成分布式的，即根据终端信号的路数 N 做成 $N \times 1$ 切换卡（如相对于 16 路工业电视信号的 16×1 切换卡），但这样做的结果增加了硬件的体积和设计的负担；有的则做成集中型的，也就是将原由多块 $N \times 1$ 切换卡才能完成的功能集中到一块板上，这样客观上既减小了体积，又增加了系统的可靠性。

本书采用 MAXIM 公司的系列芯片和 AT89 C2051MPU，可以很方便地将多路视频信号的切换控制集成在一块总线型印制电路板上，既减小了设备体积，又提高了通信系统的可靠性。用户终端遥控器采用红外式遥控器,它由发射器和接收器组成,用户可以在近距离内操作。

3.5.4 多媒体信息融合监控

系统融合监控在整个企业信息融合模型中,处于较低的层次,即数据采集与加工层,不超过部门或专业信息层。但就系统本身而言,它也包含决策的因素,相应的含有决策子层,完成的功能较多。

下面仅以机车闯红灯的融合监控为例,介绍融合监控的实现过程。

1. 融合监控的结构模型

在系统中,PLC 对机车闯红灯是这样定义的:在没有全部相关进路申请成功的信号条件下,PLC 却检测到进路中的传感器信号(轨道),则视为机车闯红灯。

在使用中发现,轨道传感器所提供的信息只能表明:t 时刻有重物压过轨道,至于是电机车(架线车电瓶车)还是其他,系统无从判别。即轨道传感器所提供的证据,不足以支持机车闯红灯这一决策。如果只依据 PLC 所监测到的传感信息进行决策,势必造成机车闯红灯事件较高的误报率。

但我们同时也发现,摄像头提供的图像信息可以与轨道传感器信息互补。如果在 PLC 检测到轨道传感器闯红灯信息的同时,多媒体工作站可以根据传感器信息的来源,调用离发出信息的轨道传感器最近的摄像头的图像信息,通过图像分类识别——是否有机车出现,然后将这两路信息进行融合,无疑将有效地提高机车闯红灯事件的报准率——这实际上是一个比较典型的决策融合的例子。但是为了提高融合结果的准确率,有必要首先对各传感信息进行局部融合,如时域融合,得到一个局部判决。然后在此基础上,进行融合——多路传感信息的空域融合,得到最终的融合判决结果。

据此,可以得到整个机车闯红灯融合监控的结构,如图 3-18 所示。

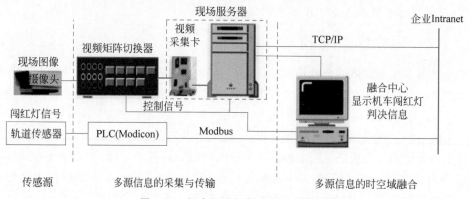

图 3-18　机车闯红灯融合监控的结构

2. 传感信息的时域融合

在轨道传感信息的时域融合中,当 PLC 检测到一次闯红灯信息时,将此信息送往多媒体工作站。

定义识别框架 Θ 命题 A 为架线车闯红灯,命题 B 为机车闯红灯,命题 Φ 为不闯红灯,命题 A,B,Φ 中都为识别框架 Θ 下的子集,$m(\Phi),m(A),m(B)$ 为传感器对命题 A,B,Φ

的基本可信度分配。

多媒体工作站在检测到第一个轨道传感器信息时,给识别框架 Θ 下的命题分配一个初始基本可信度 $m_{11}(A)=a_{11}$, $m_{11}(B)=b_{11}$, $m_{11}(\Phi)=c_{11}$。式中,a_{11},b_{11},c_{11} 的约束条件为 $a_{11}+b_{11}+c_{11}=1$。需要注意的是,进行初始基本可信度分配时,除了给 $m_{11}(\Phi)$(不闯红灯)分配一个 c_{11} 外,剩下的基本可信度应是按照等概率的原则分配给命题 A,B 的。这并不难理解,既然轨道传感器所提供的信息无法明确地支持是架线车还是机车闯红灯,当然系统只能认定架线车和电机车的基本可信度是一样的。

然后多媒体工作站以此为起点,经过 t 时间间隔后进行第二次采样,以后每隔时间间隔 t,进行一次采样,这样采样 N 次,得到 N 批证据,多媒体工作站也就得到 N 批基本可信度分配 $m_{1i}(A)=a_{1i}$, $m_{1i}(B)=b_{1i}$, $m_{1i}(\Phi)=c_{1i}$, $(i=1,2,\cdots,N)$。在这里,N 可以视现场需求确定。需要注意的是,在这 N 批证据中,轨道传感信息也许并非一致支持命题 A。于是系统就可以针对这 N 批证据,运用 Dempster-Shafer 合成法则进行合成,完成轨道传感信息的时域融合,得到 $m_1(A)=a_1$, $m_1(B)=b_1$, $m_1(\Phi)=c_1$。另外,当多媒体工作站检测到 PLC 发送的轨道传感器的第一次闯红灯信息时,根据轨道传感器的信息来源,向现场服务器发出调用请求,调用与发出信息的轨道传感器距离最近的摄像头的即时图像帧信息。

多媒体工作站在得到这帧图像后,将其进行图像的分类识别,然后根据识别结果是否有电机车,是电机车还是架线车,也给出识别框架上一个基本可信度分配 $m_{21}(A)$, $m_{21}(B)$, $m_{21}(\Phi)$。与轨道传感器类似,图像传感器——摄像头的信息也可进行时域融合,通过下面用到的多网络融合方法,可得到图像的时域融合结果 $m_2(A)$, $m_2(B)$, $m_2(\Phi)$。

3. 传感信息的空域融合

由于各路传感信息的时域融合只是一个局部融合结果,因此,还必须运用证据理论,对从轨道传感器、摄像头这两路传感源的时域融合结果进行空域融合,分别得到 $m(A)$, $m(B)$, $m(\Phi)$。

然后再根据预置的决策门限(Const),比较 $m(A)$ 和这个门限,根据比较结果,进行决策。如果满足:$m(A)>\mathrm{Const}$,则给出机车闯红灯的最终信息。多媒体工作站进行相应的显示和报警。相关事件信息,如报警时间、地点(哪个传感器)、工业电视画面等存储到现场服务器的数据(仓)库。

由于对图像传感信息来说,识别框架下基本可信度的分配依赖图像的分类与识别结果,因此融合的关键在于第一步,即如何解决图像分类识别。

4. 图像融合分类识别

上面提到,在地面车场融合监控系统中,对图像传感信息来说,识别框架下基本可信度的分配依赖图像的分类与识别结果,因此融合监控的关键在于解决图像分类识别问题——这实际上是一个由二维视图(工业电视画面)识别三维目标的问题,是一个富有挑战性的研究课题。即使最简单的目标,其不同视点的二维视图也往往差异很大。例如,在地面车场中,机车在其运行路线中的不同时刻,通过摄像头所采集的画面,通常会有较大的差异。这个差异的形成,与机车离摄像头的远近、机车运行方向、摄像头自身状况(如镜面清洁度)、环境条件等有密切的联系。而生物视觉系统对此展现了非常强的识别能力,且它们的识别过程趋向于选择目标的二维视图,而不是目标的三维描述。

神经网络用于目标分类识别,已有不少研究,也一直是一个热点。但正如前述,神经网络存在局部极值、收敛速度较慢、网络结构优化困难等缺陷。对于给定的问题,尚无有效的方法可以找到合适的隐层神经元数,而且网络的初始权值、学习率及动量系数的选取都会影响网络性能。

为了减小上述问题对网络识别性能的影响,人们提出了若干方法。本书在借鉴前人工作的基础上,提出采用多个多层前向网络——BP 网络融合的思想,将采集的画面进行目标融合分类识别。它通过评价单个多层前向网络的分类质量,有效地结合多个网络的输出结果做出最终分类判决,并将其运用于地面车场机车分类识别中。

整个子系统如图 3-19 所示,由图 3-19 可见,子系统硬件比较简单,在最小配置情况下,视频矩阵切换器、现场服务器都不需要,只要有摄像头、视频采集卡和多媒体工作站即可。

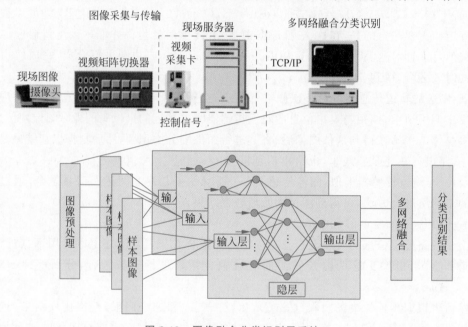

图 3-19　图像融合分类识别子系统

多网络融合分类识别的处理过程为图像采集—图像预处理—神经网络训练—神经网络分类—多网络融合—判决,给出识别结果。

需要注意的是,在实际分类识别过程中,对神经网络训练应该事先完成,这样需要分类识别时,只需将训练好的神经网络参数调入即可。

3.5.5　结论

本节运用一个实例,即东滩煤矿地面车场的多媒体融合监控,对信息融合展开了研究。

(1) 介绍了融合监控系统的组成和功能,建立了系统融合监控的结构模型。

(2) 介绍了融合监控系统的一个重要组成部分——视频切换控制子系统。

(3) 以机车闯红灯为例,阐述了融合监控的具体实现过程,即系统对来自轨道传感器、图像传感器两路传感信息分别进行时域融合;在此基础上,多媒体工作站对时域融合的局部结果,进行空域融合,从而给出最终的判决结果。

(4) 采用多个多层前向网络——BP 网络融合的思想,将采集的画面进行目标融合分类识别。

第 4 章

信息融合在矿井图像中的应用

　　随着煤矿安全监测技术的持续进步,信息融合技术在矿井图像处理中的应用日益成为行业关注的重点。本章重点讨论了信息融合技术在提高矿井图像质量、增强图像细节以及优化图像检索方面的应用。具体来说,涵盖了将信息融合技术应用于矿井图像的超分辨率重建及提升矿井视频与图像的细节清晰度,以及通过信息融合技术提高矿井视频和图像检索的效率和准确性。通过这些应用,可以显著提升煤矿安全监测的质量和效率。

4.1　信息融合在矿井图像中的研究现状

　　随着煤矿设备自动化、集成化水平不断提高,其发生故障的可能性与故障的复杂性也随之增加,在应用中,提高设备完好率、增强设备维修能力、保证设备使用能力、降低设备的维护和事故损失,都要求及时准确的故障诊断技术,这大大促进了煤矿设备状态监测和故障诊断在煤矿安全领域的研究。矿井图像的超分辨率重建是当前研究的热点方向之一,信息融合技术在其中起着至关重要的作用。研究人员通过多模态图像融合、深度学习方法和多尺度信息整合等技术手段,致力于提高对矿井图像的分辨率和质量。

　　在矿井视频/图像检索中,信息融合技术同样受到了高度重视。研究人员正在利用多模态信息融合、深度学习方法以及跨模态检索技术,全力提升对矿井视频和图像数据的检索及分析能力。多模态信息融合技术的应用为矿井图像检索带来了全面而丰富的视角。最新研究显示,深度学习在推动矿井视频/图像检索与识别方面取得了显著成果。深度学习架构,如卷积神经网络(Convolutional Neural Network,CNN)和循环神经网络(Recurrent Neural Network,RNN)负责提取特征并进行嵌入学习,从而实现更准确高效的检索结果。随着技术的不断进步,信息融合已成为推动矿井安全监控领域发展的关键力量。当前研究集中在如何更有效地进行特征提取、数据关联以及综合判定。深度学习模型特别是 CNN 在特征提取方面的应用,大大增强了检索精度。而在数据关联方面,研究者们努力解决多源数据时空一致性的挑战,确保有效整合不同数据源的信息。新兴技术,如生成对抗网络(Generative Adversarial Network,GAN)和注意力机制也被引入检索中,GAN 能够创造额外训练样本以提高模型泛化能力,而注意力机制帮助模型聚焦于图像关键区域,过滤掉无关噪声。此外,适应性强、鲁棒性高的算法可以应对矿井环境的复杂变化,保持了良好的检索性能。跨模态检索技术也成为焦点,通过融合不同的传感器和光谱信息,增进了对井下环境的理解。基于深度学习的迁移学习和跨模态信息融合为矿井视频/图像检索开辟了新的技术途径,为矿业勘探、矿井环境监测等领域提供了宝贵支持。随着相关技术的不断完善和整合,矿井视频/图像检索技术的未来发展前景广阔,应用潜力巨大。

4.2　信息融合在矿井图像超分辨中的应用

矿井环境通常充满灰尘、烟雾等,这些因素会降低图像质量,使得监控、安全检测等工作受到限制。超分辨率重建技术可以从低分辨率图像中重建出高分辨率图像,从而提高图像质量,提高信息的可用性,对于矿井监控、安全检测等方面有应用价值。

4.2.1　基于深层差异性信息融合的矿井图像超分辨率算法

1. 超分辨率算法的研究背景和研究意义

高分辨率图像在智能矿井应用领域中十分重要,通常情况下,矿井工作环境中光线较暗,同时又存在大量的粉尘漂浮物,这导致矿井摄像头采集到的图像往往是模糊的,分辨率较低。而图像超分辨率技术能够复原和增强图像中的细节信息,使得图像变得更加清晰、明亮,能够提供更多有关矿井的场景信息。

图像超分辨率(Super Resolution,SR)重建有 3 类方法,即插值法、重建法和学习法。近年来,深度学习在计算机视觉中逐渐占据重要地位,基于深度学习的卷积神经网络,实现了 SR 重建。常用的方法有:高效亚像素卷积神经网络,首次用亚像素卷积实现了 SR 重建。增强深度残差网络,将不适合 SR 重建的批归一化层移除,极大减少了网络参数量,同时提升了重建性能。多尺度残差网络,在网络中充分地融合全局和局部特征,避免了特征消失。虽然以上算法有着较好的重建性能,但仍然存在以下问题:

(1)部分网络通过加深网络深度来提升性能,但同时会带来更大的参数量,增加网络的训练难度;

(2)网络的感受野较小,使其不能充分捕获特征来拟合潜在退化模型,进而造成上下文信息的损失;

(3)传统网络往往是深层特征的堆叠,忽略了深层特征的差异性,容易造成信息冗余。

为了解决以上提出的这些问题,本节介绍的方法是深层特征差异性网络(DFDN),具体如下:

(1)相互投影融合模块(MPFB)利用交替上下采样对不同深度的差异性信息进行捕获和融合;

(2)受增强空间注意力(EDSR)的启发,采用更好的注意力机制,可以充分学习特征的差异性信息;

(3)将深层特征差异性网络应用于实现 SR 任务,不仅在量化指标上取得了最优的成绩,同时在主观视觉方面表现优异。

2. 算法模型的整体结构

浅层特征提取使用两个卷积核为 3 的卷积层,对输入图像进行初步的特征提取。对于深层特征提取模块,该算法选择嵌入 3 个残差特征融合模块 RFFB,并采用递归方式连接,以实现特征的多层提取。重建模块采用的是亚像素卷积上采样。图 4-1 描述了此算法提出的网络结构,其中虚线框将网络分为 3 部分,分别对应浅层特征提取、深层特征提取和图像

重建 3 个过程。此方法使用卷积层来对输入图像进行浅层特征提取,如图 4-1 所示,该过程可以表示为

$$B_0 = \text{conv}_{3\times3}(I^{\text{LR}}) \tag{4.1}$$

式中,I^{LR} 代表输入的低分辨率图像;$\text{conv}_{3\times3}$ 是卷积核大小为 3×3 的卷积层;B_0 表示浅层特征。

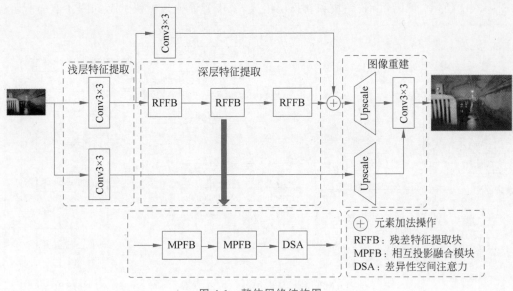

图 4-1　整体网络结构图

3. 相互投影融合模块

深层特征提取模块由 3 个 RFFB 组成,以递归方式连接,这个过程可以用式(4.2)~式(4.3)描述。

$$b_0 = \text{conv}_{3\times3}(B_0) \tag{4.2}$$

$$B_1 = H_3(H_2(H_1(B_0))) + b_0 \tag{4.3}$$

式中,H_n 为第 n 个 RFFB 模块;b_0 为经过卷积层转换通道数后的输出;B_1 为输出的深层特征。MPFB 结构图如图 4-2 所示,在 MPFB 中,首先对输入的特征进行特征提取并输出不同深度的特征图,为了集中更多的信息特征,此算法首先对 B_1 计算第 1 层和第 2 层特征图之间的差异性信息 O_1,然后,对差异性信息 O_1 进行像素掩码,该过程使用卷积核为 1×1 的卷积层,并与第 2 层特征图进行特征相加获得新的特征图 O_2,如式(4.4)~式(4.5)所示。

$$O_1 = F_2 - F_1 \tag{4.4}$$

$$O_2 = \text{conv}_{1\times1}(O_1) + F_2 \tag{4.5}$$

式(4.5)中,$\text{conv}_{1\times1}$ 为 1×1 的卷积核。接着,对特征图 O_2 和第 3 层特征图分别进行上采样,获得两者之间的差异性信息 O_3,将差异性信息 O_3 降采样,与特征图进行特征相加,并通过一个卷积核为 1×1 的卷积层降维,最终得到 MPFB 融合了 3 层特征之后的特征图,如式(4.6)~式(4.7)所示。其中 H_u 为亚像素卷积上采样,H_d 为步幅卷积实现的下采样,步幅为 2;O_4 为一个 MPFB 模块的输出。

$$O_3 = H_u(F_3) - H_u(O_2) \tag{4.6}$$

$$O_4 = \text{conv}_{1\times1}(H_\text{d}(O_3) + O_2) \tag{4.7}$$

差异性信息表示在一个特征中存在,而在另一个特征中不存在的信息。差异性信息之间的投影使得网络绕过共有信息,去更多地关注信息的不同,从而提高了判别能力。此网络结构借鉴了深度反投影网络的反投影思路,确保在融合不同特征的同时,进行差异性信息的学习。在图 4-2 中可以看到,输入特征会经过 3 层递归残差网络(RRB)的特征提取,其结构如图 4-2(b)所示。RRB 由残差块和卷积层组成,采用了简化残差块 RB,如图 4-2(c)所示。

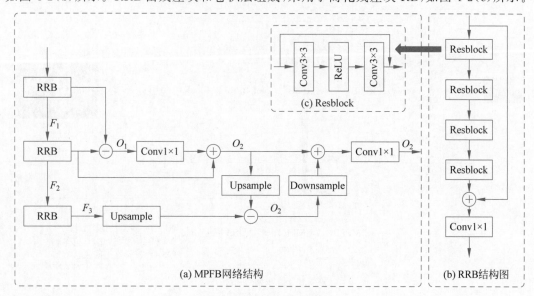

图 4-2　MPFB 结构图

4. 差异性空间注意力模块

受到增强空间注意力(ESA)的启发,该方法中对 ESA 进行了改进,进而提出了差异性空间注意力模块(DSA),如图 4-3 所示,该注意力模块被放置在 MPFB 的末端,尽可能地让网络感兴趣的区域中集中更多具有代表性的特征,同时也能够对特征差异性进行学习。在设计注意力模块时,有几个因素必须考虑。首先,注意力模块必须有较小的参数量,因为它将被多次用在网络中。其次,该模块还需具有足够大的感受野来学习特征。注意力模块用 1×1 的卷积层来减小信道尺寸,从而实现轻量级的设计。最后,为了保证感受野足够大,该方法中使用步幅为 3 的最大池化层。与此同时,注意到 ESA 中缺少对差异性信息之间的学习,因此,分别在步幅卷积和最大池化后面加入上采样层和 Conv Groups,在恢复空间维度的基础上学习两个分支间的差异性信息。Conv Groups 的结构图如图 4-3(b)所示,它由卷积层和激活层组成。上采样模块采用的是双线性插值法,下采样模块则是利用步幅为 2 的步幅卷积来实现。除此之外,还使用跳跃连接将空间维度缩减之前的高分辨率特征直接传递到注意力模块的末端,与刚刚学习到的残差特征融合。

5. 图像重建模块

选用亚像素卷积作为网络的重建方法,如图 4-4 所示,其中 Shuffle 为像素操作。相比于流行的 SR 网络中的重建模块,还添加了一条重建支路,该重建支路使用卷积核为 5×5 的卷积层和一个亚像素卷积层,直接从输入图像中提取粗尺度的特征并进行重建,过程用式(4.8)～式(4.9)表示。在公式中:$\text{conv}_{5\times5}$ 代表卷积核为 5×5 的卷积层。最后,对两者

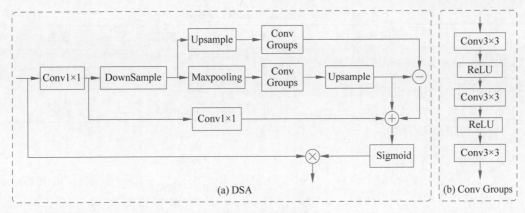

图4-3　DSA模块

相加之后的特征图进行重建，将特征图的通道数转换为3，如式(4.10)所示。

$$I_{SR_1} = H_u(B_1) \tag{4.8}$$

$$I_{SR_2} = H_u(conv_{5\times5}(I^{LR})) \tag{4.9}$$

$$I_{SR} = I_{SR_1} + I_{SR_2} \tag{4.10}$$

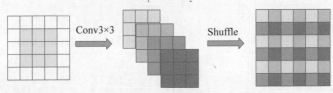

图4-4　亚像素卷积

6. 实验结果

1）实验细节

实验采用 Ubuntu18.04 平台，代码框架为 Pytorch1.7，处理器为 Intel(R) Core™ i7-7800XCPU @ 2.5GHzx12，内存为 32GB，显卡为 GTX1080Ti，显存为 11GB，cuda 版本为 8.0。训练过程中，采用 DIV2K 数据集作为训练数据集。初始学习率为 0.0001，每训练 200 轮学习率降为之前的一半，损失函数为 L_1，优化器使用 Adam，其参数为：$\varepsilon = 10^{-8}$，$\beta_1 = 0.9$，$\beta_2 = 0.999$。

2）性能评价指标

选择 SR 任务中通用的峰值信噪比（PSNR）和结构相似性（SSIM）作为重建性能的评价指标。PSNR 衡量了像素域之间的差异，它的单位为 dB，PSNR 数值越大，证明方法越优。考虑到评价的全面性，本节还选用了 SSIM 作为另一个评价指标，它的数值越接近 1，表示重建出来的图像与原图像越相似。

3）消融研究

为了验证 MPFB 和注意力模块（DSA）的有效性，分别将 MPFB 和注意力模块去除，以 Urban100 作为测试数据集，进行消融研究。从表 4-1 的数据可以看出，若移除此方法提出的 MPFB 和注意力模块，PSNR 分别降低了 0.14dB 和 0.11dB，SSIM 分别降低 0.0013 和 0.0009，这证明了 MPFB 和注意力模块能够有效地提升模型性能，改善重建效果。

表 4-1 MPFB 和 DSA 模块对模型性能的影响

	算法 1	算法 2	算法 3	算法 4
MPFB	×	×	√	√
DSA	×	√	×	√
PSNR/dB	32.13	32.24	32.27	**32.30**
SSIM	0.9287	0.9296	0.9300	**0.9301**

注：加粗字体为每行最优值。

4) 网络性能对比

此方法将提出的模型 DFDN 与 SRCNN、VDSR、CARN、MSRN、IMDN、OISR-RK2、LatticeNet、SwinIR-light、DID-D5、LBNet、NGswin 等多种 SR 模型比较，并测试 PSNR 和 SSIM 的值。为了比较的公平性，介绍的方法中修改了 DID 网络中密集块的卷积数，将参数量调整到与 DFDN 相似的大小，并命名为 DID-D5。表 4-2 展示了 10 种模型在数据集 Set5、Set14、BSD100 和 Urban100 上 3 种不同缩放因子的情况下测试的结果。该方法从 Set14 和 Urban100 数据集中选取了 3 张图片，对比不同模型的重建效果。从表 4-2 可知，DFDN 模型能够重建出纹理更加清晰的图像。

表 4-2 缩放因子为 2、3、4 时在基准数据集下的指标对比

模　型	缩放因子	Set5		Set14		BSD100		Urban100	
		PSNR/dB	SSIM	PSNR/dB	SSIM	PSNR/dB	SSIM	PSNR/dB	SSIM
SRCNN	×2	36.66	0.9542	32.43	0.9063	31.36	0.8879	29.50	0.8946
VDSR	×2	37.54	0.9587	33.03	0.9124	31.90	0.8960	30.76	0.9140
CARN	×2	37.76	0.9590	33.52	0.9166	32.09	0.8978	31.92	0.9256
MSRN	×2	38.08	0.9605	33.74	0.9170	32.23	**0.9013**	32.22	0.9326
IMDN	×2	38.00	0.9605	33.63	0.9177	32.19	0.8996	32.17	0.9283
OISR-RK2	×2	38.12	0.9609	33.80	0.9193	32.26	0.9006	32.48	0.9317
LatticeNet	×2	**38.15**	0.9610	33.78	0.9193	32.25	0.9005	32.43	0.9302
SwinIR-light	×2	38.14	**0.9611**	**33.86**	**0.9206**	**32.31**	0.9012	**32.76**	**0.9340**
DID-D5	×2	**38.15**	0.9610	33.77	0.9190	32.27	0.9006	32.38	0.9305
LBNet	×2	—	—	—	—	—	—	—	—
NGswin	×2	38.05	0.9610	33.79	**0.9199**	32.27	0.9008	32.53	0.9324
DFDN(本书)	×2	**38.19**	**0.9612**	33.85	0.9199	32.30	**0.9013**	32.68	**0.9335**
SRCNN	×3	32.75	0.9090	29.30	0.8215	28.41	0.7863	26.24	0.7989
VDSR	×3	33.66	0.9213	29.77	0.8314	28.82	0.7976	27.14	0.8279
CARN	×3	34.29	0.9255	30.29	0.8407	29.06	0.8034	28.06	0.8493
MSRN	×3	34.38	0.9262	30.34	0.8395	29.08	0.8041	28.08	0.8554
IMDN	×3	34.36	0.9270	30.32	0.8417	29.09	0.8046	28.17	0.8519
OISR-RK2	×3	34.55	0.9282	30.46	0.8443	29.18	0.8075	28.50	0.8597
LatticeNet	×3	34.53	0.9281	30.39	0.8424	29.15	0.8059	28.33	0.8538
SwinIR-light	×3	**34.62**	**0.9289**	**30.54**	**0.8463**	**29.20**	**0.8082**	**28.66**	**0.8624**
DID-D5	×3	34.55	0.9280	30.49	0.8446	29.19	0.8069	28.39	0.8566
LBNet	×3	34.47	0.9277	30.38	0.8417	29.13	0.8061	28.42	0.8599
NGswin	×3	34.52	0.9282	30.53	0.8456	29.19	0.8078	28.52	0.8603

续表

模　型	缩放因子	Set5		Set14		BSD100		Urban100	
		PSNR/dB	SSIM	PSNR/dB	SSIM	PSNR/dB	SSIM	PSNR/dB	SSIM
DFDN(本书)	×3	**34.69**	**0.9293**	**30.55**	**0.8464**	**29.25**	**0.8089**	**28.70**	**0.8630**
SRCNN	×4	30.48	0.8628	27.49	0.7503	26.90	0.7101	24.53	0.7221
VDSR	×4	31.35	0.8830	28.01	0.7680	27.29	0.7251	25.18	0.7543
CARN	×4	32.13	0.8937	28.60	0.7806	27.58	0.7349	26.07	0.7837
MSRN	×4	32.07	0.8903	28.60	0.7751	27.52	0.7273	26.04	0.7896
IMDN	×4	32.21	0.8948	28.58	0.7811	27.56	0.7353	26.04	0.7838
OISR-RK2	×4	32.32	0.8965	28.72	0.7843	27.66	0.7390	26.37	0.7953
LatticeNet	×4	32.30	0.8962	28.68	0.7830	27.62	0.7367	26.25	0.7873
SwinIR-light	×4	**32.44**	**0.8976**	28.77	0.7858	**27.69**	**0.7406**	**26.47**	**0.7980**
DID-D5	×4	32.33	0.8968	28.75	0.7852	27.68	0.7386	26.36	0.7933
LBNet	×4	32.29	0.8960	28.68	0.7832	27.62	0.7382	26.27	0.7906
NGswin	×4	32.33	0.8963	**28.78**	**0.7859**	27.66	0.7396	26.45	0.7963
DFDN(本书)	×4	**32.56**	**0.8989**	**28.87**	**0.7880**	**27.73**	**0.7414**	**26.59**	**0.8008**

注：黑色加粗字体为每列最优值，蓝色加粗字体为每列次优值。

5）模型参数分析

将 MPFB 的数量记为 M，将每个模型训练 400 轮，以 Urban100 数据集为测试集，其中在计算重建时间时假设 SR 尺寸为 1920×960。从表 4-3 的测试结果中可以看出，当 MPFB 数量从 2 增加到 3 时，参数量增加了 1.61M，而 PSNR 值仅提高了 0.15dB，SSIM 也仅提高了 0.001。考虑到在模型参数量提升的同时，网络训练的难度也会加大，该方法最终选择 $M=2$ 的模型。

表 4-3　不同 MPFB 数量对网络性能的影响

模　型	参数量/M	PSNR/dB	SSIM	时间/ms
$M=1$	**1.96**	32.29	0.9300	**131**
$M=2$(本书)	3.56	32.53	0.9328	173
$M=3$	5.17	**32.68**	**0.9338**	268

注：加粗字体为每列最优值。

为了验证提出的注意力模块（DSA）相较于 ESA 拥有更好的性能，对其进行了消融实验。从表 4-4 中可以清晰地看出，本节所用模型在 Set5、BSD100、Urban100 这 3 个数据集上的重建结果均优于使用 ESA 的模型，且在 Set14 数据集上差距微小，证明 DSA 能够更好地完成图像重建任务。

表 4-4　不同注意力模块对网络性能的影响

	模　型	ESA	DSA
Set5	PSNR/SSIM	38.11/0.9611	**38.16/0.9612**
Set14	PSNR/SSIM	33.60/**0.9193**	**33.61**/0.9191
BSD100	PSNR/SSIM	32.27/0.9010	**32.31/0.9011**
Urban100	PSNR/SSIM	32.39/0.9313	**32.53/0.9328**

注：加粗字体为每行最优值。

为了验证通道数对网络性能的影响,将不同通道数下的数据进行对比,使用的测试集为Set5,对比结果如表 4-5 所示。当通道数为 64 时,相比于本模型,模型性能略微提升,但参数量却大幅增加了 83.99%,重建时间也增加了 34.10%。

表 4-5　通道数对网络性能的影响

模　　型	参数量/M	PSNR/dB	SSIM	时间/ms
C16C16C16	**0.8**	37.73	0.9599	**104**
C16C32C64(本书)	3.56	37.97	0.9607	173
C32C32C32	1.95	37.90	0.9604	143
C32C32C64	3.8	37.98	0.9607	184
C64C64C64	6.55	**38.04**	**0.9669**	232

注:加粗字体为每列最优值。

接着进一步分析 MPFB 中特征提取残差块数量 Res 对模型性能的影响。将残差块的数量分别设置为 2、4、6,对其在 Set5 数据集上的重建结果进行对比,表 4-6 为对比结果。实验结果表明,增加模型残差块数量,对 PSNR 和 SSIM 值都有部分提升,然而过多的残差块却带来了参数量和重建时间的增长,还会导致梯度消失,综合考虑以上因素,此算法将残差块数量置为 4。

表 4-6　不同残差块数量对网络性能的影响

残差块数量	参数量/M	PSNR/dB	SSIM	时间/ms
Res=2	**2.4**	37.91	0.9604	**150**
Res=4(本书)	3.56	37.97	0.9607	173
Res=6	4.73	**38.01**	**0.9608**	216

注:加粗字体为每列最优值。

此方法将 RFFB 的数量记为 D,为提高训练速度,设第一个 RFFB 的通道数为 16,其余皆为 32,测试集为 Urban100,结果如表 4-7 所示。从表中可以清晰地看出,每增加一个 RFFB 模块都会带来参数量的大幅度提升,综合考虑重建速度和性能指标,此方法最终确定 RFFB 的数量为 3。

表 4-7　不同 RFFB 数量对网络性能的影响

RFFB 的数量	参数量/M	PSNR/dB	SSIM	时间/ms
$D=2$	**1.39**	26.08	0.7858	**113**
$D=3$(本书)	2.00	26.24	0.7903	153
$D=4$	2.62	**26.34**	**0.7941**	207

注:加粗字体为每列最优值。

6) 与基于 Transformer 算法的对比

相比于 CNN,研究者们尝试用 Transformer 来实现图像超分辨率重建任务,如SwinIR、NGswin 等,将此算法与其在参数量和性能指标两方面进行对比,如表 4-8 所示,测试集为 4 倍 Urban100。相比于参数量为 11.8M 的 SwinIR,DFDN 在参数量减少 67.29%的情况下,指标仅降低了 0.49%,而相比于 SwinIR-light、LBNet 等参数量较少的网络,DFDN 通过牺牲小部分参数量,换来了指标的大幅度提升,达到了参数量与指标之间的平衡。

表 4-8　与基于 Transformer 算法的对比

模　型	参数量/M	PSNR/dB	SSIM
LBNet	**0.72**	32.29	0.8960
SwinIR	11.8	**32.72**	**0.9021**
SwinIR-light	0.88	32.44	0.8976
NGswin	1.00	32.33	0.8963
DFDN(本书)	3.86	32.56	0.8989

注：加粗字体为每列最优值。

7. 本小节总结

本小节介绍的方法提出了一种深层特征差异性重建网络,该模型通过构建特征融合模块、差异性空间注意力模块解决了现有网络不能充分学习图像特征差异性的问题。该模型的核心模块由 6 个相互投影融合模块和 3 个差异性空间注意力模块构成。相互投影融合模块将提取到的差异性信息充分融合学习,从而有效地关注图像细节。

4.2.2　基于多尺度信息融合的矿井图像超分辨率算法

1. 超分辨率重建算法相关内容

随着信息技术的发展,图像作为传递信息的载体在各行各业都不可或缺,但由于成像设备的限制、拍摄环境的干扰等影响,图像分辨率降低,而低分辨率影响图像的信息量及其视觉效果。图像超分辨率重建(Super Resolution,SR)是一种在不依赖硬件设备改进的情况下提高图像分辨率的技术,可以将低分辨率(Low Resolution,LR)图像恢复成相应的高分辨率(High Resolution,HR)图像。因此,图像超分辨率重建是图像恢复任务中的研究热点,并应用于诸多领域,如视频监控、遥感影像、医学诊断等。

2. 探索意义与价值贡献

最早应用于超分辨率重建的卷积神经网络是超分辨率卷积神经网络(SRCNN),它由三层构成。尽管 SRCNN 的性能优于传统方法,但由于在低分辨率图像上采样的限制,网络的重建效率受到限制。为了解决这个问题,提出了快速超分辨率卷积神经网络,在 SRCNN 的基础上引入了反卷积操作,以降低输入图像的分辨率,从而实现更快、更有效的网络训练。为了进一步提高重建性能,引入了残差学习,并设计了更深的卷积网络结构。单幅图像超分辨率重构的深层卷积神经网络被提出,它有效地缓解了训练深度网络时可能出现的梯度消失问题。另外,针对增强深度残差卷积神经网络(EDSR),通过移除残差块中的批归一化层,进一步提升了超分辨率重建的效果。为了减少参数量并提高模型的重建能力,基于递归网络提出了多通道递归残差网络。这种网络通过多通道网络交叉融合特征信息,既减少了参数量,又提高了模型的重建能力。

超分辨率重建技术在矿井图像领域的应用具有重要价值。通过超分辨率重建技术,可以将低分辨率的图像有效提升至高分辨率,从而增强图像细节,提高图像质量。这将有助于提高矿井的安全监测和生产管理效率,减少事故发生的概率,提升矿井生产效益。同时,高分辨率的图像也会为矿山勘探、地质分析等领域的研究提供更为准确、可靠的数据支持,推动矿业领域的科学研究和技术创新。

3. 网络模型

1）模型整体结构

基于多尺度空间注意力引导的图像超分辨率重建网络如图 4-5 所示。

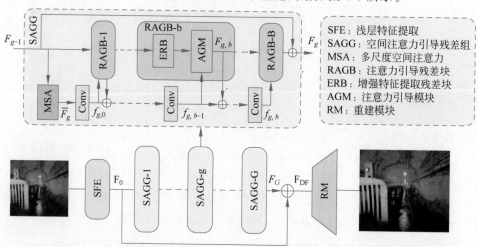

SFE：浅层特征提取
SAGG：空间注意力引导残差组
MSA：多尺度空间注意力
RAGB：注意力引导残差块
ERB：增强特征提取残差块
AGM：注意力引导模块
RM：重建模块

图 4-5　基于多尺度空间注意力引导的图像超分辨率重建网络

给定 I_{LR} 和 I_{SR} 分别作为模型输入的 LR 图像块和输出的 SR 图像块。此网络 SAGN 首先经过 3×3 单层卷积从 I_{LR} 中提取浅层特征 F_0，该层操作可表示为

$$F_0 = H_{SFE}(I_{LR}) = \text{conv}_{3\times3}(I_{LR}) \tag{4.11}$$

式中，H_{SFE} 为浅层特征提取函数；$\text{conv}_{3\times3}(\cdot)$ 为 3×3 卷积层。然后将浅层特征 F_0 输入 SAGG 中进行深层特征学习，进一步可表示为

$$F_{DF} = F_0 + F_G = F_0 + H_G(H_{G-1}(\cdots(H_1(F_0))\cdots)) \tag{4.12}$$

式中，F_{DF} 为提取的深层特征；F_{DF} 为 F_G 和 F_0 的逐元素相加；H_G 为第 G 个 SAGG 函数；F_G 为最后一个 SAGG 的输出。最后，通过图像重建模块对深层特征 F_{DF} 进行上采样重建，即

$$I_{SR} = H_{RM}(F_{DF}) = H_{SAGN}(I_{LR}) \tag{4.13}$$

式中，I_{SR} 为 SR 图像；H_{RM} 为重建函数；H_{SAGN} 为 SAGN 网络函数。为了优化 SAGN 模型，所介绍方法中利用 L_1 损失函数使其最小。给定 N 个 LR 图像及其对应 HR 图像的训练集，参数集为 θ 的网络 L_1 损失函数为

$$L_1(\theta) = \frac{1}{N}\sum_{i=1}^{N} \| H_{SAGN}(I_{LR}^i) - I_{HR}^i \|_1 \tag{4.14}$$

2）空间注意力引导残差组

如图 4-5 所示，SAGG 能够有效利用残差块中每层所提取的特征，这些特征被分层地聚合到空间注意力分支中，以便下一个残差块使用，其目的是减少由连续的残差聚集引起的特征退化，提高特征信息的流动性。SAGG 由一个 MSA 和 8 个注意力引导残差块（Residual Attention Guidance Block，RAGB）组成，输入特征 F_{g-1} 分别进入 SAGG 中的网络主干和注意力支路，其中注意力支路通过 MSA 得到注意力映射权重 W_{MSA}，并将其与输入特征 F_{g-1} 逐元素相乘，即

$$\overline{F}_g = W_{MSA} \otimes F_{g-1} \tag{4.15}$$

式中，$\overline{F}_g$ 为第 g 个 SAGG 带有空间注意力的加权特征；$\otimes$ 为逐元素相乘。第 g 个 SAGG 特征提取过程 F_g 可以表示为

$$F_g = F_{g-1} + H_g(F_{g-1}) = F_{g-1} + H_{g,b}(H_{g,b-1}(\cdots H_{g,1}(F_{g-1}, f_{g,0})\cdots), f_{g,b-1})$$

$$(4.16)$$

式中，F_g 为第 g 个 SAGG 的输出特征；$H_{g,b}$ 为第 g 个 SAGG 中第 b 个 RAGB 函数。需要将网络主干的特征 $F_{g,b}$ 与注意力支路特征图 $f_{g,b}$ 并行输入注意力引导残差块中，且 $f_{g,b} = \text{conv}_{1\times1}(F_{g,b} + f_{g,b-1})$，$\text{conv}_{1\times1}(\cdot)$ 为 1×1 卷积层。

3）多尺度空间注意力

为了最大限度地发挥注意力引导模块的有效性，受到 RFANet 文中增强空间注意力（ESA）的启示，该网络模型提出了一种多尺度空间注意力模块（MSA），如图 4-6 所示，k 为卷积核大小，s 为步长，p 为填充大小。此模块根据空间信息缩放特征，使模块学习到更多有区别的不同尺度的注意力特征，与注意力引导模块配合使用，增强特征选择的能力。表 4-9 是多尺度空间注意力模块的张量输入输出尺寸表，C 为通道数，H 为高，W 为宽。首先特征图进入 1×1 卷积层压缩其通道数，连续使用两个不同卷积核的跨步卷积（stride=2）进行下采样来增大其感受野，中间通过一个 3×3 卷积层后，接着连续使用两个不同卷积核的跨步反卷积（stride=2），再经过一个 1×1 卷积层恢复通道数，用于上采样恢复图像尺寸的同时，还能提高对空间信息的敏感性。在过程中该模块还使用了两个跳跃连接，保留更多的高频信息。最后，通过 Sigmoid 层生成带有权重的注意力特征图。

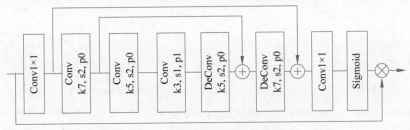

图 4-6　多尺度空间注意力模块

表 4-9　多尺度空间注意力模块张量尺寸

卷积层名称	张量输入尺寸	张量输出尺寸
Conv 1×1	(C, H, W)	$(C/2, H, W)$
Conv $k7, s2, p0$	$(C/2, H, W)$	$(C/4, H_1 = ((H-7)/2)+1, W_1 = ((W-7)/2)+1)$
Conv $k5, s2, p0$	$(C/4, H_1, W_1)$	$(C/8, H_2 = ((H_1-5)/2)+, W_2 = ((W_1-5)/2)+1)$
Conv $k3, s1, p1$	$(C/8, H_2, W_2)$	$(C/8, H_2, W_2)$
DeConv $k5, s2, p0$	$(C/8, H_2, W_2)$	$(C/4, H_1, W_1)$
DeConv $k7, s2, p0$	$(C/4, H_1, W_1)$	$(C/2, H, W)$
Conv 1×1	$(C/2, H, W)$	(C, H, W)

4）注意力引导残差块

如上所述，本部分构建注意力引导残差块（RAGB），由增强特征提取残差块（ERB）和注意力引导模块（AGM）构成，从优化基础残差块和引入注意力引导模块两方面克服了深层次导致信息丢失的缺陷，并保持了其处理空间信息的能力，提高了网络重建效率。其思想是权

衡主干网络特征和注意力分支特征的比例,以便在残差块输出后使用。由此,第 g 个 SAGG 中的第 b 个 RAGB 可表示为

$$F_{g,b} = F_{g,b-1} + \text{AGM}_{g,b}(\text{ERB}(F_{g,b-1}), f_{g,b-1}) \tag{4.17}$$

式中,$F_{g,b-1}$、$F_{g,b}$ 分别为 RAGB 的输入和输出;$\text{AGM}_{g,b}(\cdot)$ 为注意力引导函数;$\text{ERB}(\cdot)$ 为增强特征提取残差块函数;$f_{g,b-1}$ 是注意力分支的特征输入。

(1) 增强特征提取残差块。

在基于卷积神经网络的图像超分辨率重建模型中,大多数模型都采用文献 EDSR 中的基础残差块(RB),如图 4-7(a)所示,由两个 3×3 标准卷积和一个 ReLU 激活函数构成。由于图像特征信息传播的直接路径限制在具有相同特征映射大小的局部区域,限制了特征信息在上下文之间的流动性,为了构造局部路径直接传播信息,本节对 RB 进行了改进并提出了增强特征提取残差块(ERB),该残差块通过局部路径传播特征信息,如图 4-7(b)所示。在 RB 的基础上增加了两个 1×1 逐点卷积,并将经过 3×3 标准卷积前后的图像特征分别在通道维度上拼接融合,通过逐点卷积还原特征映射的维数,实现全局交互和信息融合,有效减少图像信息丢失。整个残差学习过程可表示为

$$X_1 = \delta(\text{conv}_{1\times1}(\text{Cat}(X, \text{conv}_{3\times3}(X)))) \tag{4.18}$$

$$\text{ERB}(X) = X + \text{conv}_{1\times1}(\text{Cat}(X_1, \text{conv}_{3\times3}(X_1))) \tag{4.19}$$

式中,$\text{conv}_{i\times i}(\cdot)$ 表示卷积核尺寸为 i 的卷积操作;$\text{Cat}(\cdot)$ 表示特征拼接融合操作;$\delta(\cdot)$ 表示 ReLU 激活函数;X 为输入特征;X_1 为中间特征。

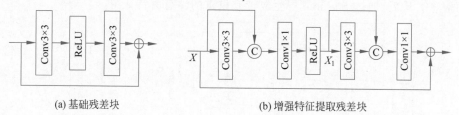

(a) 基础残差块   (b) 增强特征提取残差块

图 4-7　卷积残差块

(2) 注意力引导模块。

由于网络需要经过连续重复的几个残差块,导致提取图像特征信息较为单一且剩余特征利用率低,这也是网络深度不断增加所带来的缺陷。注意力机制能够缓解这一缺陷,但不是所有的注意力特征都能准确捕获有效的信息,有时网络中的冗余参数也会成为阻碍网络性能提升的重要原因之一。因此,受 A2N 在同一残差块中对注意力和非注意力动态平衡的启示,本小节引入了一种注意力引导模块(AGM),它能加强不同残差块之间远程信息的依赖关系,是一种个性化分配权重的双输入单输出的结构设计。如图 4-8 所示,该模块同时处理主干特征 X 和注意力特征 Y,学习和平衡两分支的权重比例,能够在解决特征退化问题的同时更有效地帮助 SAGN 融合上下文全局特征。下面详细介绍 AGM。

给定两个输入 X,Y。进入模块后,先进行加融合的操作,即 $Z = X + Y$。对 Z 进行注意力特征提取,即

$$G(Z) = \text{conv}_{1\times1}(\delta(\text{conv}_{1\times1}(g(Z)))) \tag{4.20}$$

$$L(Z) = \text{conv}_{1\times1}(\delta(\text{conv}_{1\times1}(Z))) \tag{4.21}$$

式中,$G(Z)$ 为 Z 的全局通道注意力特征;$L(Z)$ 为 Z 的局部通道注意力特征;$\text{conv}_{1\times1}(\cdot)$ 为 1×1 卷积层;$\delta(\cdot)$ 为 ReLU 激活函数。$g(Z)$ 为全局平均池化,即

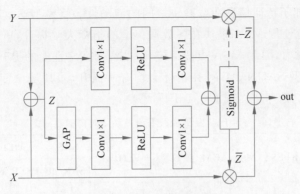

图 4-8 注意力引导模块

$$g(Z) = \frac{1}{H \times W} \sum_{i=1}^{H} \sum_{j=1}^{W} Z(i,j) \tag{4.22}$$

接着对全局注意力特征和局部注意力特征相加融合,再通过 Sigmoid 激活函数生成注意力权值。

$$\bar{Z} = \sigma(L(Z) + G(Z)) \tag{4.23}$$

式中,$\bar{Z}$ 为归一化注意力特征。$\bar{Z}$ 分别对两分支的特征逐点相乘,分配注意力权重比例。

$$\text{out} = X \otimes \bar{Z} + Y \otimes (1 - \bar{Z}) \tag{4.24}$$

式中,X 为主干特征;Y 为注意力特征。另外,$1 - \bar{Z}$ 如图 4-8 中的虚线所示。

4. 实验结果

1) 实验设置

所介绍模型中实验训练使用 ubuntu18.04,编程语言为 Python3.6,深度学习框架为 Pytorch1.7,cuda 版本为 11.0,处理器为 Intel(R) Core (TM) i9-10980XE CPU@ 3.00GHz,18 核 36 线程,系统内存为 32GB,显卡为 NVIDIA RTX 3090,显存为 24GB。训练数据集采用 DIV2K 数据集中的 800 幅训练图像,测试集使用基准数据集 Set5、Set14、B100 和 Urban100。每批次从 LR 图像中随机裁剪 16 个大小为 48×48 的图像块输入模型,训练时对训练图像进行数据增强,包括随机旋转 90 度、180 度、270 度和水平翻转,总共训练 500 轮,初始学习率为 10^{-4},学习率每 200 个周期减半。使用 ADAM 优化器训练,$\beta_1 = 0.9$,$\beta_2 = 0.999$,$\varepsilon = 10^{-8}$。模型性能评价指标采用峰值信噪比(Peak Signal to Noise Ratio,PSNR)和结构相似性(Structural Similarity,SSIM)。PSNR 是最常用的衡量图像失真的评价指标之一,单位为 dB,PSNR 值越高表示 SR 重建质量越好。SSIM 从亮度、对比度和结构三方面衡量图像质量,两幅图像结构越相似,SSIM 值越接近 1。在图像 Y 通道上计算 PSNR 和 SSIM。

2) 模型性能分析

(1) 不同模块对模型性能的影响。

此方法中设置 5 组实验,验证 SAGN 中各模块的有效性。在 ×4 的尺度因子下,训练 500 轮后,使用 PSNR 评价指标进行了消融研究。表 4-10 是 5 组实验分别加入各个模块后在基准数据集上 PSNR 的结果,其中模型 EDSR_RB 使用通道数为 96,残差块数为 16 的 EDSR 作为此消融实验的基准,与加入其他模块后的结果相比较,性能最优的作加粗处理,"√"表示有此模块。由表 4-10 可以看出,模型 SAGN_ERB 是将基础残差块替换为增强特征提取残差块,在各数据集上均有提升,尤其在 Set5 上相较于模型 EDSR_RB,PSNR 提升了 0.07dB,ERB 增加了特征信息在残差块之间的流动性。将模型 SAGN_ESA 与 SAGN_MSA 进行对比,可见使用 MSA 模块在各数据集上的指标大幅提升,所介绍的 SAGN 并没有大量堆积空间注意力,因此 MSA 更能适应 SAGN,对网络性能的提升有很大帮助。当单独加入 AGM 时,模型 SAGN_AGM 在指标上均有所提升,尤其是在 Urban100 数据集上,与 SAGN_ERB 相比,PSNR 提升了 0.1dB。

表 4-10 ×4 尺度因子加入不同模块后对模型性能的影响

模　　　型	RB	ERB	ESA	MSA	AGM	参数量	FLOPs	Set5	Set14	B100	Urban100
								PSNR/dB	PSNR/dB	PSNR/dB	PSNR/dB
EDSR_RB	√					3.58M	223.85G	32.21	28.64	27.59	26.12
SAGN_ERB		√				4.17M	252.52G	32.28	28.68	27.61	26.16
SAGN_ESA		√	√			4.18M	266.83G	32.30	28.67	27.61	26.18
SAGN_MSA		√		√		4.32M	284.58G	32.37	28.71	27.63	26.37
SAGN_AGM		√			√	4.33M	293.99G	32.35	28.70	27.61	26.26
SAGN		√		√	√	4.48M	326.05G	**32.45**	**28.73**	**27.68**	**26.40**

(2)不同引导方式对模型性能的影响。

为了研究 AGM 引导方式对性能的影响,此方法在尺度因子×4 下训练 500 轮,对 4 种注意力引导方式做出对比实验。图 4-9 是 SAGG 的 4 种注意力引导方式。表 4-11 是 4 种引导方式对模型性能的影响,指标最优的作加粗处理,FLOPs 是在输入图像块 96×96 后测量的。据表 4-11 观察,引导方式 1 在注意力分支上去掉 1×1 卷积层后,虽然参数量减少,但性能也随之降低;引导方式 2 仅在 Set5 上有较高的性能,而在 Urban100 细节纹理较多的数据集上却是表现最差的;引导方式 3 与本节方式仅差了相加操作,性能上表现良好;引导方式 4 在注意力分支特征输入 AGM 后,残差块输出特征又反馈给分支做相加操作,对性能的提升有一定的帮助。在综合考虑成本与性能后,此算法主要使用引导方式 4。

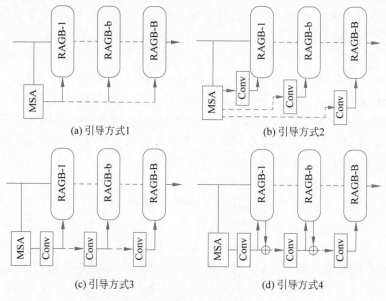

图 4-9 4 种注意力引导方式

表 4-11 4 种引导方式对模型性能的影响

引导方式	参数量	FLOPs	Set5	Set14	B100	Urban100
			PSNR/dB	PSNR/dB	PSNR/dB	PSNR/dB
引导方式 1	4.23M	278.98G	32.38	28.55	27.62	26.25
引导方式 2	4.48M	325.04G	**32.45**	28.60	27.63	26.23
引导方式 3	4.48M	326.04G	32.41	28.72	27.67	26.38
引导方式 4	4.48M	326.04G	**32.45**	**28.73**	**27.68**	**26.40**

3）模型超参数分析

设置了 3 组实验，如图 4-10 所示，进一步分析 SAGN 中的残差组 SAGG 的数量（G）、每组 SAGG 中残差块 RAGB 的数量（B）以及注意力引导 AGM 的数量（A）、卷积层通道数（F）对网络性能的影响。从图 4-10(a)可以看出，在 SAGN_G2B8 与 SAGN_G4B4 网络深度相同的情况下，当 SAGG 数量减少，RAGB 数量增加时，模型的 PSNR 得到提高；当 SAGN_G2B4 网络深度减少时，参数量会减少，网络性能也会随之降低；由图 4-10(b)可知，固定 G 和 B 的数量，AGM 数量取 8 时，性能达到最高，相反 AGM 数量的减少会影响网络的性能；由图 4-10(c)可知，通道数越大，网络性能越好，但通道数为 128 时，PSNR 提升不多反而会增加大量参数，由以上实验得知，在综合考虑计算成本和模型性能后，最终 SAGN 采用 2 个 SAGG，每个 SAGG 中包含 8 个 RAGB，8 个 AGM，且通道数 F 为 96。

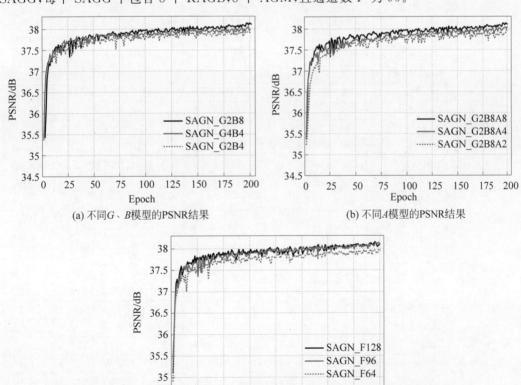

(a) 不同G、B模型的PSNR结果　　(b) 不同A模型的PSNR结果

(c) 不同F的PSNR结果

图 4-10 在 200 个 Epoch、Set5 数据集尺度因子×2 下，不同超参数对网络性能的影响

4）模型性能比较

（1）客观指标对比。

为了验证该方法中 SAGN 方法的有效性，选择与 VDSR 等经典算法、IMDN 等轻量型方法、MSRN 等同量级算法、A2N 等注意力机制模型、SwinIR 等基于 Transformer 的模型以及 VapSR 等最先进的方法进行 PSNR 和 SSIM 性能比较。表 4-12 展示了不同方法在 4 个基准数据集上性能客观评价指标对比，分别对缩放因子为×2、×3、×4 的最优方法作加粗处理。

表 4-12　基准数据集在尺度因子为×2、×3、×4 的客观评价指标对比

尺度因子	模　型	Set5	Set14	B100	Urban100
		PSNR/SSIM	PSNR/SSIM	PSNR/SSIM	PSNR/SSIM
×2	SRCNN	36.66/0.9542	32.45/0.9067	31.36/0.8879	29.50/0.8946
	FSRCNN	37.00/09558	32.63/0.9088	31.53/0.8920	29.88/0.9020
	VDSR	37.53/0.9587	33.03/0.9124	31.90/0.8960	30.76/0.9140
	IMDN	38.00/0.9605	33.63/0.9177	32.19/0.8996	32.17/0.9283
	MSRN	38.08/0.9605	33.74/0.9170	32.23/0.9013	32.22/0.9326
	Cross-SRN	38.03/0.9606	33.62/0.9180	32.19/0.8997	32.28/0.9290
	A2F-L	38.09/0.9607	33.78/0.9192	32.23/0.9002	32.46/0.9313
	A2N	38.06/0.9608	33.75/0.9194	32.22/0.9002	32.43/0.9311
	SwinIR-light	38.14/0.9611	33.86/0.9206	32.31/0.9012	32.76 0.9340
	CARN	37.76/0.9590	33.52/0.9166	32.09/0.8978	31.92/0.9256
	MRFN	37.98/0.9611	33.41/0.9159	32.14/0.8997	31.45/0.9221
	LatticeNet	38.15/0.9610	33.78/0.9193	32.25/0.9005	32.43/0.9302
	OISR-RK2	38.12/0.9609	33.80/0.9193	32.26/0.9006	32.48/0.9317
	BSRN	38.10/0.9610	33.74/0.9193	32.24/0.9006	32.34/0.9303
	NGSwin	38.05/0.9610	33.79/0.9199	32.27/0.9008	32.53/0.9324
	VapSR	38.08/0.9612	33.77/0.9195	32.27/0.9011	32.45/0.9316
	SAGN	38.18/0.9612	**33.87/0.9210**	**32.31/0.9012**	**32.76/0.9341**
×3	SRCNN	32.75/0.9090	29.28/0.8209	28.41/0.7863	26.24/0.7989
	FSRCNN	33.16/0.9140	29.43/0.8242	28.53/0.7910	26.43/0.8080
	VDSR	33.66/0.9213	29.77/0.8314	28.82/0.7976	27.14/0.8279
	IMDN	34.36/0.9270	30.32/0.8417	29.09/0.8046	28.17/0.8519
	MSRN	34.38/0.9262	30.34/0.8395	29.08/0.8041	28.08/0.8554
	Cross-SRN	34.43/0.9275	30.33/0.841	29.09/0.8050	28.23/0.8535
	A2F-L	34.54/0.9283	30.41/0.8436	29.14/0.8062	28.40/0.8574
	A2N	34.47/0.9279	30.44/0.8437	29.14/0.8059	28.41/0.8570
	SwinIR-light	34.62/0.9289	30.54/0.8463	29.20/0.8082	28.66/0.8624
	CARN	34.29/0.9255	30.29/0.8407	29.06/0.8034	28.06/0.8493
	MRFN	34.21/0.9267	30.03/0.8363	28.99/0.8029	27.53/0.8589
	LatticeNet	34.53/0.9281	30.39/0.8424	29.15/0.8059	28.33/0.8538
	OISR-RK2	34.55/0.9282	30.46/0.8443	29.18/0.8075	28.50/0.8597
	BSRN	34.46/0.9277	30.48/0.8449	29.18/0.8068	28.39/0.8567
	NGSwin	34.52/0.9282	30.53/0.8456	29.19/0.8078	28.52/0.8603
	VapSR	34.52/0.9284	30.53/0.8452	29.19/0.8077	28.43/0.8583
	SAGN	34.63/0.9290	**30.55/0.8465**	**29.23/0.8082**	**28.67/0.8625**

续表

尺度因子	模型	Set5 PSNR/SSIM	Set14 PSNR/SSIM	B100 PSNR/SSIM	Urban100 PSNR/SSIM
×4	SRCNN	30.48/0.8628	27.49/0.7503	26.90/0.7101	24.52/0.7221
	FSRCNN	30.71/0.8657	27.59/0.7535	26.98/0.7150	24.62/0.7280
	VDSR	31.35/0.8838	28.01/0.7674	27.29/0.7251	25.18/0.7524
	IMDN	32.21/0.8948	28.58/0.7811	27.56/0.7353	26.04/0.7838
	MSRN	32.07/0.8903	28.60/0.7751	27.52/0.7273	26.04/0.7896
	Cross-SRN	32.24/0.8954	28.59/0.7817	27.58/0.7364	26.16/0.7881
	A2F-L	32.32/0.8964	28.67/0.7839	27.62/0.7379	26.32/0.7931
	A2N	32.30/0.8966	28.71/0.7842	27.61/0.7374	26.27/0.7920
	SwinIR-light	32.44/0.8976	28.77/0.7858	27.69/0.7406	26.47/0.7980
	CARN	32.13/0.8937	28.60/0.7806	27.58/0.7349	26.07/0.7837
	MRFN	31.90/0.8916	28.31/0.7746	27.43/0.7309	25.46/0.7654
	LatticeNet	32.30/0.8962	28.68/0.7830	27.62/0.7367	26.25/0.7873
	OISR-RK2	32.32/0.8965	28.72/0.7843	27.66/0.7390	26.37/0.7953
	BSRN	32.35/0.8966	28.73/0.7848	27.65/0.7387	26.27/0.7908
	NGSwin	32.33/0.8963	28.78/0.7859	27.66/0.7396	26.45/0.7963
	VapSR	32.38/0.8978	28.77/0.7852	27.68/0.7398	26.35/0.7941
	SAGN	32.52/0.8980	**28.82/0.7860**	**27.73/0.7399**	**26.51/0.7971**

根据表 4-12 中的数据,SAGN 与目前的先进方法相比,在 4 个基准数据集上都表现出最优性能,尤其在细节纹理丰富的 Urban100 数据集上,SAGN 比其他次优方法 PSNR 还要高出 0.05dB 以上。实验结果充分证明,SAGN 在处理空间条纹信息能力上表现突出,重建结果显示出最优性能。

(2) 模型复杂度对比。

为了分析 SAGN 的复杂度,此方法设置基于 Transformer 方法以及轻量型方法等进行复杂度分析对比,如表 4-13 所示,Time 表示重建×2 数据集 Set5 所需要的运行时间,指标最优和次优分别作加粗和下画线处理。在 OISR-RK2、MSRN 等同量级算法中,在 SAGN 参数量最少的情况下,取得较优的性能和较快的运行时间;在 EDSR 参数量远超于此算法的情况下,PSNR 仍高 0.07dB;虽然 NGswin、BSRN 等轻量型算法的参数量较少且运行时间短,但其性能指标远低于 SAGN;另外,与最近流行的基于 Transformer 的超分辨率重建算法 SwinIR 相比,SAGN 在参数量降低 63.91% 的情况下,性能仅降低了 0.44%。综合参数量、性能和运行时间 3 项指标,实验结果表明此算法的复杂度适中。

表 4-13 ×2 Set5 不同方法复杂度对比分析表

模型	参数量	PSNR/dB	SSIM	时间/ms
EDSR	40.73M	38.11	0.9602	885
MSRN	5.89M	38.08	0.9605	685
SwinIR	11.5M	38.35	**0.9620**	889
SwinIR-light	0.87M	<u>38.14</u>	0.9611	355
OISR-RK2	4.97M	38.12	0.9609	558
BSRN	0.32M	38.10	0.9610	205

模　　型	参　数　量	PSNR/dB	SSIM	时间/ms
DBPN	5.95M	38.09	0.9600	775
NGswin	0.99M	38.05	0.9610	298
VapSR	0.32M	38.08	<u>0.9612</u>	<u>223</u>
SAGN	4.15M	**38.18**	<u>0.9612</u>	425

5. 本小节总结

(1) 增强特征提取残差块(ERB)可通过局部路径增加特征信息的流动性,相比基础残差块(RB),在增加 0.59M 参数量后,Set5 数据集 PSNR 提升 0.07dB。

(2) 多尺度空间注意力模块(MSA)和注意力引导模块(AGM)配合使用后,本小节介绍的 SAGN 有效权衡主干特征和注意力特征比例,更关注图像的边缘纹理。

(3) 该方法中 SAGN 可用于重建几何结构复杂和细节纹理丰富的图像,虽然模型重建时间有所增加,但恢复图像效果明显提升。

为使该方法中的 SAGN 能够适配可移动设备端,仍需要继续优化模型参数量,缩短重建时长,使模型更加轻量化。

4.3　信息融合在矿井视频/图像细节增强中的应用

众所周知,单张图像可以分为基础层和细节层,而细节层的有效估计是细节增强算法中的关键,残差同质性是一种物理规律,主要解释了同一图像残差在略有不同的分辨率下的纹理相似性。本节主要从图像的细节层入手,结合残差、热力学性质,描述两种矿井图像细节增强算法:基于残差同质性信息融合的矿井图像细节增强算法和基于热力学定律启发的信息融合的矿井图像细节增强算法。

4.3.1　基于残差同质性信息融合的矿井图像细节增强算法

1. 图像细节增强算法相关内容

图像细节增强是计算机视觉领域的关键技术,具有广泛的应用前景。它不仅被广泛集成到消费电子和医疗成像设备中(如智能手机、电视、平板计算机及内窥镜),而且对于提升图像质量至关重要。

单张图像 $I(x,y)$ 可以分为基础层 $B(x,y)$ 和细节层 $D(x,y)$,即 $I(x,y)=B(x,y)+D(x,y)$,其中 (x,y) 表示图像的像素坐标。因为 $B(x,y)$ 尽可能不包含细节,所以对 $B(x,y)$ 的估计是一种图像边缘保持平滑处理,而对 $D(x,y)$ 的估计则是一种图像细节增强过程。鉴于 $I(x,y)$ 是已知的先验图像信号,无论是估计 $B(x,y)$ 还是 $D(x,y)$,其本质上是相同的。

在图像细节增强领域有众多技术,包括但不限于局部极值法、局部直方图法、域分解法、基于小波的技术、扩散映射、基于流形的方法、局部多点法和非线性映射等。其中,基于示例的增强算法是一种值得关注的算法。该算法将图像划分为等大的非重叠块,并利用这些块内的残差一致性来直接估计细节层,有效地结合了局部与全局方法的优点,以产生更加生动鲜明的增强图像。局部自相似性(LSS)是一种特定的基于示例的方法,但它在广角相机的应用中受限,并且 LSS 算法可能会产生面部伪影问题。此外,由于大量的搜索操作,LSS 算法在计算上较为耗时。江鹤等提出的改进方法,解决了这一效率问题,其中基于快速区域分解的全局图像平滑方法比原始 LSS 算法快了近 93%。尽管如此,基于快速区域分解的全局图像平滑方法在理论支撑方面尚显不足,并且现有的测试数据集和验证实验相对较少,这些问题将在本小节中进一步探讨。

2. 探究意义

在快速区域分解用于全局图像平滑这个方法的基础上,本小节介绍的方法提出了一种高效的图像细节增强算法——IP(In-place Residual Homogeneity)算法,该算法能在不产生伪影的情况下快速增强图像细节。正如之前讨论的,尽管基于局部的方法速度较快,但它们通常会引入各种伪影。而全局方法虽能产生较好的增强效果,却常常伴随着高计算复杂度。基于示例的方法也能取得不错的效果,但由于涉及大量搜索步骤,其运行时间较长。本小节算法的创新之处在于,通过利用残差同质性原理加速了基于示例的方法,通过迭代更新图像的残差层,直到精确的细节层被恢复。此外,我们还引入了一种快速搜索技术,显著减少了搜索所需的时间。实验结果表明,本小节的算法将运行时间缩短了 93%,在保证图像增强效果的同时,大幅提升了算法的效率。

3. IP 算法的整体框架

图 4-11 为 IP 算法的整体框架图,在该算法中原位残差同质性使用了 2 次,因此最后的增强结果图为 $L_{enhance} = L_0 + 2 \times Detail$,图 4-11 中数字表示算法的步骤。

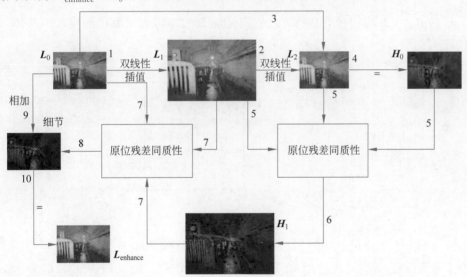

图 4-11 IP 算法的整体框架图

4. 原位残差同质性(IPRH)

设原始图像为 L_0,缩放因子 $\beta = 1.25$。通过上采样和下采样操作,得到两个新的图像 L_1 和 L_2。在这里,上采样操作用双线性插值表示为 $L_1 = A \times L_0$,而下采样操作则为 $L_2 = A \times B \times L_0$,其中 A 是上采样矩阵,B 是下采样矩阵,上采样倍数是 β,下采样倍数是 $\frac{1}{\beta}$。这意味着 L_0 和 L_2 在结构上是相似的。具体来说,L_0 中的一个区域 $[x:x+m, y:y+n]$ 与

L_1 中的对应区域 $[\beta x+p:\beta x+p+m,\beta y+t:\beta y+t+n]$ 在很大程度上是一致的,这里 m 和 n 分别代表区域的宽度和高度,而 p 和 t 是 $-2\sim2$ 的偏移量,如图 4-12 所示。理论上,如果 A 和 B 互为逆矩阵,那么 L_0 和 L_2 应当是完全一致的。然而,由于双线性插值是一种近似的插值方法,所以 L_0 和 L_2 在纹理上只是相似,而非完全相同。我们定义 L_0 的残差部分为 $H_0=L_0-L_2$。如果我们以相同的方式获得 H_1,即 $H_1=L_1-B\times A\times L_1$,那么 H_0 和 H_1 之间的结构应当是相似的。因此,H_0 和 H_1 应该满足以下关系:$H_1[\beta x+p:\beta x+p+m,$ $\beta y+t:\beta y+t+n]\approx H_0[x:x+m,y:y+n]$。这就是之前所提到的"原位残差同质性",它揭示了一个事实:H_0 与 H_1 具有同质性的残差块仅在有限区域内出现。

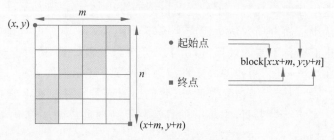

图 4-12 区域 $[x:x+m,y:y+n]$ 的含义:一个区域的起始点为 (x,y),终点为 $(x+m,y+n)$

从数学角度来说,一张图片 X,区域块 $B_1=X[x:x+m,y:y+n]$ 和区域块 $B_2=AX$ $[\beta x+p:\beta x+p+m,\beta y+t:\beta y+t+n]$。如果 $\min_{-2\leqslant p,t\leqslant2}\sum_{x,y}|B_1-B_2|<T$,其中 $T=4mn$,则 B_1 和 B_2 具有原位同质性,也就是说 $B_1\cong B_2$,有关原位同质性的具体细节在图 4-13 中有展示。

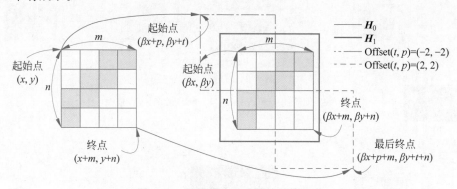

图 4-13 原位残差同质性的具体细节

为了验证原位残差同质性的有效性,选取了两个常用的纹理测试数据集:Set5 和 Set14。这两个数据集共包含 19 幅具有丰富纹理特征的图像,每幅图像都有独特的名称,例如 bird、comic 等。在实验中,挑选了其中一幅图像作为低分辨率图像 L_0,并获得了对应的高分辨率图像 H_1 和 H_0。接下来,将 H_0 切割成若干 4×4 大小的区域块。对 H_0 中的每一个小块,在 H_1 的整个区域以及 H_1 的对应原位区域内分别寻找最匹配的小块。以命名为狒狒的这一图像为例,在 H_1 的全域搜索中进行了约 9.4×10^6 次匹配尝试,但其中大约 8.87×10^6 次尝试实际上是不必要的,因为最佳匹配小块大多数情况下都位于它们在 H_1 中的原位区域。这项实验的目的在于证明许多耗时的搜索步骤实际上是多余的。这种多余的步骤揭示了一种信息冗余现象,即同质性。用公式 $\dfrac{\mathrm{ST_{IPRH}}}{\mathrm{ST}}$ 来定义同质性,其中 $\mathrm{ST_{IPRH}}$ 代表通过 IPRH 减少的搜索次数,ST 代表总搜索次数。实验结果显示,平均同质率约为 93%,如图 4-14 所示。

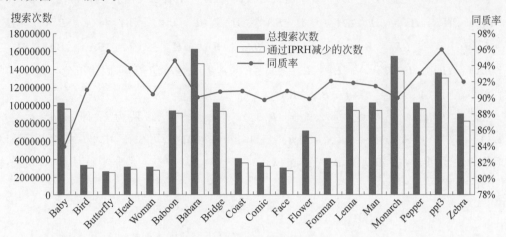

图 4-14 原位残差同质性测试

5. 数学证明所提算法的可行性

从数学角度来解释算法的可行性,考虑了以下 3 种特殊情况,可以证明 $\boldsymbol{L}_1$ 和 $\boldsymbol{L}_2$ 中存在同质性,接下来使用一维(1-D)信号和伪代码来解释为什么所描述的算法是可行的。

情况 1:如果区域 $\boldsymbol{B}_1 \subseteq \boldsymbol{B}_2 \Rightarrow \boldsymbol{B}_1 \cong \boldsymbol{B}_2$。

证明:如果区域 $\boldsymbol{B}_1 \subseteq \boldsymbol{B}_2$,设 $\beta=1$,$p=t=0 \Rightarrow \min \sum_1^m \sum_1^n |\boldsymbol{B}_1 - \boldsymbol{B}_2| = 0 < 4mn \Rightarrow$ $\boldsymbol{B}_1 \cong \boldsymbol{B}_2$。

情况 2:如果$(\alpha \leqslant 4)$,区域 $\boldsymbol{B}_{m \times n} \cong$ 区域$(\boldsymbol{B}_{m \times n} + \alpha \boldsymbol{I}_{m \times n})$。

证明:设 $\beta=1$,$p=t=0 \Rightarrow \min \sum_1^m \sum_1^n |\boldsymbol{B} + \alpha \boldsymbol{I} - \boldsymbol{B}| = \min \sum_1^m \sum_1^n |\alpha \boldsymbol{I}| < \sum_1^m \sum_1^n |\alpha \boldsymbol{I}| <$ $\sum_1^m \sum_1^n |\alpha||\boldsymbol{I}| < |\alpha| \sum_1^m \sum_1^n |\boldsymbol{I}| < |\alpha| mn < 4mn \Rightarrow B_1 \cong B_2$。

情况 3:如果区域 $\boldsymbol{X}_{n \times n} \cong$ 区域 $\boldsymbol{Y}_{n \times n}$,并且区域 $\boldsymbol{C}_{n \times n}$ 可逆,则可得到$(\boldsymbol{CX})_{n \times n} \cong$ $(\boldsymbol{CY})_{n \times n}$。

证明:设 $\beta=1$,$p=t=0$,$m=n$,若 $\boldsymbol{X}_{n \times n} \cong \boldsymbol{Y}_{n \times n} \Rightarrow \min \sum_1^n \sum_1^n |\boldsymbol{X}_{n \times n} - \boldsymbol{Y}_{n \times n}| < 4n^2$,因为 $C_{n \times n}$ 可逆,所以可得到 $\boldsymbol{C}_{n \times n} = \boldsymbol{P}^{\mathrm{T}} \mathrm{diag}(\mu_1, \mu_2, \cdots, \mu_n)\boldsymbol{P}$,并且设 $\mu_{\max} = \max\{|\mu_1|,$ $|\mu_2|, \cdots, |\mu_n|\}$,$\boldsymbol{P}' = \sqrt{\mu_{\max}}$,由此可得 $\boldsymbol{P} \Rightarrow \boldsymbol{C}_{n \times n} = (\boldsymbol{P}')^{\mathrm{T}} \mathrm{diag}\left(\dfrac{\mu_1}{\mu_{\max}}, \dfrac{\mu_2}{\mu_{\max}}, \cdots, \dfrac{\mu_n}{\mu_{\max}}\right)(\boldsymbol{P}') \Rightarrow$ $|\boldsymbol{C}_{n \times n}| = \left|\dfrac{\mu_1 \times \mu_2 \times \cdots \times \mu_n}{\mu_{\max}^n}\right| < 1 \Rightarrow \min \sum_1^n \sum_1^n |(\boldsymbol{CX})_{n \times n} - (\boldsymbol{CY})_{n \times n}| < |\boldsymbol{C}_{n \times n}| \times$ $\min \sum_1^n \sum_1^n |\boldsymbol{X}_{n \times n} - \boldsymbol{Y}_{n \times n}| < \min \sum_1^n \sum_1^n |\boldsymbol{X}_{n \times n} - \boldsymbol{Y}_{n \times n}| < 4n^2 = 4mn \Rightarrow (\boldsymbol{CX})_{n \times n} \cong (\boldsymbol{CY})_{n \times n}$。

　　假设 $AL_0=L_1$，$BL_1=L_2$，$H_0=L_0-L_2$，$L_0-B'A'L_1=H_1$，式中 A、A' 表示上采样矩阵，B、B' 表示下采样矩阵，并且已知：$H_0[x:x+m,y:y+n]\cong\beta H_0=H_1[\beta x+t:\beta x+t+m,\beta y+p:\beta y+p+n]$。

　　若矩阵 $I-BA$ 可逆，$H_0\cong H_1\Rightarrow H_0[x:x+m,y:y+n]=H_1[\beta x+t:\beta x+t+m,\beta y+p:\beta y+p+n]$，又 $\beta H_0\subseteq H_1\Rightarrow\beta H_0\cong H_1\Rightarrow(I-BA)^{-1}H_0\cong(I-BA)^{-1}\beta H_0\Rightarrow(I-B'A')^{-1}H_1$，$L_2=L_0-L_2=[(I-BA)^{-1}-I]\cong(BA+BA^2)H_0\cong(I+BA+BA^2)H_0\cong(I-BA)^{-1}H_0\cong(I-B'A')^{-1}H_1=L_1\Rightarrow L_2\cong L_1$，其中 I 是单位矩阵，因为 BA 与 $B'A'$ 的特征值很小，所以 $(I-BA)^{-1}\cong I+BA+BA^2$。

　　若矩阵 $I-BA$ 不可逆，那么矩阵 $I_{n\times n}-B_{n\times m}A_{m\times n}$ 的秩为 k，即 $\mathrm{rank}(I_{n\times n}-B_{n\times m}A_{m\times n})=k$，$k<n\Rightarrow$ 单位正交矩阵 $\mu_{k\times k}$ 和对角矩阵 Δ_k 必定存在，由单位正交矩阵和对角矩阵的性质可知：$\mu^T\mu=I$，$\Delta_k=\mathrm{diag}(\lambda_1,\lambda_2,\cdots,\lambda_n)$，$\lambda_1\sim\lambda_k$ 是非零特征值，O 是零矩阵，由此可得

$$I_{n\times n}=B_{n\times m}A_{m\times n}=\begin{pmatrix}(I-BA)_{k\times k} & O_{k\times(n-k)}\\ O_{(n-k)\times k} & O_{(n-k)\times(n-k)}\end{pmatrix}$$

因此，$(\mu\Delta_k\mu^T)^{-1}=\mu\cdot\mathrm{diag}\left(\dfrac{1}{\lambda_1},\dfrac{1}{\lambda_2},\cdots,\dfrac{1}{\lambda_n}\right)\cdot\mu^T\Rightarrow(I-BA)_{k\times k}$ 可逆 $\Rightarrow L_2\cong[L_2]_{k\times k}=[(I-BA)^{-1}_{k\times k}-I_{k\times k}][R_0]_{k\times k}\cong[BA_{k\times k}+BA^2_{k\times k}][R_0]_{k\times k}\cong[I_{k\times k}+BA_{k\times k}+BA^2_{k\times k}][R_0]_{k\times k}\cong(I-BA)^{-1}_{k\times k}[R_0]_{k\times k}\cong(I-B'A')^{-1}_{\beta k\times\beta k}[R_0]_{\beta k\times\beta k}\cong[L_1]_{\beta k\times\beta k}\cong L_1\Rightarrow L_2\cong L_1$，上述步骤中 $[X]_{m\times n}$ 表示 $m\times n$ 的非零矩阵。

　　接下来此方法使用一维信号和伪码来证明算法的可行性。由系统随机产生长度为 10 的序列作为输入信号 L_0，通过图 4-15 中的 Matlab 代码生成 L_2 和 H_0，因为真实的细节层不存在，所以对 L_0 使用拉普拉斯算子生成 $-\nabla^2L_0$ 来模拟真实值（真实细节）。

　　从图 4-15 中可以观察到，黄色信号 H_0 与真实信号（紫色信号）在一定程度上具有相似的趋势，有时甚至像素值相近。因此，使用 H_0 作为初始信号来估计细节层是合理的。通过

彩色图片

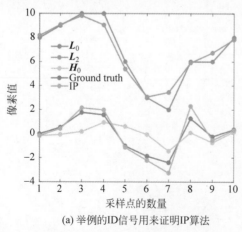

(a) 举例的ID信号用来证明IP算法　　　　(b) (a)的MATLAB代码

图 4-15　一维信号和代码示意图

进行大量的搜索和匹配,黄色信号被修正,纠正了一些空间误差,生成了一个更准确的信号,即绿色信号,这是 IP 方法的结果。绿色信号与紫色信号更加相似。

6. 快速原位搜索算法(FIPS)

大量实验表明算法中的多数搜索步骤是冗余的,因此可以使用一种快速搜索方法来加速算法。为了保护细节层(残差层),L_1 和 L_2 之间提出一种快速搜索算法 FIPS。由以上可知 $L_1[\beta x+t:\beta x+t+m,\beta y+p:\beta y+p+n]\approx L_2[x:x+m,y:y+n]$。对于搜索块中的一个候选区域,只使用匹配块中的四个原位候区域。如图 4-16 所示,红色像素所在的区域称为原位区域。当搜索区域从 25 像素减少到 4 像素时,FIPS 无疑加快了搜索过程,但是它如何确保搜索结果相对准确呢?如 L_2 中坐标为 $[2,2]$ 的像素,其同质性像素大概率在 $[2,2]$,$[2,3]$,$[3,2]$,$[3,3]$ 之间,为了获得最准确的候选区域,必须解出式(4.25)。

$$[\Delta x,\Delta y]=\arg\min\sum_{x,y}\sum_{\Delta x,\Delta y=0}^{1}|L_2(x-1:x+1,y-1:y+1)-$$
$$L_1(\beta x+\Delta x-1:\beta x+\Delta x+1,\beta y+\Delta y-1:\beta y+\Delta y+1) \quad (4.25)$$

彩色图片

图 4-16　FIPS

$[x,y]$ 为 L_2 的起始像素点,$[\beta x,\beta y]$ 是 L_1 的起始像素点,$[\Delta x,\Delta y]$ 既是 $[x,y]$ 的偏移量也是式(4.25)的求解;$[x',y']$,$[x',y'+1]$,$[x'+1,y']$,$[x'+1,y'+1]$ 是 L_1 中的 4 个候选区域,$x'=\beta x+\Delta x$,$y'=\beta y+\Delta y$。通过 H_0 中的区域 $[x-1:x+1,y-1:y+1]$ 更新 H_1 的区域 $[\beta x+\Delta x-1:\beta x+\Delta x+1,\beta y+\Delta y-1:\beta y+\Delta y+1]$。此方法在 L_1 和 L_2 中搜索匹配块,并通过逐级更新信息来保护残差信息。表 4-14 展示了视频中的时间和 PSNR 测试,可以看出 FIPS 的速度要快得多,但精度损失很小。

表 4-14　视频中的时间和 PSNR 测试

视 频 序 列	LSS 时间/s	FIPS 时间/s	时间减少百分比	ΔPSNR/dB
Bridge	9.44	**0.65**	93.11%	−0.072
Boat	9.67	**0.67**	93.07%	−0.073
Foreman	9.54	**0.64**	93.29%	−0.074
Football	9.77	**0.68**	93.04%	−0.065
Mobile	9.65	**0.64**	93.37%	−0.078
Tennis	10.21	**0.59**	94.22%	−0.083
Waterfall	10.08	**0.63**	93.75%	−0.081

注:加粗数字表示最佳性能。

7. 实验结果

1) 数据集及参数设置

为了评估 IP 算法的性能,考虑了多种比较算法,包括 BF、GIF、WGIF、GGIF、Fractal-based、WLS、L_0-based、CAF 和 LSS。这些算法与 IP 算法一起在 MATLAB 2014a 平台上实现。在参数设置方面,给出了几种具有代表性的算法 BF、GIF、Fractal-based、WLS、L_0-based、GGIF 的默认参数如表 4-15 所示。

表 4-15 各算法及默认参数

算 法	参 数
BF	sigma_d = 2,sigma_r = 0.3
GIF	r=10,eps=0.01
Fractal-based	$\lambda=1,\varepsilon=0.01,\sigma=1,G=9\times9$
WLS	val0=5,val1=1,val2=1,exposure=1,saturation=1,gamma=1.5
L_0-based	kappa=2,lamba=0.02
GGIF	r=16,eps=0.64,r=16

2) 评价指标

用客观评价指标:结构相似性(SSIM)、信号保留能力(SP)、边缘保留能力(EP)、强度曲线来评价以上算法的性能。

$$\mathrm{SSIM}=\frac{(2\mu_x\mu_y+c_1)(2\sigma_{xy}+c_2)}{(\mu_x^2+\mu_y^2+c_1)(\sigma_x^2+\sigma_y^2+c_2)},\mu_x、\sigma_x^2 \text{ 为 } x \text{ 的均值、方差},\mu_y、\sigma_y^2 \text{ 为 } y \text{ 的均值、方}$$

差,σ_{xy} 是协方差,$c_1=c_2=0.001$。$\mathrm{SP}=\sum\limits_{i=1}^{k}|f(x_i)-f'(x_i)|$,$\mathrm{EP}=\sum\limits_{i=1}^{k'}|\nabla f(x_i)-\nabla f'(x_i)|$;信号 $f(x)$ 的长度 k,k' 为信号 $\nabla f(x)$ 的长度,$f'(x)$ 是信号 $f(x)$ 经过不同方法处理后的结果。

SSIM 是常用的客观评价指标,主要用于评估两幅图像的结构相似性。SP(也称为 L_1 损失)则主要用于评估图像之间的像素差异。当图像被过度增强时,SP 的值会增大,而这并不是所期望的结果。EP 则是梯度域的 L_1 损失,用于测试算法的边缘保持能力。根据表 4-16 的结果,此 IP 方法在平均 SSIM 方面表现最好,同时在 EP 和 SP 上也展现出最佳性能。

表 4-16 不同方法的评价指标

方法名称	Set5 SSIM/SP/EP	Set14 SSIM/SP/EP	BSDS100 SSIM/SP/EP	CVC SSIM/SP/EP	EITS SSIM/SP/EP
BF	0.897/3166/55	0.996/2308/105	0.996/1153/4	0.987/674/3	**0.998**/1183/22
GIF	0.901/3143/23	0.975/1729/81	0.913/1759/2	0.974/1267/23	0.995/2161/12
Fractal	**0.994**/2854/159	**0.991**/3849/174	**0.998**/1291/29	**0.998**/**591**/4	**0.998**/**855**/36
LSS	0.897/2620/24	0.877/3430/499	0.949/2955/9	0.917/891/54	0.994/1703/11
WLS	0.866/13 420/28	0.805/8313/6	0.911/3451/9	0.814/30 263/64	0.933/3668/40
L_0	0.882/8869/546	0.736/7299/646	0.866/11 465/225	0.869/10 116/160	0.869/10 224/173
WGIF	0.953/**2271**/16	0.989/**1125**/91	0.989/**1152**/8	0.917/1325/30	**0.998**/1420/**10**
GGIF	0.875/4289/51	0.889/5434/761	0.894/4772/22	0.897/2025/63	0.984/2943/11
CAF	0.902/3753/38	0.841/4829/700	0.912/4193/20	0.879/1989/62	0.988/2541/13
IP	*0.998/583/13*	*0.996/800/4*	*0.999/247/2*	*0.995/404/2*	*0.999/430/9*

注:不同数据集的平均 SSIM/SP/EP,斜体和粗体表示最佳和次优性能。

强度曲线也是一种客观评价指标。图 4-17 展示了一个强度曲线示例,其中每条曲线代表原始图像中的单像素线的滤波结果。在这些曲线中,IP 方法的曲线与原始曲线最接近,尤其是在边缘区域,这证明了 IP 方法是一种具有边缘感知能力的方法。

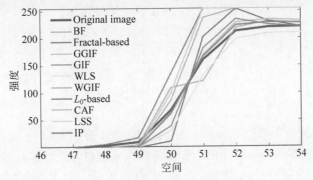

彩色图片

图 4-17　强度曲线示例

3）速度指标

速度是另一个非常重要的客观指标,表 4-17 展示了文中相对较快的算法以及它们的速度。对于较低分辨率的视频,如 CIF 格式,算法能够实现实时处理效果。对于高分辨率的视频,可以使用 C 语言和 GPU 来加速该算法,以实现实时效果。

表 4-17　本节所采用的方法及其速度

图片名称 和分辨率	时间/s							
	BF	GIF	LSS	WLS	L_0-based	WGIF	IP	Faster-IP
Mickey(CIF)	2.53	0.12	1.31	1.04	0.52	0.13	**0.09**	*0.05*
Child(CIF)	2.87	0.14	1.46	1.07	0.67	0.13	**0.10**	*0.06*
Lenna(4CIF)	12.32	0.56	4.74	3.02	2.77	0.59	**0.32**	*0.18*
Pepper(4CIF)	12.47	0.58	5.17	3.12	2.96	0.57	**0.35**	*0.19*
Plane(720p)	54.6	2.73	25.5	23.12	16.38	2.77	**1.76**	*0.86*
Tulips(720p)	46.14	2.24	23.6	17.43	12.84	2.26	**1.56**	*0.78*
Zebra(1080p)	85.64	4.08	38.9	35.56	20.78	4.05	**2.68**	*1.45*
Chips(1080p)	82.60	4.13	41.9	36.33	21.46	4.15	**2.84**	*1.57*
Harbor(2K)	179.55	8.55	85.7	×	49.36	8.56	**5.91**	*2.97*
Building(2K)	178.95	8.74	87.7	×	52.71	8.74	**6.05**	*3.77*

注:斜体和粗体表示最佳和次佳性能。

8. 模型分析

1）鲁棒性

HEVC(高效视频编码)是一种常用的视频标准。在低码率的情况下,为了适应传输带宽,视频帧中的一些细节信息可能会被忽略。然而,IP 方法对于这种情况是鲁棒的。我们对多个 2Mb/s 比特率的视频进行了 IP 测试,平均 PSNR(峰值信噪比)损失仅为 0.087dB,可以忽略不计。

2）快速性

IP 的速度是非常快速的,计算复杂度为 $\mathcal{O}(cn)$,$c=\dfrac{h\times w\times(1+\beta)}{(b-o)^2}$(非 0),输入图像的

分辨率为 $h \times w$，有 $b \times b$ 个不重叠的区域快，重叠大小为 o，常数 $\beta = 1.25$。

3) 边缘感知性

由上文的整体框架图可知，此模型由许多滤波器、双线性上采样器 A、下采样器 B、减法器等基本部件构成。对一幅输入图像 $f(x)$，其滤波结果为 $g(x) = f(x) - \boldsymbol{B}\{\boldsymbol{A}[f(x)]\}$，作为一种线性方法，$g(x)$ 与 $f(x)$ 为线性关系，即 $g(x) = \alpha f(x) + b$。本节中，$x \approx x_0 \Rightarrow x - x_0 = \lambda x, \lambda$ 非常小，如果用 $f(x_0) + \nabla f(x_0)(x - x_0)$ 估计 $f(x) \Rightarrow g(x) \approx \alpha(f(x_0) + \nabla f(x_0)(x - x_0) + b) \approx \alpha \lambda \nabla f(x) + \alpha f(x_0) + b = \alpha' \times \nabla f(x) + b', \alpha, b, \alpha', b', \lambda$ 都是常数，因此 $g(x)$ 与 $\nabla f(x)$ 是线性关系，所以此模型具有边缘感知性。

4) 基于学习性

IP 算法之所以被称为基于学习的算法，主要有两个原因。首先，算法的分类在很大程度上取决于其核心步骤。该算法的核心步骤是就地残差均匀性。它包括两个主要步骤：搜索和匹配。对于搜索块中的每个像素，它与原始区域中的 4 个相应像素进行比较。此外，需要解决式(4.25)来确定最优像素。换句话说，这个过程是一个自监督学习的过程，因此我们的算法可以被看作一种基于块的自监督算法。其次，算法只在测试过程中使用数据集，这是一种典型的零样本学习方法。

9. 模型优缺点

IP 算法在多个方面具有许多优点。首先，它在主观效果上表现更好，特别是在处理自然图像、矿下图像和大多数医学图像时。其次，我们的算法在客观度量上表现更好，这意味着它能够保持原始图像的纹理和结构信息。再次，该算法具有快速的处理速度，适用于许多实时应用场景。最后，该算法可以直接运行并得到结果，无须复杂的设置或参数调整。总的来说，IP 算法在大多数纹理丰富的图像上表现良好。但是对于少数医学图像，我们的算法可能会产生过度增强的效果，原因是我们的细节增强因子是全局设置的，对于任何图像都严格等于 2，此时我们可以通过调整数值放大因子来减少不自然的增强效果。

10. 本小节总结

本小节介绍了一种基于原位残差均匀性的图像细节增强方法。首先，引入了原位残差均匀性的概念，并通过实验和数学验证进行了验证。在原位残差均匀性的基础上，提出了一种快速搜索方法 FIPS，以提高搜索速度。相对于传统的滤波器，此系统采用了快速、边缘感知、鲁棒和无参数的 IP 滤波器。由于这些改进，该系统生成的图像在可见性方面具有更好的 SSIM(结构相似性)、PSNR(峰值信噪比)和 EP(增强比例)值。其次，该方法在许多视觉比较和定量测试中表现出色，证明了其优越性。

4.3.2 基于热力学定律启发的信息融合的矿井图像细节增强算法

本小节介绍的方法中，依然采用了搜索和匹配技术来获取残差层，即粗糙的细节层，但与 IPRH 方法不同，搜索和匹配过程类似冷却热力学系统的过程。借助 Metropolis 定律，热力学系统能够找到热力学能量的最低点。该模型借鉴了这种获取低能量值的思想，以使系统能够收敛到全局最优解。热力学方法的引入将有助于提高模型的性能。

1. 基于残差学习的细节增强算法相关内容

基于残差学习的细节增强算法可由式(4.26)～式(4.28)描述：

$$s(x) = \arg \min \parallel \boldsymbol{P}(x + s(x)) - \boldsymbol{P}(x) \parallel_2^2 \tag{4.26}$$

$$\mathrm{Res} = \arg \min \sum_{x \in \boldsymbol{\Omega}} \mid \boldsymbol{P}(x + s(x)) - \boldsymbol{P}(x) \mid \tag{4.27}$$

$$\boldsymbol{I}_{\mathrm{enhanced}} = \boldsymbol{I} + \alpha \times f(\mathrm{Res}) \tag{4.28}$$

式(4.26)和式(4.27)中，x 是一个区域块；$s(x)$ 是偏移量；$\boldsymbol{P}(x)$ 是图像 $\boldsymbol{I}$ 中以 x 为中心的区域块；$\boldsymbol{\Omega}$ 为 x 的可行区域。通过计算所有图像区域块，得到初始残差特征 Res。由于初始残差特征的粗糙度，需要设计一个机制 $f(*)$ 来更新这个特征。ZF 方法通过零阶滤波器对残差特征 Res 进行更新。RH 方法通过搜索匹配来进一步细化 Res，最终得到细节层 $f(\mathrm{Res})$。其中，在式(4.28)中，$\boldsymbol{I}_{\mathrm{enhanced}}$ 表示最终的细节增强图像；α 为细节层的放大因子。从主观性能的角度来看，RH 方法优于 ZF 方法。然而，仅使用 RH 方法更新残差特征几乎不可能获得全局最优解。因此，有必要设计一种新的残差更新机制 $f_{\mathrm{new}}(*)$。

细节增强模型可以在式(4.28)中进行简化，因此如何获取细节特征成为关键。在 IPRH 模型中，利用非局部相似度来更新残差特征以获取细节特征，而残差特征是通过相似块搜索实现的。

2. 残差特征提取与热力学定律

所提方法的整体结构如图 4-18 所示，可以分为三个步骤。

(1) 首先，通过最小化 $E(x)$ 来获得输入图像 $\boldsymbol{I}$ 的残差特征 Res。

(2) 其次，设计了一种新的特征细化机制 $f_{\mathrm{new}}(*)$，用于更新残差特征。

(3) 最后，获取细节增强图像 $\boldsymbol{I}_{\mathrm{enhanced}} = \boldsymbol{I} + \alpha \times f_{\mathrm{new}}(\mathrm{Res})$，$\alpha$ 是一个需要手动调整的参数，用于确保 $\boldsymbol{I}_{\mathrm{enhanced}}$ 能够达到更好的视觉效果。

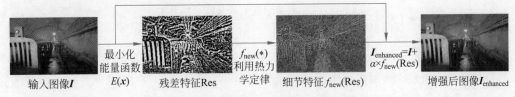

输入图像$\boldsymbol{I}$　　最小化能量函数$E(x)$　　残差特征Res　　$f_{\mathrm{new}}(*)$利用热力学定律　　细节特征$f_{\mathrm{new}}(\mathrm{Res})$　　$\boldsymbol{I}_{\mathrm{enhanced}} = \boldsymbol{I} + \alpha \times f_{\mathrm{new}}(\mathrm{Res})$　　增强后图像$\boldsymbol{I}_{\mathrm{enhanced}}$

图 4-18　基于热力学定律的细节增强整体结构

1) 残差特征提取

如图 4-18 所示，残差特征初始化过程与 IPRH 方法在两方面存在差异。首先，IPRH 方法中仅使用局部特征，而该方法则主要利用来自非局部区域的特征。其次，能量函数(如式(4.29)所示)不同，IPRH 方法中只考虑像素损失 $E_{\mathrm{pixel}}(x)$，如式(4.30)所示，但此方法中的能量函数进行了重新设计，两个新的正则化项迫使匹配过程不仅关注像素差异，还关注边缘清晰度和纹理平滑度，即式(4.31)和式(4.32)中定义的 $E_{\mathrm{gradient}}(x)$ 和 $E_{\mathrm{smooth}}(x)$。能量函数 $E(x)$ 是一个新的块匹配准则，优化后得到 $s(x)$，即 $s(x) = \arg \min E(x)$；其中，$\nabla(\cdot)$ 和 $\nabla^2(\cdot)$ 分别表示某个区域块 $\boldsymbol{P}(x)$ 的 Hamilton 算子和 Laplacian 算子，$\boldsymbol{\Omega}$ 为 x 的可行区域，η 和 μ 表示控制先验分量的正则化常数。

$$E(x) = E(x) + \eta E_{\mathrm{gradient}}(x) + \mu E_{\mathrm{smooth}}(x) \tag{4.29}$$

$$E_{\mathrm{pixel}}(x) = \sum_{x \in \boldsymbol{\Omega}} \parallel \boldsymbol{P}(x + s(x) - \boldsymbol{P}(x)) \parallel_2^2 \tag{4.30}$$

$$E_{\mathrm{gradient}}(x) = \sum_{x \in \boldsymbol{\Omega}} \parallel \nabla \boldsymbol{P}(x + s(x)) - \nabla \boldsymbol{P}(x) \parallel_2^2 \tag{4.31}$$

$$E_{\text{gradient}}(\boldsymbol{x}) = \sum_{x \in \boldsymbol{\Omega}} \parallel \nabla \boldsymbol{\mathcal{P}}(\boldsymbol{x} + \boldsymbol{s}(\boldsymbol{x})) - \nabla \boldsymbol{\mathcal{P}}(\boldsymbol{x}) \parallel_2^2 \qquad (4.32)$$

图 4-19 展示了 6 种残差特征提取方法的拓扑图。左边三种为基于深度学习的方法,右边三种为基于残差学习的方法,不同的模块有相应的颜色注解与编码。其中,三种基于深度学习技术的方法,通过不同的网络结构获取初始残差特征,并使用不同的损失函数(如 L_1、L_2 或感知损失)来更新特征。相比之下,基于统计学习的方法,特别是右边三种基于残差学习的方法,在残差特征更新方面采用了独特的设计。

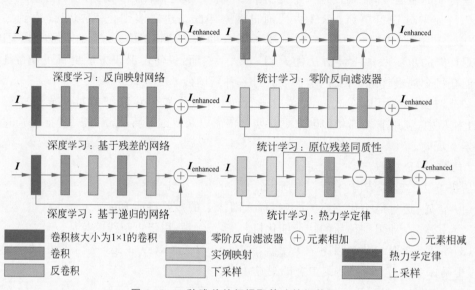

图 4-19　6 种残差特征提取算法的拓扑图

2）热力学定律

如图 4-20 所示,在寻找最佳匹配块的过程中,式(4.29)中的能量函数 $E(\boldsymbol{x})$ 收敛于两个局部最优状态 A 和 B,然而实际上需要的是全局最小状态 C。事实上,除非进行无意义的完全搜索,几乎所有类型的搜索方法都可能陷入局部最优状态。这是因为搜索是一种贪婪算法,即能量函数在迭代过程中只能接受比当前状态更好的状态(图 4-20 中能量较低的点),这使得系统很容易陷入局部最优状态。

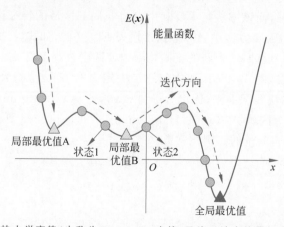

图 4-20　利用热力学定律(也称为 Metropolis 定律)寻找系统内能最低点的原理示意图

本小节所介绍的方法中,重新设计了一个称为 $f_{new}(\cdot)$ 的更新机制,旨在寻找全局最优解。这个更新机制类似热力学系统的冷却过程。在热力学系统中,Metropolis 定律可用于找到整个系统的最低内能点,该点即为我们系统的全局最优解。

Metropolis 定律的核心思想是,如果下一个状态的能量损失 $E_{n+1}(\boldsymbol{x}) \leqslant E_n(\boldsymbol{x})$,则我们接受下一个状态;但如果下一个状态的能量损失 $E_{n+1}(\boldsymbol{x}) > E_n(\boldsymbol{x})$,则以概率 p 接受下一个状态,p 的计算式为式(4.33),能量损失相关的区域块 $\boldsymbol{x}$ 的能量差 $E\mathcal{L}(\boldsymbol{x}) = E_{n+1}(\boldsymbol{x}) - E_n(\boldsymbol{x})$,波尔兹曼常数 $k = 1.38 \times 10^{-23}$,T 表示热力学系统的温度。

$$p = \exp\left(-\frac{E\mathcal{L}(\boldsymbol{x})}{kT}\right) \tag{4.33}$$

实际上,使用 T_n 代替 kT 来描述当前状态的温度。为了达到最稳定的状态,即全局最优点 C,通过设置 $T_n \leftarrow \gamma \times T_n$,在每次迭代中降低系统的温度。其中,$\gamma$ 是热力学系统的冷却系数,用来控制温度的降低速度。

为了在硬件实现中更加便捷,使用数学上的无穷小性质来重新表达概率,即 $\exp\left(-\dfrac{E\mathcal{L}(\boldsymbol{x})}{kT}\right) \approx 1 - \dfrac{E_{n+1}(\boldsymbol{x}) - E_n(\boldsymbol{x})}{T_n}$,如式(4.34)所示。这种近似将指数运算转换为加法、减法和乘法运算,而硬件对于这些运算的处理速度更快。通过这种改进,适应了硬件架构,有利于提高整个程序的速度。

$$p = \begin{cases} 1, & E_{n+1}(\boldsymbol{x}) \leqslant E_n(\boldsymbol{x}) \\ 1 - \dfrac{E_{n+1}(\boldsymbol{x}) - E_n(\boldsymbol{x})}{T_n}, & E_{n+1}(\boldsymbol{x}) > E_n(\boldsymbol{x}) \end{cases} \tag{4.34}$$

为了证明 Metropolis 定律的有效性,在图 4-21 中,左侧的图像区域块是要匹配的原始区域块。中间的图像区域块是使用 IPRH 的算法与左侧区域块具有最小像素差异的区域块。右侧的图像区域块是使用 Metropolis 定律找到与左侧区域块最接近的结构。从图 4-21 中可以看出,IPRH 方法找到的最佳匹配对相对较粗糙,并且与原始区域块的结构不相似。通过新的匹配准则和更新机制的帮助,该系统同时考虑了梯度和纹理信息,并找到了与原始区域块在结构上更相似的右侧图像区域块。

图 4-21 区域块示意

下面的算法给出了 Metropolis 定律的伪代码。基于 IPRH 模型,可以推断,获取细节层的过程相当于寻找全局最优的候选者。受热力学冷却过程的启发,此方法中将 Metropolis 定律应用于寻找全局最佳的候选区域,类似在热力学系统中找到最低温度点的过程。这种技术不仅接受比当前状态更好的状态,而且以一定的概率考虑比当前状态更差的状态。

算法 基于热力学定律的搜索匹配机制

输入 初始温度 T_0，冷却系数 γ，循环执行次数 n，用于扩散的种子数 N

输出 原始图像区域块 u 的最佳匹配图像区域块 v

1) Repeated：

2) 对于每个 u，得到待匹配区域块 $\{v_1, v_2, \cdots, v_N\}$

3) 计算 $E(u)$ 和 $E(v_i)$，$v_* = \arg\min_{i \in \{1 \cdots N\}} |E(u) - E(v_i)|$

4) 计算能量损失 $EL_i = |E(u) - E(v_i)| - |E(u) - E(v_*)|, i \in \{1, 2, \cdots N\}$

5) 生成 $(0,1)$ 之间的随机数 K

6) 更新 p，If$(p > K)$

$$v_* \leftarrow v_i \bigcup v_*$$

$$\text{End \quad If}$$

7) v_* 为新的 u，$n \leftarrow n-1$，通过 $T_i \leftarrow \gamma \times T_i$ 更新 T_i

8) Until：$n < 0$ 或 $T_i < 0.001$

9) 最后一次循环，所有 v_*，$v = \arg\min |E(u) - E(v_*)|$

3. 原位匹配机制

IPRH 算法可以简单概括为 $s(\boldsymbol{x}) = [T_x, T_y] = \arg\min \sum_{T_x=-2}^{2} \sum_{T_y=-2}^{2} \| \boldsymbol{\mathcal{P}}(\boldsymbol{x} + s(\boldsymbol{x})) - \boldsymbol{\mathcal{P}}(\boldsymbol{x}) \|_2^2$。后来，针对仅使用 4 个相邻像素的情况，提出了原位匹配机制，如 $s(\boldsymbol{x}) = [T_x, T_y] = \arg\min \sum_{T_x=-2}^{2} \sum_{T_y=-2}^{2} \| \boldsymbol{\mathcal{P}}(\boldsymbol{x} + s(\boldsymbol{x})) - \boldsymbol{\mathcal{P}}(\boldsymbol{x}) \|_2^2$，通过这种机制，系统在运行时间减少约 90% 的情况下，系统的 PSNR 损失可以忽略不计。正如前面所述，该方法仅考虑像素损失，而忽略了图像的纹理结构，这在细节增强算法中非常重要。因此，此算法对匹配方法进行了改进，以提高匹配效率，并同时关注边缘和纹理结构特征，如式（4.35）所示。

$$s(\boldsymbol{x})'' = [T_x'', T_y''] = \arg\min \sum_{T_x''=0}^{1} \sum_{T_y''=0}^{1} \| E(\boldsymbol{x} + s(\boldsymbol{x})) - E(\boldsymbol{x}) \|_2^2 \tag{4.35}$$

请注意，式（4.35）中 $\boldsymbol{x}$ 的可行区域包括了原位匹配的局部特征以及 Metropolis 定律生成的非局部特征。这种设计不仅使系统更容易收敛到全局最优解，还使特征空间的稀疏性更加明显。稀疏性对于生成图像细节层非常有利。

4. 实验结果及分析

1）数据集

实验使用了 6 个数据集，其中包括 4 个自然图像数据集和两个医学图像数据集。自然图像数据集包括 Set5、Set14、BSD100 和 General100。

2）实验设置

实验在 Matlab 2014b 平台上运行，将本节提出的 MT 算法与许多有效的算法进行了对比，包括基于局部滤波器的算法、基于全局滤波器的算法及基于残差学习的方法。基于局部滤波器的算法：引导图滤波器（Guided Image Filter，GIF）、滚动引导滤波器（Rolling Guidance Filter，RGIF）、梯度域引导图滤波器（Gradient Domain Guided Image Filter，GGIF）、高效引导图滤波器（Effective Guided Image Filter，EGIF）、结构保护引导图滤波器

(Structure-Preserving Guided Retinal Image Filter，SPGIF)、显著性引导图滤波器(Saliency Guided Image Filter，SGIF)。基于全局滤波器的算法：加权最小二乘法(Weighted Least Squares，WLS)、基于局部分形分析法(Local Fractal Analysis，FS)、最小二乘法中的双边滤波器(Bilateral Filter in Least Squares，BFLS)、迭代最小二乘法(Iterative Least Squares，ILS)、截断 Huber(Truncated Huber，TH)。基于残差学习的方法：零阶反向滤波器(Zero-Order Reverse Filter，ZF)、局部自相似性(Local Self-similarity，LSE)、原位残差同质性(In-Place Residual Homogeneity，IPRH)。

　　算法中，实验参数设置为：冷却系数 $\gamma=0.98$，初始热力学温度 $T_0=300$，系统执行次数 $n=20$。上述参数设置不仅具有热力学系统中的物理意义，而且是通过实验测试确定的。

　　3) 评价指标

　　(1) PSNR/SSIM。

　　由 4.3.1 节基于残差同质性信息融合的矿井图像细节增强算法中实验结果的评价指标可知 SSIM 和强度曲线相关内容，这里介绍另一个评价指标峰值信噪比(PSNR)，PSNR 是衡量图像素域之间差异的度量标准，数值越小表示相应的算法效果越好，定义如下：

$$\text{PSNR}=20\log_{10}\frac{255}{\text{MSE}}=20\log_{10}\frac{255}{\dfrac{1}{m\times n}\sum_{i=1}^{m}\sum_{j=1}^{n}(\boldsymbol{I}_{gt}(i,j)-\boldsymbol{I}'(i,j))^2} \tag{4.36}$$

式中，MSE 表示图像的均方值；$m\times n$ 是图像 $\boldsymbol{I}_{gt}$ 和 $\boldsymbol{I}'$ 的分辨率；$\boldsymbol{I}_{gt}$ 是真实图像；$\boldsymbol{I}'$ 为经过特定算法处理后结果图像。

　　各个对比算法在 6 个数据集上进行测试，其平均 PSNR/SSIM 在表 4-18 中展示，平均 RMSE/SSIM 在表 4-19 中展示。

表 4-18　基于热力学定律(MT)等的算法在 Set5、Set14、BSD100 和 General100 数据集上的测试结果　(对于详细层放大因子 $\alpha\times2$ 和 $\alpha\times4$，平均 PSNR/SSIM)

算　法	α	Set5	Set14	BSD100	General100
GIF	×2	80.92/0.9960	80.57/0.9912	**82.80**/0.9946	**82.21**/0.9952
RGF	×2	69.06/0.9966	61.94/0.9941	54.58/**0.9958**	77.85/0.9987
GGIF	×2	61.03/0.9723	59.31/0.9254	44.00/0.8139	57.85/0.9315
EGIF	×2	63.33/0.9786	60.63/0.9514	44.28/0.8266	60.89/0.9621
SPGIF	×2	48.19/0.9528	53.05/0.9474	68.02/0.9982	56.78/0.9820
WLS	×2	48.38/0.9200	45.37/0.8131	49.68/0.9116	44.73/0.8539
FS	×2	**93.56**/0.9983	80.52/0.9963	**68.94**/0.9949	94.51/0.9986
BFLS	×2	55.88/0.9502	62.79/0.9495	59.21/0.9351	58.15/0.9364
ILS	×2	55.01/0.9661	63.06/0.9728	62.22/0.9745	55.32/0.9551
TH	×2	63.51/0.9838	62.29/0.9816	49.05/0.9542	70.52/0.9903
ZF	×2	62.74/**0.9989**	52.71/0.9964	43.40/0.9915	67.81/**0.9993**
IPRH	×2	84.44/**0.9988**	76.87/0.9988	60.12/0.9939	77.85/0.9972
MT(本节)	×2	**100.93/0.9999**	**82.21/0.9991**	**68.74/0.9973**	**100.44/0.9998**
GIF	×4	56.61/0.9595	62.43/0.9549	63.59/0.9825	58.26/0.9855
RGF	×4	46.86/0.9916	53.04/0.9841	57.36/0.9899	52.96/0.9960
GGIF	×4	49.67/0.8683	52.72/0.8822	60.37/0.9720	47.00/0.9455
EGIF	×4	—/—	—/—	—/—	—/—

算　　法	α	Set5	Set14	BSD100	General100
SPGIF	×4	26.67/0.5748	33.12/0.5938	20.35/0.4370	26.49/0.7365
WLS	×4	—/—	—/—	—/—	—/—
FS	×4	**75.19**/0.9892	**80.57**/0.9900	**85.26**/0.9904	**86.17**/0.9974
BFLS	×4	50.25/0.8900	54.93/0.9121	58.27/0.9661	46.01/0.9378
ILS	×4	49.30/0.9375	53.80/0.9447	40.78/0.9265	44.49/0.9680
TH	×4	46.58/0.9581	54.20/0.9556	58.03/0.9741	46.20/0.9644
ZF	×4	39.63/0.9836	41.65/0.9646	47.62/0.9725	43.33/0.9983
IPRH	×4	62.72/**0.9987**	65.84/**0.9961**	64.99/**0.9943**	65.86/0.9971
MT(本节)	×4	**70.18**/**0.9994**	**70.63**/**0.9973**	**79.32**/**0.9996**	**78.72**/**0.9996**

注：最佳结果以黑色粗体表示，次佳结果以蓝色粗体表示。

表 4-19　基于热力学定律（MT）等的算法，在 CVC 和 EITS 数据集上的定量测试结果（对于细节层放大因子 α×2 和 α×4，平均 RMSE/SSIM）

算　　法	CVC/α×2	CVC/α×4	EITS/α×2	EITS/α×2
GIF	90.38/0.9958	69.92/0.9820	85.60/0.9952	65.28/0.9965
RGF	84.39/**0.9993**	70.87/0.9973	74.14/**0.9985**	62.12/0.9947
GGIF	79.75/0.9791	67.49/0.9646	68.09/0.9474	58.19/0.9025
EGIF	86.12/0.9977	—/—	75.84/0.8266	—/—
SPGIF	41.64/0.8937	25.21/0.4947	53.73/0.9652	32.02/0.6625
WLS	50.49/0.9161	—/—	47.72/0.8757	—/—
FS	**107.01**/0.9989	**107.01**/0.9974	**93.15**/0.9983	**93.15**/0.9959
BFLS	74.05/0.9665	63.20/0.9447	64.07/0.9705	53.21/0.9254
ILS	61.43/0.9779	49.89/0.9265	58.59/0.9644	48.34/0.9102
TH	78.76/0.9977	66.14/0.9924	74.70/0.9956	62.47/0.9858
ZF	72.11/0.9973	52.49/0.9809	60.41/0.9954	46.95/0.9809
IPRH	102.06/0.9990	89.26/**0.9974**	85.04/0.9973	72.17/0.9925
MT(本节)	**108.38**/**0.9997**	**95.42**/**0.9990**	**102.31**/**0.9999**	**89.88**/**0.9995**

注：最佳结果以黑色粗体表示，次佳结果以蓝色粗体表示。

（2）强度曲线。

从图 4-22 可以观察到，在细节增强过程中，此算法在图像幅度变化剧烈的区域，即梯度区域，与其他算法相比能够更接近原始图像的 GT 信号。这表明该算法具有相对较强的边缘保持能力，并论证了其具有更好的细节增强效果的观点。

（3）MOS 比较。

MOS 是 Mean Opinion Score 的缩写，是一种被广泛使用的视觉任务主观得分评价指标。具体而言，MOS 评价方法通过邀请具备专业背景和非专业背景的人员按照比例对待评估的图片进行打分。评分标准主要基于观察者在观察过程中的主观感受和舒适度。然后，排除极端分数，对剩余分数按降序进行平均，从而得到最终的评分结果。

MOS 测试结果列于表 4-20 中。从表 4-20 中可以观察到，该细节增强算法（也称为MT）在 MOS 测试中基本上获得了第一名和第二名的成绩。这表明此算法在视觉上是具有良好效果的，能够满足大多数人的视觉需求。同时，这也间接表明了算法具有鲁棒性，能够有效地增强各种纹理。

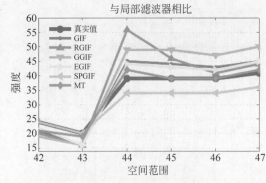

彩色图片

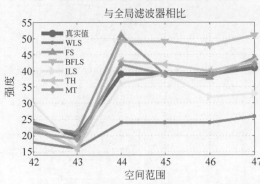
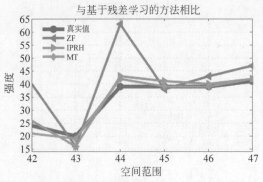

图 4-22　基于 Metropolis 定律的细节增强强度曲线对比结果

表 4-20　MOS 测试,选择了 9 个纹理,并显示了每个纹理的前 5 分

纹　　理	MOS 分数排名
Medical images	SPGIF＞MT＞GGIF＞GIF＞RGIF
Clothes	MT＞GIF＞RGIF＞WLS＞GGIF
Animal hides and skins	TH＞MT＞GIF＞BFLS＞RGIF
Animal portraits	MT＞RGIF＞TH＞GIF＞BFLS
Natural landscape	MT＞IPRH＞FS＞GIF＞GGIF
Printed posters	IPRH＞MT＞FS＞GGIF＞GIF
Food & Beverage	MT＞FS＞IPRH＞TH＞RGIF
Building & Statues	MT＞FS＞RGIF＞IPRH＞GIF
Plants	MT＞IPRH＞BFLS＞ILS＞GIF

　　为进一步展示 MT 算法的性能,对上述提到的基于深度网络的算法(包括深度图像先验(Deep Image Prior,DIP)、解耦学习框架(Decoupled Learning Framework,DL)、对比语义引导图像平滑网络(Contrastive Semantic-Guided Image Smoothing Network,CSGIS-Net))进行了定量测试,结果如图 4-23 和图 4-24 所示。在图 4-23 中,MT 在自然图像数据集的 PSNR 指标测试中排名第二,在医学图像数据集中排名第一。值得一提的是,MT 在所有 SSIM 指标测试中均名列前茅,再次证明了 MT 在细节增强过程中能有效保护图像的结构信息。在图 4-24 的直方图中,MT 基本上取得了前两名的成绩,这进一步验证了 MT 在视觉性能方面的出色表现,也间接表明 MT 具有很强的泛化能力,即对不同类型的纹理均具有鲁棒性。

　　(4) 系统实现复杂度分析。

　　表 4-21 列出了在电路上实现不同细节增强算法的难度。

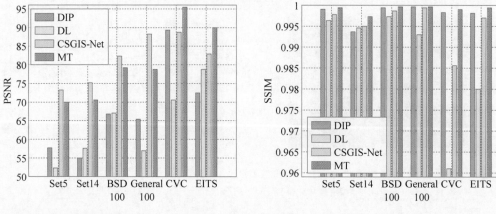

图 4-23　以 PSNR 和 SSIM 为测试指标,细节层放大因子 $\alpha = 4$ 的深度学习算法定量测试直方图

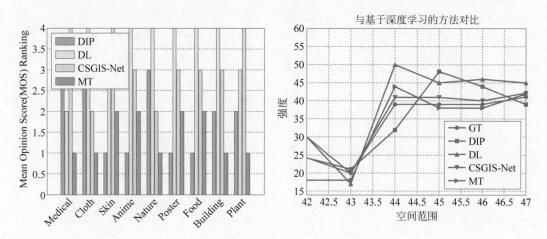

图 4-24　基于深度学习算法的 MOS 指标评分排序直方图和可视化强度曲线,细节层放大因子 $\alpha = 4$

表 4-21　不同细节增强算法电路实现复杂度对比

种　类	算　　法	电路实现难易程度
局部滤波器	GIF,GGIF RGIF,EGIF SPGIF	中等
全局滤波器	WLS,FS BFLS,ILS TH	难
残差学习	LSE,ZF IPRH,MT	容易
深度学习	VDCNN,DIP DL,CSGIS-Net	难

（5）模型复杂度。

相较于基于区域块匹配的细节增强算法,基于 Metropolis 定律的细节增强算法在提高搜索精度方面具有优势。然而,这导致搜索的收敛时间不可避免地增加。为了实现全局收敛,我们可以通过对种子进行初始化和随机分布来使每次搜索的时间不同。

将一幅分辨率为 $s \times t$ 的图像划分为 $r \times r$ 的小块。假设当前小块寻找其最佳匹配小块所需的搜索次数为 N_i，由于种子扩散而产生的额外搜索次数为 N'_i，由此当前小块总的搜索次数为 $N_i + N'_i$；设一次搜索匹配耗时 T_s，前一个操作耗时 T_{pre}，所以模型的总时间复杂度为：$\mathcal{O}\left(T_{pre} + T_s \sum_{i=1}^{\frac{s \times t}{r \times r}}(N_i + N'_i)\right) = \mathcal{O}\left(T_{pre} + T_s \frac{s \times t}{r \times r}\overline{N}\right) \approx \mathcal{O}(\xi n^2)$，其中 $\overline{N}$ 为平均搜索次数，ξ 是一个正的常数。

（6）模型的缺点及未来改进。

此算法在视觉性能和定量测试方面均取得了较高的得分，但这些得分是以时间复杂度为代价的，算法的时间复杂度约为 $\mathcal{O}(n^2)$。与传统的基于局部滤波器的算法相比，该算法运行速度较慢，毫无疑问，在运行效率方面，该算法仍有很大的改进空间。

5. 本小节总结

本小节介绍了一种基于 Metropolis 定律的细节增强算法。首先，通过最小化一个新的能量函数来初始化残差特征。其次，利用 Metropolis 定律对搜索匹配过程进行精细化，以找到更适合细节层的特征。最后，对细节层进行放大，以实现细节增强图像的生成。我们的算法在主观测试、定量数据和曲线上均表现出色。

4.4　信息融合在矿井视频/图像检索中的应用

信息融合技术在矿井视频/图像检索领域的应用日益引起关注。本节着眼于两个关键问题：一是零样本草图检索图像（ZSSBIR）任务中的模态差距问题，二是跨模态感知和语义差距的挑战。为此，本节提出了两种创新方法：一是本体感知网络（OAN），通过平滑的跨类独立学习机制和基于蒸馏的一致性保留方法来维持跨类别独特性和模态特定信息。二是任务式训练范式（TLT），将跨模态感知和语义差距视为多任务学习，利用文本编码器和基于文本的识别学习机制，以及文本提示辅导和跨模态一致性学习，来解决这些挑战。

1. 草图域图像检索相关内容

零样本草图检索图像（ZSSBIR）是一项新兴任务。先前的工作主要关注模态差距，但忽略了跨类别信息。为了应对这些问题，本小节介绍了一个本体感知网络（OAN）。

最近，零样本草图检索图像（ZSSBIR）变得越来越流行，相比于基于草图的图像检索（SBIR），它更具挑战性，因为缺乏对未见测试类别的知识。草图和图像之间的模态差距是 SBIR 取得良好结果的挑战之一。然而，ZSSBIR 不仅要处理草图和图像之间的模态差距，还要考虑如何传递从已见类别到未见类别的知识，这使得该领域变得更加引人关注。在零样本学习方法中，辅助语义信息的使用是为了帮助模型取得更好的结果。已见属性向量被投影到语义相似度嵌入空间，将未见类别视为已见类别的混合。提出的语义自编码器，带有额外的重构约束，对未见类别有良好的解释能力。在讨论 ZSSBIR 系列时，需要考虑到知识传递和域差异。ZSIH 和 PCYC，尝试使用两个 CNN 网络来保留草图模态与真实图像模态之间的关联，其中教师网络用于传播知识。

OAN 的总体框架图如图 4-25 所示。

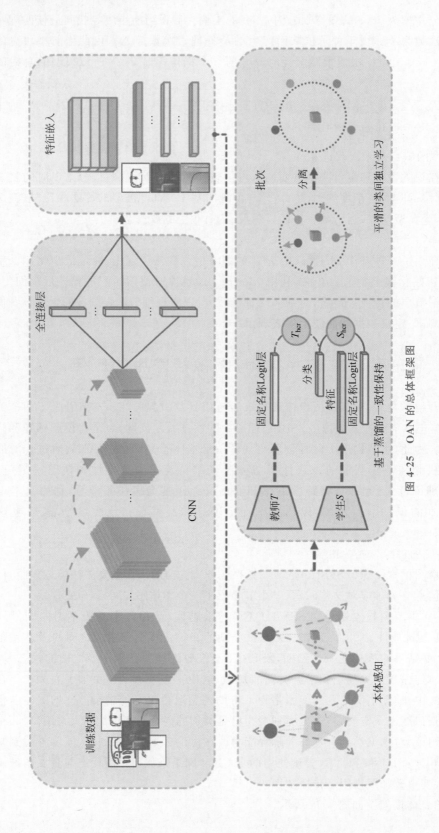

图 4-25 OAN 的总体框架图

2. OAN 本体感知网络

在 OAN 中,数据集被定义为 $\mathcal{R}:\{\mathcal{R}^s,\mathcal{R}^u\}$,其中 $\mathcal{R}^s$ 和 $\mathcal{R}^u$ 分别代表已见和未见的数据集。x_i^s 和 y_i^s 分别表示草图和真实图像,其中 $i\in\{s,u\}$。在学习期间,x^s 和 y^s 被用于训练模型,$\{x^s,y^s\}\in\mathcal{R}^s$。同时,未见数据集 $\mathcal{R}^u=\{x^u,y^u\}$ 用于测试。

1) 平滑的跨类独立学习

最近的研究已经开始学习草图和真实图像之间的共同空间,以解决它们之间的模态差距,并且利用基于三元组或对比损失来确保类内一致性。然而,由于需要谨慎选择正负样本,这导致了挖掘方法复杂。我们的工作与其他模型有所不同。该算法专注于小批量内的特征向量,并将每个草图或图像实例视为批量中的一个核心,隐式地将当前核心推离与之无关的核心。受到领域自适应方法的启发,提出了平滑的跨类独立监督学习方法。具体而言,创建了特征字典 $\mathbf{Q}=\{\mathbf{K}_1:\mathbf{V}_1,\mathbf{K}_2:\mathbf{V}_2,\cdots,\mathbf{K}_n:\mathbf{V}_n,\}$,其中 $\mathbf{K}$ 存储本体权重,$\mathbf{V}$ 存储特征向量。在字典 $\mathbf{Q}$ 中,小批量中的键 $\mathbf{K}_i$ 对应值 $\mathbf{V}_i$。每个实例 z_i,包括草图 x_i^s 和图像 y_i^s,都在批量数据流中捕获,以创建当前批次的实例特征向量集合 $\mathbf{V}=\{\mathcal{F}_{z_1}^s,\cdots,\mathcal{F}_{z_i}^s,\cdots,\mathcal{F}_{z_n}^s|z_i\in(x_i^s,y_i^s)\}$。让 $\mathcal{F}_{z_i}^s=f(z_i),i\in\{1,2,\cdots,n\}$,其中函数 $f(\cdot)$ 负责捕获当前实例的特征表示。此算法中,实例 i 的特征向量 $\mathbf{V}_i$ 被映射到 2048 维。然后,采用 $\mathbf{K}_i\leftarrow w\mathbf{K}_i+(1-w)\mathbf{V}_i$ 和 $\mathbf{K}_i\leftarrow\dfrac{\mathbf{K}_i}{\|\mathbf{K}_i\|_2}$ 来更新每个 i 的 $\mathbf{K}_i$,其中常数 w 设置为 0.01。

如前所述,算法中平滑的跨类独立学习将实例本体视为一个类别中心。为了实现这个目标,计算了批量中每个类别的概率,并通过最大化本体实例和本体权重的内积来隐式地将其他目标推离。同时,为了避免过度自信并提高泛化性能,算法中提出了平滑的跨类独立损失 $\mathcal{L}^{\text{in}}$,其计算如式(4.37)所示:

$$\mathcal{L}^{\text{in}}=\xi\sum_{i=1}^n\log\frac{\exp(\beta\mathbf{K}_i^{\text{T}}\mathbf{V}_i)}{\sum_{n=1}^{N_{\text{bc}}}\exp(\beta\mathbf{K}_i^{\text{T}}\mathbf{V}_i)}+\eta\frac{\sum\log(p_{z_i}^{\text{pred}})}{N_{\text{cls}}} \tag{4.37}$$

式中,N_{cls} 表示总的样本类别数;N_{bc} 是批量类别数;$p_{z_i}^{\text{pred}}$ 是实例 i 的预测概率;η 是一个用于提高泛化性能的平滑参数;$\xi=-\dfrac{1}{N_{\text{cls}}}-\eta$;$\beta$ 是平衡分布尺度的温度参数。

2) 基于蒸馏的一致性保留

在 ZSSBIR 任务中,通常的做法是从草图和图像候选库中提取深度特征,然后使用建立的欧氏距离或其他相似性度量来执行检索任务。为了保持特征的一致性,通常会将草图和图像都用作正样本和负样本。然而,这种方法导致了模态特定信息的丢失,从而影响了可识别性。因此,此算法提出了自蒸馏一致性和师生蒸馏,采用了超球面一致性约束。特征嵌入层被训练以保留模态的特异性。首先,测量 Logit 层 G 和分类层 C 之间的配对距离,其定义为 $d_{\text{V}}(z_m,z_n)=\|V_{z_m}^s-V_{z_n}^s\|_2^2$,其中 $\mathcal{V}\in\{G,C\}$,而 V_z^s 可以被视为 Logit 层或分类层的输出。$d_{\text{V}}(\cdot)$ 表示欧氏距离运算符,$z_m\neq z_n$。相似性度量可以写为 $D(d_{\text{V}})=\dfrac{\rho}{\delta_{\text{V}}\sqrt{2\pi}}$

$\exp\left(-\dfrac{(d_{\text{V}}-\mu_{\text{V}})^2}{2\delta_{\text{V}}^2}\right)$,其中 δ_{V} 和 μ_{V} 分别表示方差和均值。此外,$d_{\text{V}}\sim\left(0,\dfrac{1}{2}\right)$,$\rho$ 是一个常数,

用于将$\mathcal{D}(d_V)$的范围限制在$[0,1]$内。使用式(4.38)最大化$\mathcal{D}(d_V)$和$\mathcal{D}(d_G)$之间的相似性。

$$\mathcal{L}^{T_{hcr}} = -\mathcal{D}(d_C)\log\mathcal{D}(*) - (1-\mathcal{D}(d_C))\log(1-\mathcal{D}(*)) \tag{4.38}$$

式中，$* = d_{G_T}/d_{G_S}$；$\mathcal{L}^{T_{hcr}}$是自蒸馏部分的损失；T_{hcr}或S_{hcr}表示教师或学生模型的约束；G_T和G_S分别表示T_{hcr}和S_{hcr}的Logit层的输出。

3）分类损失

为了帮助模型学习特定信息，采用了交叉熵损失，其计算如式(4.39)所示。

$$\mathcal{L}^{cls} = -\frac{1}{N_{cls}}\sum_{j=1}^{N_{cls}}\log\frac{\exp(C_{z_j}^S)}{\sum_{c\in T^s}\exp(C_{z_c,j}^S)} \tag{4.39}$$

式中，$\mathcal{L}^{cls}$表示在已见域S中，实例j属于类别c的概率；T^s表示S中的类别数；N_{cls}表示批量中的样本数。受到语义感知的零镜头草图图像检索方法的启发，采用带有语义信息的教师网络ε来规范学生网络，其计算如式(4.40)所示。

$$\mathcal{L}^{se} = -\frac{1}{N_{se}}\sum_{t=1}^{N_{se}}\sum_{k\in M}\varepsilon_{t,k}\log\frac{\exp(C_{z_j}^S)}{\sum_{c\in T^s}\exp(C_{z_c,j}^S)} \tag{4.40}$$

式中，$\mathcal{L}^{se}$表示在语义信息中，实例t属于类别$G_{z_t}^S$的概率；M表示语义标签的类别数；N_{se}视为批量中的样本数。

4）整体损失函数

$$\mathcal{L} = \mathcal{L}^{cls} + \lambda_1\mathcal{L}^{se} + \lambda_2\mathcal{L}^{in} + \lambda_3\mathcal{L}^{I_{hcr}} \tag{4.41}$$

整体损失函数$\mathcal{L}$在式(4.41)中计算，其中λ_1、λ_2和λ_3是超参数，它们可以平衡不同部分的贡献。在这里，遵循文献的经验，将λ_1设置为1。

3. 实验分析

1）数据集

为了验证OAN的有效性，选择了两个具有挑战性的数据集，即Sketchy和Tu-Berlin。Sketchy数据集包括125个类别，共有75 471张草图和73 002幅自然图像；Tu-Berlin数据集中包含约250个类别，总计20 000张草图和204 489幅自然图像。我们按照先前的工作，在Sketchy中选择100个类别用于训练，剩余的用于测试。此外，在Sketchy-B中选择21个类别作为测试集。在Tu-Berlin数据集中，选择220个类别进行训练，其余的类别用于测试。

2）实验设置

该方法在RTX 3090 GPU上使用PyTorch实现，预训练的CSE-ResNet50用于提供语义支持或Logit输出。在通用参数设置中，批量大小设置为96，轮次设置为15。最后，在所有实验中，除非另有说明，否则将λ_1、λ_2和λ_3设置为1、0.001和0.1。

3）消融研究

对该算法中不同模块进行了验证，并对Sketchy进行了消融研究，结果如表4-22所示。可以得出结论，此方法显著改进了基线。具体来说，由于$\mathcal{L}^{in}$的益处，OAN在模态中不需要强制对齐，只需要关注小批量，在其中每个类别被视为其自己的中心。其他类别的本体中心不属于它，自然而然地疏远了其他类别的中心。同样，通过添加$\mathcal{L}^{S_{hcr}}$，模型可以在训练过程中学到更强大的特征表示，这说明自蒸馏使模型脱颖而出。此外，当$\mathcal{L}^{I_{hcr}}$和$\mathcal{L}^{S_{hcr}}$一起考虑时,指标 mAP@all 略有提高,而指标 Prec@100 没有提高反而下降,系统的整体性能受到了小但不可忽视的损失,这表明知识丰富的教师模型在向知识能力较弱的学生模型传递知识时存在障碍。总之,只有 $\mathcal{L}^{in}+\mathcal{L}^{S_{hcr}}$ 的组合是 OAN 的最佳选择。

表 4-22　$\mathcal{L}^{in}$,$\mathcal{L}^{I_{hcr}}$ 和 $\mathcal{L}^{S_{hcr}}$ 的消融研究

Baseline	$\mathcal{L}^{in}$	$\mathcal{L}^{I_{hcr}}$	$\mathcal{L}^{S_{hcr}}$	Prec@100	mAP@all
√	×	×	×	0.6920	0.5470
√	×	×	√	0.6941	0.5678
√	√	×	×	0.7170	0.5914
√	√	√	×	0.7174	0.5946
√	√	×	√	**0.7233**	0.5994
√	√	√	√	0.7216	**0.6008**

注:加粗字体为最优值。

4）实验分析

针对 ZSSBIR,OAN 与几种 SOTA 算法进行了比较,包括 CAAE、ZSIH、PCYC、DSN、SAKE、LCALE、OCEAN、StyleGuide 以及其他算法。如表 4-23 所示,OAN 展现了强大的跨模态检索能力。此外,无论是对于真实图像还是二进制图像哈希,它都能产生非常有竞争力的结果。特别是在进行实值检索时,此算法在 Sketchy 中超过了 SAKE 约 9.5%,在 Tu-Berlin 中超过了 5.3%。当特征编码为二进制哈希值时,该模型在 Tu-Berlin 的 Prec@100 中获得了 0.737,比 DSNb 提高了 5.3% 和 5.8%。在具有挑战性的 Sketchy-B 上评估,此模型遥遥领先,超过次优算法约 3.0%。

表 4-23　与现有 SOTA 判别算法的比较

Task	Methods	Sketchy		Sketchy-B	Tu-Berlin	
		mAP@all	Prec@100	Prec@200	mAP@all	Prec@100
ZSL	SSE	0.108	0.154	—	0.096	0.133
	ZSHb	0.165	0.217	—	0.139	0.174
	SAE	0.210	0.302	0.238	0.161	0.210
	FRWGAN	0.127	0.169	—	0.110	0.157
	CAAE	0.169	0.284	0.260	—	—
ZSSBIR	ZSIH	0.258	0.342	—	0.223	0.294
	PCYC	0.349	0.463	—	0.297	0.426
	PCYCb	0.344	0.399	—	0.293	0.392
	SAKE	0.547	0.692	0.598	0.475	0.599
	SAKEb	0.364	0.487	0.477	0.359	0.481
	LCALE	0.476	0.583	—	—	—
	OCEAN	0.462	0.590	—	0.333	0.467
	StyleGuide	0.376	0.484	0.400	0.254	0.355
	DSN	0.583	0.704	0.597	0.481	0.586
	DSNb	0.581	0.700	—	0.484	0.591
	Proposed OAN	0.599	0.723	0.616	0.500	0.617
	Proposed OANb	**0.617**	**0.737**	**0.621**	**0.505**	**0.625**

注:加粗字体为最佳结果。

如上所述，λ_1 是一个设定为 1 的常数。因此，参数的分析只在 λ_2 和 λ_3 上进行。显然，如图 4-26 所示，当 λ_2 和 λ_3 分别设置为 0.001 和 0.1 时，模型达到了最佳性能。

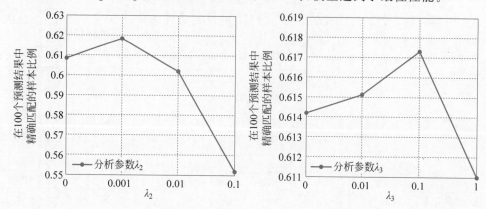

图 4-26　参数 λ_2 和 λ_3 的分析

4. 本小节总结

本小节介绍了一种有效的模型——本体感知网络。首先，该模型提出了平滑的跨类独立学习机制，以保持跨类别的独特性。同时，为了抵抗特定信息的丢失，此模型采用了基于蒸馏的一致性保留方法来保护模态特定信息。大量实验证明了此算法在 Sketchy 和 TuBerlin 数据集上性能出色。

第 5 章

CHAPTER 5

矿山智能选冶过程中多源异构信息融合处理

5.1 智能矿山选冶综述

本章首先阐述了当前矿山智能选冶技术的现状及不足,随后对基于多源异构信息融合处理的矿山选冶技术进行概述。最后,以智能选冶技术的快速发展为背景,强调了多源异构信息融合处理在整个系统中的核心作用,分析了这些技术如何提升选冶过程的智能化与安全性。

5.1.1 矿山智能选冶的现状及不足

随着计算机技术和自动控制技术的进步,选冶过程的自动化和智能化水平不断提高,精细化管控成为智能选冶控制的主流。我国矿山智能选冶的工业背景是在全球工业革命的大背景下,通过技术融合、国家政策的推动以及建设水平的不断提升,逐步发展起来的。这一过程不仅反映了矿业技术的进步,也体现了国家对于矿业现代化和智能化转型的重视。

虽然我国矿山信息化建设取得了显著成绩,但仍存在许多问题。首先,智能矿山的概念在一些地区还不够清晰,对于智能矿山的理解还停留在数字化、自动化、无人化作业的层面,缺乏一个全面和深入的认识。其次,我国矿物赋存条件复杂多样,不同矿区的智能化建设基础不平衡。再次,智能选冶技术的发展还面临着技术和安全保障方面的问题。最后,智能选冶技术需要处理多传感器收集到的复杂数据,如何将这些复杂数据进行整合并充分利用来使得智能选冶过程更加高效准确也是目前智能选冶技术面临的一个难题。

5.1.2 信息融合在智能选冶过程中的重要作用

信息融合可以定义为利用计算机技术对按时序获得的若干传感器的观测信息在一定准则下进行自动分析、综合,以完成所需的决策和估计任务的信息处理过程。通过对定义进行分析可以得出,信息融合是以多传感器为基础,通过分级、分层的处理、分析等来对目标进行综合判断的过程,以此来提高对环境描述的准确性。信息融合的基本过程如图 5-1 所示。

综上所述,信息融合在智能选冶发展过程中扮演着至关重要的角色。信息融合技术的引入不仅能够将传感器充分利用到智能选冶过程中,提高矿山智能选冶的效率和效果,实现大数据背景下的工业精细化管控,还能够帮助企业应对环境挑战,减少选冶过程中产生的污染物,实现可持续发展。随着技术的不断进步,信息融合将在智能选冶领域发挥越来越重要的作用。

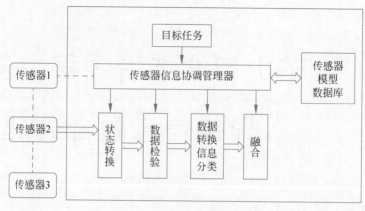

图 5-1　信息融合的基本过程

5.2　智能选冶多源异构信息预处理

在选冶场景下,由于信息的多源异构性、信息来源途径的多样化、矿山环境等,单来源的传感器信息难以完整表述和掌控矿山态势,但来源于不同传感器的数据充斥着不精确、不一致甚至可能有互相矛盾的信息。因此,多传感器信息融合技术应运而生并开始蓬勃发展,它使得多个传感器协同工作,把已有信息融合在一起,得到比单源传感器更准确可靠的信息。于是,多传感器数据融合这一研究方向能够迅速地发展起来并在智慧矿山中达到了较为普遍的应用。

5.2.1　信息融合数据预处理简介

信息融合数据预处理是对多源数据进行清洗、转换和整合的过程,以便为后续的融合、分析和决策提供准确、一致的数据集。数据预处理流程如图 5-2 所示。

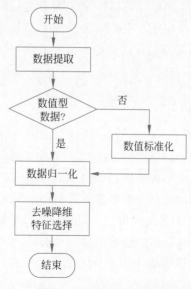

图 5-2　数据预处理流程

数据预处理在信息融合中起到十分重要的作用:这一过程可以消除原始数据中可能存在的噪声、错误和不一致性,识别并处理异常值,避免这些值对数据分析结果产生误导,从而提高数据质量,使数据更加准确和可靠;通过预处理,数据变得更加易于理解,增强数据可解释性,有助于分析师或决策者更好地解读数据,从而做出更加合理的判断和决策;在多源信息融合中,不同数据源可能有不同的格式或标准,数据预处理可以将这些数据统一到一致的格式或标准下,解决数据之间的对应关系和冲突问题,将来自不同来源的数据集成整合到一起,以便进行有效的融合分析;预处理后的数据可以减少分析过程中的错误和迭代次数,降低模型训练难度,提升整个数据分析流程的效率。部分数据预处理解决思路和具体方法如表 5-1 所示。

表 5-1　数据预处理解决思路和具体方法

问　题	思　路	情　况　分　析	具　体　方　法
缺失值处理	填充缺失数据	通过前后数据补全	使用前后数据的均值补全时间序列的缺失值
		缺失值过多	使用平滑等处理,如滑动窗口
		设置默认值	数据缺失时用默认值填充
		无法补全	剔除数据,但保留不删除
数据去重	去除重复记录	按主键去重	用 SQL 语言或脚本语言"去除重复记录"即可
		按规则去重	编写一系列的规则,对重复情况复杂的数据进行去重
噪声过滤	去除异常值	通过机器学习算法去噪	基于统计、基于邻近性、基于可视化、基于分类以及基于聚类
数据集成	具体问题具体分析	度量单位不一致	建立数据体系、统一维度单位等
		维度不一致	降维方法:主成分分析法、随机森林等 抽象方法:汇总、离散化等
		数据差异大	归一化:Min-Max、z-score 等

数据预处理是所有数据融合中必不可少的一步,预处理的结果作为数据融合的数据源,其质量将直接影响数据融合的结果,一个好的预处理结果不仅能够使融合的结果更加准确,还可以提高融合速度。

5.2.2　智能选冶数据预处理技术

智能选冶数据预处理技术是一种基于人工智能和机器学习算法的数据预处理技术,数据处理的工作时间占据了整个数据分析项目的 70% 以上。在对传感器收集到的信息进行预处理的过程中,为了确保数据的完整性,首先应通过数据清洗去除数据集中的噪声、重复和缺失值等不必要的数据,以保证数据的质量和准确性。具体来说,数据清洗包括以下几方面。

(1) 去重:去除选冶数据集中重复的数据行或数据列,以避免重复数据对后续选冶模型的分析造成影响,可以通过相似性度量的方法来解决选冶数据重复的问题。

相似性度量是对一个聚类结果中两个选冶数据点之间的相似性进行度量,度量方式有两种:用选冶数据点之间的距离来表示的相异度和用选冶数据点之间的相关性来表示的相似性。常用的相似性度量方法有:欧氏距离、曼哈顿距离等计算距离度量类方法,余弦相似度、相关系数法等相似度度量法。目前较为普遍使用的是基于欧几里得距离的去噪方法,该方法通过设置一个欧氏距离阈值来判断某个数据是否属于噪声数据。欧几里得距离可以通过以下等式计算:

$$d(\boldsymbol{x}, \boldsymbol{v}_i) = \sqrt{(\boldsymbol{x} - \boldsymbol{v}_i)^{\mathrm{T}}(\boldsymbol{x} + \boldsymbol{v}_i)} \tag{5.1}$$

余弦相似度也是一种常见的相似度度量方法,这种方法利用两个样本之间形成的余弦值作为度量相似度的尺度,因此余弦相似度更加关注方向上的差异,其计算公式如下:

$$\mathrm{sim}(X,Y)=\cos\theta=\frac{\boldsymbol{xy}}{\mid x\mid\mid y\mid}=\frac{\sum\limits_{i=1}^{n}x_iy_i}{\sqrt{\sum\limits_{i=1}^{n}x_i^2}\sqrt{\sum\limits_{i=1}^{n}y_i^2}} \tag{5.2}$$

余弦相似度的取值范围是[-1,1]，由余弦值的定义可知，余弦值越大，它们之间的夹角就越小，则这两个样本在这个方向上就越相似，反之则相反，这就是"余弦相似性"。

（2）噪声过滤：通过设置阈值或使用机器学习算法等方法，可以去除采集到的选冶数据中的噪声或异常值。目前常用的智能选冶去噪算法大概可以分为五种：基于统计、基于邻近性、基于可视化、基于分类以及基于聚类。

基于统计的去噪方法通过建立概率模型来判断噪声点，采用不一致性检验的方法，假设正常的选冶数据处于模型中的高密度区域，噪声点则处于模型中的低密度区域。基于邻近性的去噪方法利用距离来判断噪声点，根据某个距离计算函数，计算选冶数据点之间的距离从而确定噪声值，也可以通过局部密度来探测异常值。基于可视化的方法利用图形图像，通过计算机图形技术、人机交互等技术，将传感器收集到的选冶数据映射为图像，直观地观察噪声点与正常数据之间的差别。基于分类的去噪方法通过构造模型来识别噪声点，通过训练集中的数据训练得到分类模型，用该模型对传感器收集到的数据进行分类，分类结束后不在任何类别中或具有异常的类属性的数据被判断为异常值。基于聚类的去噪算法可以同时进行聚类与异常值检测的操作，在数据集大小方面的操作性较好，且时间复杂度与数据集的大小呈线性关系，算法较为高效。

（3）缺失值处理：指对缺失值进行填充或删除，以提高选冶数据的完整性和可用性。对于缺失值处理的主体思路是填充缺失的数据，可以使用前后数据的均值补全时间序列的缺失值。若缺失值过多，一般使用平滑等处理，如滑动窗口。也可以依据统计学原理设置默认值，在数据缺失时用默认值填充。若数据无法补全则剔除数据，但仍保留不删除。

总体上说，对于选冶数据缺失的处理方法有三种，即删除、填充和不处理。数据填充技术大体上可以分为两种，一种方法是选冶数据操作人员或选冶领域的专家根据已有的知识经验人工地为缺失的数据填充合理的预期值；另一种方法是根据统计学原理，根据现有选冶数据的分布进行数据填充，如填充某个默认值或平均值。

为了提升数据的一致性，接下来对传感器收集到的选冶数据进行集成，主要通过建立数据体系、统一维度单位等途径来解决度量单位不一致的问题。数据维度不一致则可以采用降维方法，如主成分分析法、随机森林等；或者采用抽象方法，如汇总、离散化等方法解决；若选冶数据差异大则通过 Min-Max、z-score 等途径进行归一化。后续数据转换是将原始数据转换为更适合于机器学习算法的形式，这一步会将原始数据中选冶需要的特征缩放到同一尺度上以避免不同特征之间的尺度差异对模型的影响。接下来会具体介绍特征提取过程，最后就可以将数据导入选冶模型中运行和进行决策。

5.2.3 智能选冶数据特征提取

智能选冶数据特征提取的过程通常开始于数据采集，然后逐步过渡到数据预处理、特征选择、特征构造和特征转换等环节。在特征选择阶段，依据对选冶过程的专业知识和矿物冶炼的实践经验，挑选出那些对最终产品质量或者生产效率有显著影响的特征。通过相关性分析或其他统计方法,可以识别并剔除冗余或无关紧要的特征,以降低模型复杂度。紧接着的是特征构造环节,这里可能需要基于领域内的具体知识来创造新的特征,以便更好地反映和解释数据中的内在规律。例如,可以结合多个参数构建出一个复合指标,或者根据选冶矿物的物理定律和化学反应原理推导出新的特征表达形式。最后是特征转换,这里的工作重点是将特征缩放到同一尺度上,避免不同特征之间的尺度差异对模型的影响。

完成特征提取后,所得到的特征即可输入各种机器学习算法或深度学习模型中,用于建立预测或分类模型,实现对选矿和冶炼过程的智能优化。这整个过程是迭代和反复的,随着新数据的不断涌入,可能需要回到前面的某个步骤进行调整和优化,以确保特征提取的持续准确性和有效性。智能选冶数据特征提取是提升选冶生产效率和质量的关键,未来随着人工智能技术的不断发展,特征提取方法将变得更加智能化和自动化,并进一步推动选冶向智能化发展。

5.3　基于信息融合的选冶破碎机、皮带机故障诊断

5.3.1　基于信息融合的选冶破碎机故障诊断

1. 破碎机及其损坏原理

选冶通常包括两个主要步骤:选矿和冶炼。选矿旨在将矿石中的有用矿物与杂质分离,以提高矿石的品位,减少后续冶炼过程中的能源和成本消耗。破碎机能够将从矿山采集的巨大岩石或矿石进行粗碎和细碎,将其破碎成符合磨矿或选矿要求的颗粒度,为后续的磨矿、浮选和冶炼等工艺过程提供合适的原料。破碎机可以适应各种矿石的硬度和黏附性,为后续的选矿和冶炼提供了多样化的物料处理方式。通过选择不同类型和参数的破碎机,可以满足不同硬度和黏附性的矿石破碎要求,以确保选矿生产线的连续稳定运行。

破碎机根据不同的破碎原理和结构形式可以分为多种类型,如颚式破碎机、锤式破碎机、圆锥破碎机等。颚式破碎机,是采用间断破碎方式的代表,其机器结构相对简单,且机型较小。图5-3(a)所示为颚式破碎机的常见结构,其工作原理是利用动颚和静颚的相对运动,将物料进行挤压破碎。锤式破碎机是靠篦板孔出料的,图5-3(b)所示为锤式破碎机的常见结构。圆锥破碎机的工作原理是利用圆锥形的破碎腔室内壁和圆锥轴的相对运动,对物料进行挤压破碎,圆锥破碎机常用于破碎各种矿石和矿石中的原料。如图5-3(c)所示,物料进入机器的进料口后,圆锥破碎机的圆锥体旋转并压缩物料,将物料破碎成所需粒度的颗粒。

(a) 颚式破碎机　　　　　　(b) 锤式破碎机　　　　　(c) 圆锥破碎机

图 5-3　不同种类破碎机示意图

然而,破碎机在使用过程中可能会遭受各种损坏,其中包括零部件磨损、过载工作导致

的损坏等。破碎机损坏的原因涉及多方面,主要包括以下几个方面。油温过高:在破碎过程中,机器会产生大量的热量,如果油温过高,会导致油液黏度下降,摩擦阻力增加,进而影响偏心套的正常运转。油压异常:油压过低或过高都会对偏心套产生不利影响,油压过低可能会导致润滑不足,加剧磨损;而油压过高则可能导致密封失效,引起内泄或外泄。轴承损坏:轴承是偏心套的关键部件之一,如果轴承出现损坏或磨损,将直接影响偏心套的运转,图 5-4 所示为破碎机损坏的轴承。物料堵塞:在破碎过程中,如果物料堵塞,会导致偏心套运转不畅,产生额外的压力和摩擦力,进而引发故障。

图 5-4　破碎机损坏的轴承

2. 破碎机故障检测方法

破碎机是选冶过程中常用的设备,故障的及时检测对于维护设备、保障生产效率至关重要。破碎机的故障检测方法多样,包括视觉检测、声音检测、振动检测、温度检测、润滑油检测等。

视觉检测:通过肉眼观察破碎机的外部情况,检查是否有异常磨损、变形、裂纹等现象,特别关注磨损部位、连接部位、传动部位、密封部位等,以判断设备是否存在潜在的故障隐患。声音检测:通过听觉对破碎机运行时的声音进行判断,异常的噪声可能来自轴承故障、齿轮间隙过大、传动带松动等问题。振动检测:利用振动传感器对设备的振动情况进行监测,异常的振动可能说明设备存在不平衡、松动、磨损等问题,从而及时发现并处理这些故障。温度检测:使用红外线测温仪或红外相机等工具检测破碎机各部位的温度,异常升高的温度可能表明轴承、电机等部件存在问题。润滑油检测:定期对设备的润滑油进行化验分析,以检测金属颗粒、水分等杂质,判断设备是否存在磨损或密封不良问题。

除了这些传统的方法外,还可以借助先进的传感器技术和数据融合监测系统进行故障检测。利用监测设备的运行参数、振动、温度、电流、压力等信息,结合数据融合分析和人工智能算法,能够准确地识别故障特征并提供预警提示,实现对潜在故障的早期发现和处理。

3. 基于数据融合的选冶破碎机故障诊断概论

基于数据融合的选冶破碎机故障诊断可以将来自不同传感器和监测设备的多源数据整合起来,从而全面、准确地分析和判断破碎机的运行状态,保障设备的稳定运行和安全生产。这种方法可以提高故障诊断的准确性和及时性,降低生产过程中的停机损失,增加设备维护的可预测性,从而提高生产效率和生产安全性。

首先,基于数据融合的选冶破碎机故障诊断可以实现对设备状态的全面监测。不同的传感器和监测设备可以收集到破碎机运行过程中的压力、声音、振动、温度等多种数据,这些数据反映了设备运行的全方位情况。图 5-5 为各种传感器实例图,通过对这些传感器数据进行融合分析,能够更全面地了解破碎机的工作状态,包括机械磨损情况、轴承状态、润滑油状况等,有助于准确诊断设备的健康状况。

其次,基于数据融合的选冶破碎机故障诊断也提高了故障诊断的及时性,因为传感器可以提供实时数据监测,一旦出现异常就可以发出预警,及时通知相关人员对设备进行检修和维护,避免故障进一步恶化,从而降低了生产过程中的停机损失。

(a) 压力传感器　　　　(b) 声音传感器　　　　(c) 振动传感器　　　　(d) 温度传感器

图 5-5　各种传感器实例图

4. 基于数据融合的破碎机故障诊断方法

基于数据融合的选冶破碎机故障诊断是一个高度综合性的技术领域,它结合了传感器技术、信号处理、机器学习和人工智能等多个学科的知识。在破碎机等工业设备的健康监测与故障诊断中,通过声音、振动、温度和润滑油等不同类型的监测数据,可以实现对设备运行状态的全面理解和及时故障预警,主要有以下方法。

1) 统计学方法

(1) 时频分析:指将时间相关信号转换到频率域进行分析,识别异常的频率成分。时频分析(Time-Frequency Analysis,TFA)是处理非平稳信号的强大工具,特别适用于从包含多种成分的复杂信号中提取信息,如故障振动信号。在破碎机等旋转机械的故障诊断中,时频分析能够揭示设备运行状态中的瞬变特征和多成分交互作用,为故障的早期发现和诊断提供重要信息。

基于时频分析的数据融合故障诊断流程通常包括以下几个步骤。

- 数据采集和处理。
- 时频分析:将预处理后的信号输入时频分析模块,常用的时频分析方法包括短时傅里叶变换(STFT)、小波变换(WT)、Wigner-Ville 分布(WVD)以及 Choi-Williams 分布等。
- 特征提取:从时频分布中提取有助于故障识别的特征,这些特征可能包括特定频率带的能量、瞬时频率、时间-频率脊线等。
- 数据融合:结合来自不同时频分析以及其他类型数据(如温度、润滑油分析)的特征,使用数据融合技术得到综合特征集。
- 故障诊断:将融合后的特征输入分类器进行故障检测和诊断。
- 结果解释与决策:根据分类器的输出确定是否存在故障,以及故障的类型和程度,并据此制定维护策略。

时频分析可以深入了解非平稳和非线性信号,可以捕捉到瞬时事件和频率变化,这对于故障的早期检测至关重要。数据融合增加了诊断系统的信息量和冗余度,提高了诊断结果的可靠性和准确性。通过融合不同类型的数据(如振动、声音、温度等),可以从多个角度监测设备的健康状况,实现更全面的监控和诊断。

(2) 相关性分析:指评估不同传感器信号之间的相关性,判断异常状况。相关性分析是统计学中用于评估两个或多个变量之间相互依赖关系的方法。在选冶破碎机故障诊断领域,基于相关性分析的信息融合技术可以有效地结合来自不同传感器和数据源的信息,提高故障检测的准确性和可靠性。

以下是利用相关性分析进行信息融合及故障诊断的基本步骤。

- 使用传感器收集数据：首先，从安装在破碎机上的各种传感器（如振动、声音、温度、压力等）收集多维运行数据，这些数据反映了设备在不同工况下的表现，以及可能出现的异常情况。
- 数据处理：对原始数据进行必要的预处理操作，包括滤波、去噪、同步化处理、采样率转换等，以确保数据的质量和后续分析的准确性。
- 相关性分析：计算不同传感器数据之间的相关系数或互相关系数，这可以通过皮尔逊相关系数、斯皮尔曼相关系数（见图 5-6）或其他非线性相关度量来完成。相关性分析揭示了不同数据源之间的线性或非线性依赖关系，有助于识别出由特定故障引起的信号变化模式。

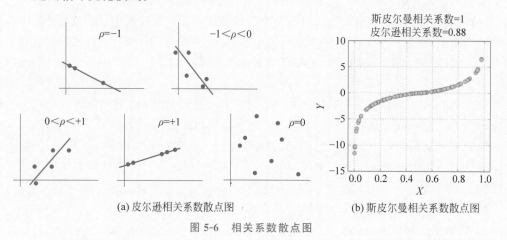

(a) 皮尔逊相关系数散点图　　　(b) 斯皮尔曼相关系数散点图

图 5-6　相关系数散点图

上述步骤完成了提取相关特征并进行训练和测试及决策制定等工作。此外，相关性分析还可以帮助确定维修的优先级和紧急程度。

相关性分析可以揭示不同数据源间的潜在联系，增加对设备状态的理解，从而提高故障检测的准确率。

2) 机器学习方法

（1）卷积神经网络：卷积神经网络是一种深度学习模型，特别适合处理具有空间相关性的数据，如图像。在选冶破碎机故障诊断中，CNN 也可以被用来分析来自传感器的时序数据，尤其是当这些数据可以被转换成一维或二维的"图像"形式时，图 5-7 为卷积神经网络处理图像的过程示意图。

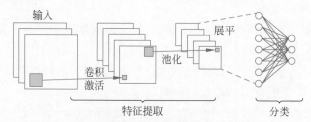

图 5-7　卷积神经网络处理图像的过程示意图

基于卷积神经网络的信息融合故障诊断流程包括以下步骤。

- 数据构造：从安装在破碎机上的多种传感器收集多源数据。

- 数据预处理：对原始数据进行滤波、去噪、归一化和同步处理等操作以确保数据的质量和一致性。
- 数据转换：将传感器数据转换为 CNN 可以处理的形式，对于时序数据，这可能意味着将数据重构成图像状，如绘制振动信号的频谱图，或者将时间序列数据转换为距离矩阵。
- 信息融合：利用 CNN 的卷积层自动从转换后的数据中提取特征，这些特征通常是多级别的，随着网络层次的加深，提取的特征也更加抽象和复杂。
- 模型训练：使用标注好的训练数据集来训练 CNN 模型，训练过程包括调整网络参数（权重和偏置）以最小化损失函数，通常使用反向传播和梯度下降算法。
- 检测：将新的测试数据通过同样的预处理和数据转换流程，然后输入已训练的 CNN 模型中进行故障检测和分类。
- 结果评估与决策：根据 CNN 模型的输出确定设备是否存在故障以及故障的类型和程度，这些信息用于指导维护决策和制定相应的维修策略。

（2）循环神经网络（Recurrent Neural Network，RNN）：擅长处理序列数据，如时间序列分析。循环神经网络是一种专门用于处理序列数据的神经网络结构。在工业故障诊断领域，RNN 可以有效地处理时间序列数据，从而对设备的工作状态进行实时监控和预测。

基于循环神经网络的信息融合选冶破碎机故障诊断方法可以分为以下几个步骤。

- 数据收集与预处理：从选冶破碎机的传感器中收集原始数据，如振动信号、温度信号等。对数据进行预处理，包括滤波、降噪、归一化等操作，以便于后续的特征提取和模型训练。
- 提取特征：从预处理后的数据中提取有助于故障诊断的特征。这可以通过时域分析（如统计特征）、频域分析（如傅里叶变换）或时频域分析（如小波变换）等方法实现。
- 构建循环神经网络模型：设计一个适用于故障诊断任务的 RNN 结构，常见的 RNN 结构有长短时记忆网络（Long Short-Term Memory，LSTM）和门控循环单元（Gated Recurrent Unit，GRU）。这些结构可以捕捉时间序列数据中的长期依赖关系。
- 融合传感器数据：将不同传感器收集到的数据进行融合，以获得更全面的设备状态信息，这可以通过多通道 RNN、注意力机制或其他信息融合方法实现。
- 模型训练与验证：使用带有标签的数据集对 RNN 模型进行训练，在训练过程中，通过调整模型参数以最小化损失函数，使模型能够准确地识别不同类型的故障。同时，使用验证集对模型的性能进行评估。
- 计算概率：将训练好的 RNN 模型应用于实际的选冶破碎机故障诊断场景，根据实时监测数据，模型可以预测设备的故障类型和发生概率，从而实现对设备故障的及时预警和维护。

（3）支持向量机（Support Vector Machine，SVM）：是一种用于分类和回归分析的监督学习模型。SVM 的基本原理是在一个高维空间中寻找一个超平面，该超平面可以将不同类别的数据点有效地分隔开来。SVM 分类原理图如图 5-8 所示。图 5-8 中，三角形和圆形表

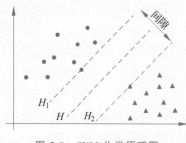

图 5-8　SVM 分类原理图

示不同类样本；平面 H 表示最优决策超平面，能够将两种样本类型进行最佳分类；平面 H_1 和 H_2 表示支撑平面。SVM 算法首先是计算所有三角形和圆形到 H 的距离，然后找出距离 H 最近的样本点，接着在最近样本点中找到距离最大的样本点，使支持向量到 H 的最小距离最大，这样就可以将两类数据完全分开了。假设两类样本为：$(x_i, y_i), i=1,2,\cdots,n, x_i \in Rd, y_i \in \{+1,-1\}$，最优决策超平面 H 为：$\boldsymbol{\omega}x + \boldsymbol{b} = 0$，其中 $\boldsymbol{\omega} \in Rd$，通常与最优决策超平面 H 正交。构造两个与 H 平行的支撑平面，即

$$H_1: \boldsymbol{\omega}^{\mathrm{T}} \boldsymbol{x} + \boldsymbol{b} = +1 \tag{5.3}$$

$$H_2: \boldsymbol{\omega}^{\mathrm{T}} \boldsymbol{x} + \boldsymbol{b} = -1 \tag{5.4}$$

当 H 将两类样本数据分开时，数据边界样本到 H 距离最小的点就是支持向量，支持向量是支撑平面上的点。计算支持向量到最优决策超平面 H 的距离长度：

$$d = \frac{\boldsymbol{\omega}_0^{\mathrm{T}} \boldsymbol{x} + \boldsymbol{b}_0}{\boldsymbol{\omega}_0^{\mathrm{T}}} = \frac{1}{\boldsymbol{\omega}_0} \tag{5.5}$$

式中，$\boldsymbol{\omega}_0$ 是超平面 H 的权向量；$\boldsymbol{b}_0$ 是超平面 H 的偏置。$d_{\min}$ 为 $1/\|\boldsymbol{\omega}\|$，而两类样本数据之间的距离长度则是两倍的 $d_{\min}$，表示为 $2/\|\boldsymbol{\omega}\|$，若要完全准确地将两类样本进行分类，就应该求得最大化后的 $1/\|\boldsymbol{\omega}\|$，即

$$\min_{\omega,b} \frac{1}{2} \boldsymbol{\omega}^2 \tag{5.6}$$

$$\text{s.t.} \quad y_i(\boldsymbol{\omega}^{\mathrm{T}} \boldsymbol{x} + \boldsymbol{b}) \geqslant +1, \quad i=1,2,\cdots,n \tag{5.7}$$

此时把求解问题转换成了一个凸优化问题，再引入 Lagrange 函数将其转换成对偶优化问题，即影响参数只含有 Lagrange 因子，其内积形式方便数据被核函数替换，得到最优决策超平面 H 的函数关系：

$$f(x) = \text{sgn}\{\boldsymbol{\omega}\boldsymbol{x} + \boldsymbol{b}\} = \text{sgn}\left\{\sum_{i}^{n} \alpha_i^* y_i(x_i, x_j) + \boldsymbol{b}^*\right\} \tag{5.8}$$

实际问题中大多为非线性，需考虑采用非线性模型来求解，而 SVM 方法则是引入核函数 $\phi()$ 将低维空间的非线性问题映射到高维空间来构建线性分类模型，则最优分类面为

$$\boldsymbol{\omega}\phi(\boldsymbol{x}) + \boldsymbol{b} = 0 \tag{5.9}$$

3）实例分析（某矿山破碎机故障诊断）

（1）破碎机的测点分布。

PXZ1200/160 破碎机由传动、机座、偏心套、破碎圆锥、中架体、横梁、原动机、油缸、液压系统、滑车、电气系统和干、稀油润滑等部分组成。该破碎机的具体参数如表 5-2 所示。

表 5-2　某破碎机的具体参数

规格型号	给料口/mm	排料口/mm	排料口范围/mm	生产率/(t/h)	电机功率/kW	重量/t
PXZ1200/160	1200	160	160～195	1050～1195 1250～1480	260 310	229

（2）破碎机故障监测。

破碎机通过传感器完成数据采集，传感器测点分布说明如表 5-3 所示，包括偏心套故障（H_1）、轴承磨损（H_2）、平行轴缺油（H_3）等故障类型。

表 5-3　传感器测点分布说明

测量点	传感器类型	测量参数
偏心套	振动传感器	振动频率
轴承	振动传感器	振动频率
动锥	振动传感器	振动频率
破碎机底座	声音传感器	振动频率
润滑油油箱	温度传感器	润滑油油温
回油孔处	温度传感器	回油油温
冷却水管出口处	温度传感器	冷却管出油温
电机轴承处	温度传感器	轴承温度
润滑油油箱	压力传感器	润滑油油压
液压缸	压力传感器	液压缸油压
过滤器	压力传感器	过滤前后压差

温度特征数据集如下，其训练样本空间数据如表 5-4 所示。

$$I_3 = \{C_1, C_2, C_3, C_4\} \tag{5.10}$$

其中，C_1 为润滑油油温，C_2 为冷却管出油油温，C_3 为回油油温，C_4 为轴承温度。

表 5-4　温度特征训练样本空间数据

故障类型	C_1	C_2	C_3	C_4
H_1	0.7742	0.3636	0.6897	0.5455
H_1	0.9355	0.3636	0.4138	0.2727
H_1	0.7742	0.2727	0.6552	0.5455
H_1	0.8387	0.3939	0.5172	0.3636
H_2	0.7419	0.3939	0.3448	0.8182
H_2	1.0000	0.3333	0.3793	0.3182
H_2	0.9032	0.3939	0.3448	0.3636
H_2	0.7419	0.3333	0.3103	0.6818
H_3	0.0645	0.0303	0.0000	0.1364
H_3	0.0000	0.1818	0.0345	0.0909
H_3	0.0000	0.0000	0.0000	0.2273
H_3	0.0000	0.1515	0.0345	0.2273

压力特征数据集如下，其训练样本空间数据如表 5-5 所示。

$$I_4 = \{D_1, D_2, D_3, D_4\} \tag{5.11}$$

其中，D_1 为润滑油油箱油压，D_2 为液压缸油压，D_3 为过滤前油压，D_4 为过滤后油压。

表 5-5　压力特征训练样本空间数据

故障类型	D_1	D_2	D_3	D_4
H_1	0.2273	0.4091	0.1429	0.1538
H_1	0.1818	0.5000	0.0714	0.1154
H_1	0.4091	0.0909	0.0714	0.2231

故障类型	D_1	D_2	D_3	D_4
H_1	0.0909	0.2273	0.2143	0.1538
H_2	0.2273	0.1818	0.7857	0.6154
H_2	0.2273	0.0455	0.7143	0.4615
H_2	0.1818	0.0909	0.5714	0.3846
H_2	0.2727	0.0000	0.5000	0.6154
H_3	0.6364	0.9091	0.5714	0.7692
H_3	0.7727	0.8636	0.7143	0.8462
H_3	0.9091	0.6364	0.2857	1.0000
H_3	1.0000	0.6364	0.5000	0.4615

振动特征数据集如下,其训练样本空间数据如表5-6所示。振动特征数据集 I_1 表达式如式(5.12)所示。

$$I_1 = \{A_1, A_2, A_3, A_4, A_5, A_6, A_7\} = \left[\frac{E_0}{E}, \frac{E_1}{E}, \frac{E_2}{E}, \frac{E_3}{E}, \frac{E_4}{E}, \frac{E_5}{E}, \frac{E_6}{E}, \frac{E_7}{E}\right] \quad (5.12)$$

其中,$A_i(i=0,1,\cdots,7)$ 为相应的特征 E_i 进行标准化后的振动特征值,$E = \sum\limits_{i=0}^{7} E_i$,$E_0 \sim E_7$ 分别表示振动幅值、振动频率、振动加速度、振动相位、振动波形,振动频谱、振动峰值因子、振动峭度。

表 5-6 振动特征训练样本空间数据

故障类型	A_1	A_2	A_3	A_4	A_5	A_6	A_7
H_1	0.0424	0.2990	0.1622	0.2411	0.0012	0.0016	0.1929
H_1	0.0408	0.3009	0.1590	0.2473	0.0014	0.0019	0.1707
H_1	0.0392	0.3028	0.1558	0.2535	0.0016	0.0022	0.1485
H_1	0.0404	0.3259	0.1490	0.2447	0.0014	0.0015	0.1800
H_2	0.0202	0.0110	0.4442	0.0920	0.0015	0.0015	0.3233
H_2	0.0343	0.0201	0.4486	0.1152	0.0015	0.0012	0.2958
H_2	0.0366	0.0125	0.4318	0.0878	0.0005	0.0014	0.3214
H_2	0.0326	0.0201	0.4445	0.1360	0.0015	0.0015	0.2622
H_3	0.3857	0.0710	0.3480	0.0863	0.0001	0.0006	0.0688
H_3	0.3922	0.0712	0.3121	0.1010	0.0002	0.0007	0.0815
H_3	0.4063	0.0789	0.3334	0.0843	0.0002	0.0006	0.0673
H_3	0.3432	0.0884	0.3737	0.0894	0.0005	0.0004	0.0728

声音特征数据集 I_2 表达式如下,其测试样本空间数据如表5-7所示。

$$I_2 = \{B_1, B_2, B_3, B_4, B_5, B_6, B_7\} = \left[\frac{E_0}{E}, \frac{E_1}{E}, \frac{E_2}{E}, \frac{E_3}{E}, \frac{E_4}{E}, \frac{E_5}{E}, \frac{E_6}{E}, \frac{E_7}{E}\right] \quad (5.13)$$

其中,$B_i(i=0,1,\cdots,7)$ 表示相应的特征 E_i 进行标准化后的声音特征值,$E = \sum\limits_{i=0}^{7} E_i$,$E_0 \sim E_7$ 分别表示声音振幅、声音频率、声音持续时间、声音间隔、音色、音调、声音能量、声音熵。

表 5-7　声音特征测试样本空间数据

B_1	B_2	B_3	B_4	B_5	B_6	B_7	诊断结果
0.0160	0.5227	0.0011	0.0020	0.0242	0.0062	0.0007	H_1
0.0305	0.0292	0.0085	0.3025	0.5290	0.0208	0.0102	—
0.5007	0.2189	0.0186	0.1078	0.0405	0.0203	0.0387	H_3

SVM 核函数及相关参数的选取：选择 RBF 函数作为 SVM 模型的核函数，即

$$K(\boldsymbol{x},x_i) = \exp\left\{-\frac{|\boldsymbol{x}-x_i|^2}{\sigma^2}\right\} \tag{5.14}$$

最终构造的 SVM 模型为

$$f(x,\alpha) = \mathrm{sgn}\left\{\sum_{i=1}^s \alpha_i \exp\left\{-\frac{|\boldsymbol{x}-x_i|^2}{\sigma^2}\right\} - \boldsymbol{b}\right\} \tag{5.15}$$

SVM 惩罚因子 $C=8$，核函数参数 $\sigma=0.078$。

选用了"一对一"多分类模型进行破碎机故障诊断研究。故障诊断识别框架 $\Theta=\{H_1, H_2,H_3,H_4,H_5,H_6,H_7\}$，故障类型包括偏心套故障($H_1$)、轴承磨损($H_2$)、平行轴缺油($H_3$)，建立 SVM 二分类器。

根据各特征数据中的测试样本得出 SVM 初步诊断结果，构建出特征空间证据体，从而计算各证据体的基本可信度 M_1，由此可以得出，故障诊断正确率明显提高，融合效果明显。其中计算的第 6 组数据(针对某一特定测试样本所计算得到)的信任度区间和基本可信度分配的一组具体数值信任度区间为$[0.1533,0.3168]$、$[0.5818,0.7453]$、$[0.4233,0.5868]$、$[0.0202,0.1837]$、$[0.0649,0.2284]$、$[0.0565,0.2200]$、$[0.2481,0.4116]$，$m(\Theta)=0.1635$，最大信任度为 $m(H_w)=0.5818$，故 H_2 为故障目标类。$m(H_w)-m(H_i)=0.5818-0.4233=0.1585<\varepsilon_1=0.2, i\neq 2$，故不符合规则。$m(H_w)-m(\Theta)=0.5818-0.1635=0.4183>\varepsilon_2=0.4$，故符合规则。$m(\Theta)=0.1635$，$\varepsilon_3=0.2$，故符合规则。

通过对实际选冶破碎机进行信号获取、特征提取，可以构成数据样本集，将实际信号数据输入 SVM 模型就可以对破碎机故障类型进行识别诊断，为预警系统提供基础，减少维修成本及故障发生率，降低破碎机故障分类诊断的错误率，提高其分类结果的有效性和可靠性，有效提高矿山企业设备管理效率。

5.3.2　基于信息融合的选冶皮带机故障诊断

1. 皮带机结构及其故障损坏原理

作为原矿输送的主要工具，皮带机高效的物料输送功能确保了选冶厂始终有稳定的原材料供应，皮带机的运行直接影响选冶生产的效率。皮带机的工作原理基于输送带的连续运动，其核心组成部分包括输送带、驱动系统、滚筒和托辊、调节装置以及清洁装置。皮带机的大致结构如图 5-9 所示。在工作时，通过电动机等驱动装置带动输送带的运动，输送带上的物料随之被带动向前输送。滚筒和托辊支撑和引导输送带的运动，调节装置用于维持输送带的张紧度，而清洁装置则有助于防止物料残留和减少设备磨损。

不同类型的皮带机虽然在结构和参数等方面存在差异，但一般均包括输送带、减速器、滚筒、托辊等关键部件。在皮带机运行过程中，受长运距、大运量、高运速、恶劣运行环境、部件分布广且耦联关系复杂等因素影响，其关键部件易产生多种故障或损伤，如输送带撕裂与

图 5-9　皮带机的大致结构

打滑、托辊磨损与卡死、滚筒磨损与破裂、齿轮箱磨损与断裂等,严重影响皮带机的健康状态,威胁其安全可靠运行。

以下为输送带、减速器、滚筒、托辊等皮带机关键部件所存在的故障种类、原因及危害分析。

(1) 输送带。输送带的故障主要包括输送带打滑、跑偏、损伤和堆料撒料等。输送带打滑会导致输送效率下降、物料堆积等问题,物料堆积又会造成输送带表面不平整或堵塞,进一步加剧打滑的程度,长时间打滑则会加剧输送带与托辊、滚筒的过度摩擦,引起温度上升,进而引发潜在火灾的发生。输送带跑偏也会导致物料堆积,并会加剧输送带的磨损。堆积物的堵塞还可能导致输送带破损或断裂,增加了设备维护和更换的成本。

(2) 减速器。减速器齿轮箱的故障一般发生在其内部齿轮、轴承等部件上,齿轮和轴承的错误安装、润滑不良等原因,会加剧自身的磨损。除皮带机过载、过热外,齿轮的磨损和轴承的故障也均有可能演变为齿轮的断裂,这将导致皮带机无法工作,造成经济损失。齿轮的断裂也可能导致输送带突然停止或撕裂,进而引发多个部件的故障。

(3) 滚筒。滚筒的故障包括筒体开焊、包胶破损、包胶脱落等。滚筒作为皮带机主要的传动部件,长期工作在复杂而恶劣的工况环境中,由于负荷大、负载不平衡等因素影响,经常产生包胶破损、脱落等故障,易形成安全隐患,酝酿安全事故。

(4) 托辊。托辊的故障包括磨损和卡死。托辊磨损或卡死一方面会导致输送带不平整或不稳定,使得输送带在运行过程中产生跳动或偏移,进而可能引发物料堆积、洒落或堵塞等问题;另一方面会加剧输送带的磨损,导致输送带撕裂或断带。

2. 皮带机故障诊断中常见的信息融合技术

由于选冶皮带机所处工况环境恶劣,采集到的原始信号一般含有大量噪声,为此需要使用数据处理方法提取、变换或融合信号中有用的信息。从检测融合的角度出发,信息融合包括四种结构模型:并行结构、串行结构、分散式结构和树状结构。并行结构是通过各个传感器的原始数据采集、局部判断之后通过融合中心实现全局判断的一种检测融合结构。串行结构是下游传感器通过上游传感器局部诊断结果和自身原始数据进行融合判断,向下递推,直至得到最终融合结果的检测融合结构。分散式结构是各个传感器分别对自身原始数据进行最终判断的检测融合结构。树状结构是并行结构和串行结构相结合的混合结构,由树枝开始依次向下,在各个节点处分别实现检测融合,直至树根节点实现全局检测融合过程。

对于皮带故障检测而言,检测融合最常采用的是并行结构和分散式结构,如图 5-10 所示。其中,并行结构用于多传感器判断单个事故,而分散式结构用于单传感器判断单个事故。

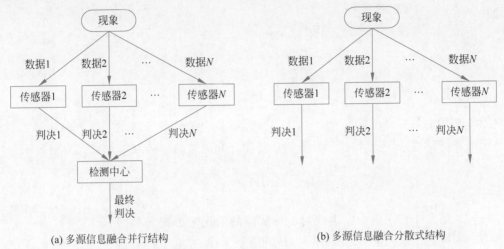

(a) 多源信息融合并行结构　　　　　　　　　(b) 多源信息融合分散式结构

图 5-10　检测融合方式结构图

目前,在并行的多传感器信息融合方法中,常用的方法有加权平均法、神经网络、贝叶斯推理和 D-S(Dempster-Shafer Method)证据理论等。其中,神经网络需要适当的训练规则,且针对复杂情况下的泛化能力较弱。贝叶斯推理则需要先验概率的参与,且只能判断皮带机是否发生故障。D-S 证据理论克服了贝叶斯推理先验概率不易获得的缺点,是对贝叶斯推理的扩充,考虑了条件概率的不确定度,给每个故障的前提条件都设置了可信度。综合来看,D-S 证据理论适用于皮带机故障检测的多传感器并行结构下的多源信息融合。

3. 实例分析(基于 D-S 证据理论的选冶皮带机故障检测系统)

1) 理论方法

D-S 证据理论是由 Dempster 提出,在其学生进一步研究下形成 Dempster 合成法则。证据理论深化了命题和集合之间的关系,其组合规则为:假设识别框 M 下的两个证据为 P_1 和 P_2,其相对应的信任度函数值分配表示为 m_1 和 m_2;焦元分别为 J_1 和 J_2,则通过式(5.17)定义函数 $m:2M \rightarrow [0,1]$,表示其融合后的信任度函数分配为

$$m(A) = \begin{cases} 0, A = \varnothing \\ \dfrac{1}{1-K} \sum_{J_1 \cap J_2} m_1(J_1) \cdot m_2(J_2), A \neq \varnothing \\ K = \sum_{J_1 \cap J_2} m_1(J_1) \cdot m_2(J_2) < 1 \end{cases} \tag{5.16}$$

式中,K 为不确定因子,反映证据的冲突程度;$\varnothing$ 为空集;$1/1-K$ 为归一化因子;$m(A)$ 为对应 m 的证据基本信任度函数值。根据式(5.16)分别计算出各证据之间的基本可信度,并且利用其组合规则求取所有证据的信任度函数之后,根据设定的决策规则,选取概率最大的目标。

在皮带机设备的故障诊断过程中,需要诊断不同故障或是多种故障同时发生的征兆,这就需要对融合信息进行故障诊断。将多种故障征兆信息融合之后求取最大的信任度函数

值,并根据输入的判断规则,判断皮带机的故障类型。首先根据 D-S 证据理论建立故障识别框架,并且采集可能发生的故障症状特征,构建故障识别数据库。首先假设输送机中共有 n 个智能传感器、f 个故障类型,通过 D-S 证据理论构建信任度函数分布矩阵 $\boldsymbol{S}$,如式(5.17)所示:

$$\boldsymbol{S} = \begin{bmatrix} \boldsymbol{S}_1 \\ \boldsymbol{S}_2 \\ \vdots \\ \boldsymbol{S}_n \end{bmatrix} = \begin{bmatrix} s_{11} & s_{12} & \cdots & s_{1f} \\ s_{21} & s_{22} & \cdots & s_{2f} \\ \vdots & \vdots & \ddots & \vdots \\ s_{n1} & s_{n2} & \cdots & s_{nf} \end{bmatrix} \tag{5.17}$$

矩阵 $\boldsymbol{S}$ 中的每一个证据元素 s_{nf} 表示的是,第 n 个传感器可能发生第 f 种故障的信任度分配函数,则得到同一个传感器计算的信任度分配函数的总和为 1,用式(5.18)表示为

$$\begin{cases} s_{n1} + s_{n2} + s_{n3} + \cdots + s_{nf} = 1 \\ n = 1, 2, \cdots, f \end{cases} \tag{5.18}$$

式中,s_{n1} 为第 n 个传感器中发生的第 1 种故障的信任度分配函数,其余以此类推。并且,将其中某一行的转置向量乘以另一行,可以得到一个新的矩阵 $\boldsymbol{Y}$,如式(5.19)所示:

$$\boldsymbol{Y} = \boldsymbol{S}_n^{\mathrm{T}} \boldsymbol{S}_f = \begin{bmatrix} s_{n1} S_{j1} & s_{n1} S_{j2} & \cdots & s_{n1} S_{jn} \\ s_{n2} S_{j1} & s_{n2} S_{j2} & \cdots & s_{n2} S_{jn} \\ \vdots & \vdots & \ddots & \vdots \\ s_{nj} S_{j1} & s_{nj} S_{j2} & \cdots & s_{nj} S_{jn} \end{bmatrix} \tag{5.19}$$

式中,$\boldsymbol{S}_n^{\mathrm{T}}$ 为转置向量。

根据 D-S 证据理论的组合规则,采集 3 个及 3 个以上的故障类型特征时,需要先选取 2 个故障类型特征进行组合,然后将组合的结果与第 3 个故障类型特征进行重新组合,根据采集的故障数据以此类推,将一个新的组合结果与剩下的故障类型特征证据进行组合,直到最后得出结果。根据相应的判断规则,选取融合之后发生概率最大的为皮带机的主要故障类型。

2)仿真实验

利用 MATLAB 平台进行 D-S 证据理论实现仿真实验,通过模拟仿真传感器采集的故障特征证据融合,得出输出融合后的可信度,如表 5-8 所示。

表 5-8 两次融合后的可信度

结 果 故 障	f_1	f_2	f_3
$S_1 \oplus S_2$	0.79	0.12	0.08
$S_1 \oplus S_2 \oplus S_3$	0.981	0.031	0.007

从仿真实验结果可以看出,第二次融合的结果相较第一次来说有着更高的准确性。从证据特征融合结果来看,皮带机故障类型为 f_1 的可能性更高,更加趋近于 1,而其他故障类型的信任度函数值在逐渐减少。这与 D-S 证据理论的算法一致,随着证据融合次数增加,不确定性减少,其信任度函数值会向判断类型靠拢。从表 5-8 中的数据可以看出,基于 D-S 证据理论的皮带机故障智能检测系统的准确性和实用性较高,可以有效预警皮带机运行过程中出现的故障,保障煤矿企业的效益,确保系统安全可靠运行。

5.4　基于信息融合的冶风机与温度场工况分析

5.4.1　基于信息融合的冶风机工况分析

1. 冶风机概述

冶风机的主要功能包括提供足够的通风量,稀释并排除有害气体(如甲烷、一氧化碳等),控制选冶工作环境的温度和湿度。冶风机通常分为轴流式和离心式两种类型,图 5-11为常见的冶风机示意图,其中轴流冶风机更为常见,它能够提供大流量的气流,适应选冶工作环境的通风需求。根据选冶的具体需要,冶风机可能配置有扩散器、消声器等附件,以优化通风性能和降低噪声。现代冶风机集成了智能化控制系统,能够实时监测风速、风压、温度等参数,并根据矿井内部情况自动调节运行状态。

(a) 轴流冶风机　　　　(b) 离心冶风机

图 5-11　常见冶风机示意图

冶风机的工作原理主要是通过叶轮的旋转运动产生气流,并通过出口排出,同时形成负压吸入新的空气,实现连续的气流传递。具体来看,风机的核心部件是叶轮,它通过电动机或发动机的驱动产生旋转运动。叶轮的设计通常包括一系列叶片,这些叶片在旋转时能够推动空气移动。当叶轮旋转时,它会推动周围的空气,形成气流。这个过程是通过叶片与空气的相互作用实现的,叶片的形状和角度都会影响气流的速度和方向。产生的气流会通过风机的出口被排出,这个过程中,由于气流的流出,会在风机内部形成负压区域。为了平衡压力差,新的空气会被吸入风机,形成一个连续的气流循环。

2. 冶风机损坏机理

冶风机损坏机理通常指的是导致冶风机性能下降或完全失效的各种原因和过程,常见的冶风机损坏机理包括以下内容。

(1) 磨损:长时间运转的风机,其内部组件特别是叶片和叶轮会因为摩擦、冲击和粒子冲刷而逐渐磨损。

(2) 腐蚀:风机材料可能受到腐蚀性气体或水蒸气的侵蚀,导致叶轮和其他关键部件的金属材质发生化学反应,从而减弱结构强度。

(3) 疲劳断裂:风机在长期运行下,叶轮等旋转部件会经历周期性载荷的作用,长时间的交变应力可能导致材料疲劳,进而产生裂纹甚至断裂。

(4) 温度效应:高温环境下工作可能导致部分风机材料的性能降低,例如塑料零件可能会变形,润滑油可能会失效,导致轴承损坏。

综上所述,冶风机的损坏机理是多方面的,涉及设计、材料、制造工艺、运行环境等多个因素。为了确保冶风机的可靠运行,需要对这些潜在的损坏机理进行深入分析,并采取相应的预防和维护措施。

3. 冶风机故障检测方法

冶风机是选冶工业应用中不可或缺的设备,对冶风机进行有效的故障检测至关重要,它是确保系统持续、安全和高效运行的重要因素。常见的冶风机故障检测方法包括以下内容。

（1）振动分析：通过测量和分析风机的振动信号，可以识别出不平衡、对中不准、轴承损坏等机械问题。使用振动传感器（如加速度计）来收集数据，并通过频谱分析来确定异常振动的来源。

（2）温度监测：电机过热、摩擦增加等问题可以通过监测温度来发现。安装温度传感器（如热电偶、红外传感器）来监测关键部件的温度，并设置报警阈值。

（3）声音分析：异常声音（如尖叫声、嘶嘶声或敲击声）可能是故障的早期迹象，图5-12(a)所示为声学分析仪，实施定期听觉检查或使用声音分析仪器来检测异常。

（4）无损检测：使用超声波、X射线或磁粉等技术来检测内部缺陷或裂纹。特别适用于检查焊接接缝、铸件和叶片等部件的完整性，图5-12(b)所示为无损检测仪。

（5）数据分析和预测维护：使用数据采集和分析技术来预测潜在故障，图5-12(c)所示为检测系统。结合历史数据和机器学习算法，建立预测模型来指导维护决策。

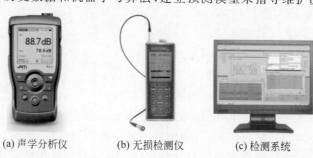

(a) 声学分析仪　　　　(b) 无损检测仪　　　　(c) 检测系统

图5-12　故障检测仪器

4. 基于数据融合的冶风机故障诊断概论

基于数据融合的冶风机故障诊断是一个集成多源信息以检测和识别系统中潜在问题的过程，这一过程充分利用了来自不同传感器和数据源的信息，实现了冶风机运行状态的综合评估。基于数据融合的冶风机故障诊断的主要步骤包括：①从冶风电机组的多个传感器和监测点收集原始数据，包括但不限于振动传感器、温度传感器、油液分析、电机电流和功率等。②故障检测与诊断：利用融合后的数据，采用机器学习、深度学习或其他智能算法进行故障检测与诊断。③决策支持：故障诊断结果为运维人员提供决策支持，指导维修或更换部件。基于数据融合的冶风机故障诊断的具体融合方法如下。

1) 传感器数据融合

在风机系统中部署多种类型的传感器（如振动传感器、温度传感器、压力传感器、流量传感器等），收集不同维度的数据。然后对这些数据进行同步和预处理，如滤波、去噪和归一化。接下来，通过特征提取技术从原始数据中获取有用的信息，例如从振动信号中提取幅值、频率、波形指标等特征。最后，使用数据融合算法（如卡尔曼滤波器、贝叶斯网络、D-S证据理论等）将不同传感器提供的特征数据进行综合分析，以获得更准确的故障状态估计。

应用数据融合技术（如卡尔曼滤波器、贝叶斯网络、模糊逻辑等）可以整合不同传感器的特征数据，增强故障信号的信噪比，降低误报率和漏报率。结合数据融合的结果，采用更高级的算法（如神经网络）进行进一步分析，以精确定位故障类型和程度。根据高级诊断结果，制订维护或修复计划。在此过程中，可以参考专家系统或历史维护记录来辅助决策。维护完成后,将实际维护情况反馈到系统中,不断更新和优化故障诊断模型,提升诊断精度。

2) 模型级数据融合

模型级数据融合可以结合不同的故障诊断模型,通过集成学习方法(如 Bagging、Boosting、Stacking 等)将它们组合成一个更强大的模型,以提高诊断性能,模型级数据融合机理如图 5-13 所示。

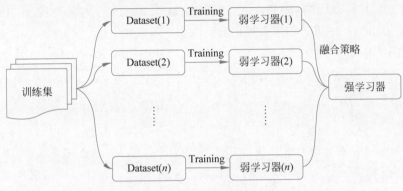

图 5-13　模型级数据融合机理

Bagging 是一种通过自助采样产生多个训练集,然后训练多个基学习器,并通过投票或平均来进行预测的方法。对于冶风机故障诊断,可以训练多个基于不同特征选择或采样方式的模型,然后综合它们的预测结果。Boosting 串行训练多个基学习器,每个学习器都会对前一个学习器的预测错误进行更多的关注,从而逐步提升模型的预测能力。对于冶风机故障诊断,可以使用各种提升算法(如 AdaBoost、Gradient Boosting 等)来结合多个弱学习器,从而构建更强大的集成模型。Stacking 是一种更为复杂的模型级数据融合方法,它通过将不同模型的预测结果作为新的特征输入,再训练一个元模型来做最终的预测。

3) 机器学习与统计学融合

应用机器学习算法(如支持向量机、随机森林、深度学习等)对历史数据进行训练,建立故障诊断模型,多源异构数据融合经典结构如图 5-14 所示。同时,使用统计学方法对数据的分布和趋势进行分析,为机器学习模型提供先验知识。

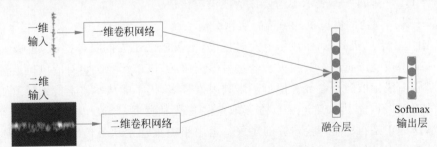

图 5-14　多源异构数据融合经典结构

总之,基于数据融合的冶风机故障诊断方法通过整合多种监测数据和分析技术,能够全面评估设备的健康状况,提前发现潜在的问题,并指导维护决策。

4) 基于粗糙集理论的融合

论域与概念:设 M 是研究对象组成的非空有限集合,称为论域。论域 M 的任一子集

$X \subseteq M$,称为论域 M 的一个概念。给定 1 个论域 M 和 M 上的一簇等价关系 T,称二元组 $K = (M, T)$ 是关于论域 M 的一个知识库。给定 1 个论域 M 和 M 上的一簇等价关系 T,若 $P \subseteq T$,且 $P \neq \varnothing$,则 $\cap P$ 仍然是论域 M 上的一个等价关系,称为 P 上的不可分辨关系。

在 RS 理论中,称四元组 $\mathrm{KR} = (M, A, V, f)$,是一个关系数据表(知识表达系统),其中,$M$ 为论域,即对象的非空有限集;A 为属性集,即属性的非空有限集。

给定知识库 $K = (M, T)$,则任意 $X \subseteq M$ 和论域 M 上的一个等价关系 $R \subseteq \mathrm{IND}(K)$,定义子集 X 关于知识 R 的下近似和上近似分别为

$$\underline{R}(X) = \{x \mid (\forall x \in M) \wedge ([x]_R \subseteq X)\} = \cup \{Y \mid (\forall Y \in M/R) \wedge (Y \subseteq X)\} \tag{5.20}$$

$$\begin{cases} \overline{R}(X) = \{x \mid (\forall x \in M) \wedge ([x]_R \cap X \neq \varnothing)\} = \cup \{Y \mid (\forall Y \in M/R) \wedge (Y \cap X \neq \varnothing)\} \\ \mathrm{bn}_R(X) = \overline{R}(X) - \underline{R}(X)\,\mathrm{pos}_R(X) = \underline{R}(X)\,\mathrm{neg}_R(X) = \overline{M} - \overline{R}(X) \end{cases}$$

$$\tag{5.21}$$

式中,$[x]_R$ 为对象 x 在等价关系 R 下的等价类,集合 $\mathrm{bn}_R(X)$ 称为 X 的 R 边界域;$\mathrm{pos}_R(X)$ 称为 X 的 R 正域;$\mathrm{neg}_R(X)$ 称为 X 的 R 负域。设 A 是知识表达系统的属性集,任意 $\alpha \subseteq A$,定义:$\mathrm{Mark}(\alpha) = \{0(\alpha$ 未被访问$), 1(\alpha$ 被访问$)\}$。

设 $D_T = (M, E \cup G, V, f)$ 是一个决策表,其中,论域是对象的一个非空有限集合 $M = \{x_1, x_2, \cdots, x_n\}$,$|M| = n$,则定义 $\boldsymbol{U}_{n \times n}$ 为决策表的差别矩阵:

$$\boldsymbol{U}_{n \times n} = (\boldsymbol{e}_{ij})_{n \times n} = \begin{bmatrix} e_{11} & e_{12} & \cdots & e_{1n} \\ e_{21} & e_{22} & \cdots & e_{2n} \\ \vdots & \vdots & \ddots & \vdots \\ e_{n1} & e_{n2} & \cdots & e_{nn} \end{bmatrix} \tag{5.22}$$

$$e_{ij} = \begin{cases} \{\alpha \mid (\alpha \in \mathbf{E}) \wedge (f_\alpha(x_i) \neq f_\alpha(x_j))\}, & f_G(x_i) \neq f_G(x_j) \\ \varnothing, & f_G(x_i) \neq f_G(x_j) \wedge f_E(x_i) = f_E(x_j) \\ -, & f_G(x_i) = f_G(x_j) \end{cases}$$

$$\tag{5.23}$$

其中,$i, j = 1, 2, \cdots, n$,"$-$"表示不需要该值或没有该值。

5. 基于数据融合的冶风机故障诊断实例分析

某矿山由于冶风机故障,污风不能及时排出,不仅威胁工人的身体健康,也极大影响正常生产,使矿山遭受严重的经济损失。经过科学调研后,该矿领导决定对冶风机运行状态进行远程控制,在线读取运行参数。但由于影响因素较多,仍不能从本质上找到导致故障的因素,故障的表现形式也很不确定,而且在读取这些参数时发现,导致相同故障时的运行参数很不一致,这些正是粗糙集理论研究的对象。运用粗糙集理论从各传感器监测的原始数据出发,对故障因素进行离散化处理,确定各条件属性的值,再依据故障决策属性建立风机故障诊断决策表。该矿山传感器监测的数据经过离散化处理后得到的风机故障诊断决策表,如表 5-9 所示。M 表示从监测的数据中随机选出的样本,即论域;$E = \{E_1, E_2, E_3, E_4\}$ 为条件属性,分别表示温度、电流、电压、转速 4 个监测参数,其中,E_1 和 E_2 的值域中 0、1 和 2 分别表示低于正常值、在正常值范围内、高于正常值;E_3 和 E_4 的值域中 0 和 1 分别表示正常值范围之外和正常值范围之内;G 为决策属性,其中 Y 表示风机正常工作,N 表示风机产生故障。

表 5-9 风机故障诊断决策表

M	E_1	E_2	E_3	E_4	G
1	0	0	0	0	N
2	0	0	0	1	N
3	1	0	0	0	Y
4	2	1	0	0	Y
5	2	2	1	0	Y
6	2	2	1	1	N
7	1	2	1	1	Y
8	0	1	0	0	N
9	0	2	1	0	Y
10	2	1	1	0	Y
11	0	1	1	1	Y
12	1	1	0	1	Y
13	1	0	1	0	Y
14	2	1	0	1	N

由表 5-9 可知，$IND(E) = \{\{1\},\{2\},\{3\},\{4\},\{5\},\{6\},\{7\},\{8\},\{9\},\{10\},\{11\},\{12\},\{13\},\{14\}\}$；$IND(G) = \{\{1,2,6,8,14\},\{3,4,5,7,9,10,11,12,13\}\}$。显然，$IND(E)$ 属于 $IND(G)$，所以该风机故障决策表是相容的，不是矛盾的。为获得风机故障决策表的所有约简，必须验证以下属性集合：$X_1 = \{E_1,E_4\}$，$X_2 = \{E_1,E_2,E_4\}$，$X_3 = \{E_1,E_3,E_4\}$。

(1) 对于属性子集 $X_1 = \{E_1,E_4\}$，因为 $IND(X_1) = \{\{1,8,9\},\{2,11\},\{3,13\},\{4,5,10\},\{6,14\},\{7,12\}\}$，由此得到 $posX_1(G)\{3,4,5,6,7,10,12,13,14\} \neq posE(G)$。所以，$X_1$ 不是该决策表的 G-约简。

(2) 对于属性子集 $X_2 = \{E_1,E_2,E_4\}$，因为 $IND(X_2) = \{\{1\},\{2\},\{3,13\},\{4,10\},\{5\},\{6\},\{7\},\{8\},\{9\},\{11\},\{12\},\{14\}\}$，由此得到 $posX_2(G) = M = posE(G)$。

因此，风机故障决策表的所有约简为 $REDE(G) = \{\{E_1,E_2,E_4\},\{E_1,E_3,E_4\}\}$。通过属性约简后得到的故障诊断决策表，如表 5-10 和表 5-11 所示。风机的运转速度和温度是判断风机故障的主要因素，但不能忽略供电设备电流和电压的变化对风机故障造成的影响。只有融合风机运转速度、温度以及电流或者电压等因素，才能提高故障诊断的准确率。这个结果与实际情况相符，验证了运用粗糙集理论和信息融合方法为风机故障进行诊断是一种切实可行的方法。

表 5-10 约简后故障诊断电流属性 X_2 决策表

M	E_1	E_2	E_4	G
1	0	0	0	N
2	0	0	1	N
3	1	0	0	Y
4	2	1	0	Y
5	2	2	0	Y
6	2	2	0	N
7	1	2	1	Y
8	0	1	0	N

续表

M	E_1	E_2	E_4	G
9	0	2	0	Y
10	2	1	0	Y
11	0	1	1	Y
12	1	1	1	Y
13	1	0	0	Y
14	2	1	1	N

表 5-11　约简后故障诊断电压属性 X_3 决策表

M	E_1	E_2	E_4	G
1	0	0	0	N
2	0	0	1	N
3	1	0	0	Y
4	2	0	0	Y
5	2	1	0	Y
6	2	1	1	N
7	1	1	1	Y
8	0	0	0	N
9	0	1	0	Y
10	2	1	0	Y
11	0	1	1	Y
12	1	0	1	Y
13	1	1	0	Y
14	2	0	1	N

5.4.2　基于信息融合的温度场工况分析

1. 信息融合在温度场控制中的应用前景

在智能选冶过程中,特别是在温度场的控制与监测中,信息融合技术显示出巨大的应用潜力。首先,选冶过程是一个复杂的工业流程,涉及多个环节和不同的物理化学反应。这些反应过程通常伴随着热量的释放或吸收,因此准确监测和控制温度场对于保证产品质量、提高生产效率以及确保设备安全至关重要。其次,信息融合技术可以处理不同类型的数据(如数值数据、图像数据、声音数据等),并能够从多个维度对温度场进行分析。

2. 选冶温度场工况分析常见方法

选冶过程通常涉及一系列复杂的物理和化学变化,这些变化往往伴随着能量的交换,因此温度场的控制显得尤为关键。精确的温度场分析对于保证产品质量、提高能效、降低对环境的影响以及确保生产安全至关重要。以下是一些常用的选冶温度场分析方法。

(1) 数值模拟分析。

数值模拟是利用计算机技术和数学模型来模拟实际的选冶过程,它可以根据热传导、热对流和热辐射的基本定律来预测温度场的分布。有限元方法(FEM)和有限差分法(FDM)是两种常用的数值模拟方法。通过建立精确的几何模型和边界条件,可以模拟矿物料在加工过程中的温度变化,从而优化炉子的设计、工艺参数和操作条件。

（2）实验测量与监测。

实验测量是直接在现场或实验室条件下对温度进行实时监测。使用不同类型的传感器，如热电偶、红外相机和光纤温度传感器等，可以收集温度数据。这些传感器应部署在关键位置，以获取整个选冶系统中的温度分布信息。所收集的数据可以用来验证数值模型的准确性或直接用于过程控制。

（3）热像仪分析。

热成像技术是通过捕捉物体表面发射的红外辐射来检测温度分布的一种无接触式测量方法。热像仪能够提供实时的二维温度图，有助于快速识别高温区域或热点，这对于预防设备过热和监控冶炼反应非常重要。

3．实例分析（基于信息融合的高炉料面温度场计算）

1）理论方法

高炉生产要求边缘煤气流有一定的强度，以减少炉料与炉墙之间的摩擦，防止炉墙结瘤等异常炉况的发生。但是高炉内部环境复杂，目前许多状态难以直接检测，采用的红外图像也不能反映整个料面的温度情况。对高炉内边缘热状态的判断缺乏有效的检测设备和方法。高炉炉墙结构如图 5-15 所示。

高炉料面中部温度场表征了高炉中部区域煤气流的发展状况，是现场操作人员最为关心的内容。通过料面中部温度场的测量可以知道高炉能否顺利运行，运行在什么样的热状态下，是否过热或是过凉，从而能够及时

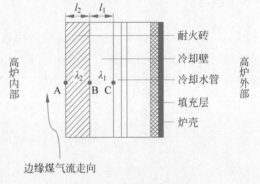

图 5-15　高炉炉墙结构

对炉况进行诊断，有效指导布料操作，保障高炉稳顺高效运行。目前，需获得的高炉料面温度场相关信息主要有以下 3 种。

（1）十字测温热电偶信息。

十字测温可以检测整个料面上方煤气流的温度。该算法的研究采用热力学原理计算，计算结果的不确定性主要来自炉墙辐射和煤气流的发展方向，而这两方面与料线深度关联很大。当料线深度较小时，对十字测温有辐射的炉墙面积较小，料面各点的煤气流在十字测温位置混合程度较小，因此根据十字测温计算料面温度的可信度较高。当料线深度较大时，炉墙辐射面积加大，料面煤气流在十字测温位置混合程度较大，因此根据十字测温计算料面温度的可信度较低。另外，根据十字测温计算料面温度也与相对位置有关，当料面温度较高的位置煤气流很旺盛时，会直接冲击十字测温梁壁，则测量的可信度较高。相反，料面温度较低，煤气流较弱，可能有一定的混合后再冲击十字测温点，则测量的可信度相对较低。

（2）炉喉处炉墙中的热电偶信息。

对于大型高炉，其热量传递方式均属于多层平板的稳定导热，这相当于一维平板稳定导热问题的串联叠加。因此，根据炉墙的结构及材料特性，采用热传导计算方法，通过炉墙热电偶检测值，可得到边缘温度估计值。

（3）边缘矿焦比。

料面对应点的矿焦比反映了高炉轴向矿石和焦炭的比例，该比例是决定整个高炉煤气

流分布的最重要的因素,因此它决定了料面温度分布必然趋势和各点温度的相对偏差。这种开环计算方法在计算精度上相对较差,可信度相对较低,但是它能够整体上反映料面不同点的温度发展趋势,具有一定的预测能力。

综上所述,3 种料面温度信息各有各的特点,分别从不同的角度计算了料面的温度分布。本实例采用集中式并行卡尔曼滤波方法,将上述 3 个检测信息进行融合,从而得到料面边缘点的准确温度。在集中式融合结构中,融合中心可以得到所有传感器传送来的原始数据。

2) 仿真实验

首先,将上述 3 种多源信息依次定义为 T_E^{CR},T_E^{WA},T_E^{OCR}。以料面边缘某点的温度值 T 为 k 时刻的状态方程中的状态 x_k,以三种检测方法的检测值 T_E^{CR},T_E^{WA} 和 T_E^{OCR} 为测量方程中 k 时刻的测量值 z_k^1,z_k^2,z_k^3,具体如式(5.24)和式(5.25)所示。

$$\begin{cases} x_{k+1} = \boldsymbol{A}_k x_k + w_k \\ z_{k+1}^i = \boldsymbol{H}_{k+1}^i x_{k+1} + \nu_{k+1}^i, \ i = 1,2,3 \end{cases} \tag{5.24}$$

式中,$\boldsymbol{A}_k$ 是在 $k+1$ 时刻边缘温度的状态转移矩阵;$\boldsymbol{H}_{k+1}^i$ 为第 i 个传感器在 $k+1$ 时刻的测量矩阵;w_k 和 ν_{k+1}^i 表示状态转移过程中的系统噪声和第 i 个传感器的观测噪声,根据温度变化的特点可以假定其是均值为零的白噪声序列,且满足式(5.25)。

$$\begin{cases} \mathrm{cov}(w_k, w_j) = Q_k \delta_{kj}, & Q_k \geqslant 0 \\ \mathrm{cov}(\nu_{k+1}^i, \nu_{j+1}^i) = R_{k+1}^i \delta_{kj}, & R_{k+1}^i > 0 \end{cases} \tag{5.25}$$

其中

$$\delta = \begin{cases} 1, & k = j \\ 0, & k \neq j \end{cases} \tag{5.26}$$

本节采用并行滤波集中式融合算法,首先令

$$\begin{cases} \boldsymbol{z}_{k+1} = [z_{k+1}^1, z_{k+1}^2, z_{k+1}^3]^T \\ \boldsymbol{H}_{k+1} = [\boldsymbol{H}_{k+1}^1, \boldsymbol{H}_{k+1}^2, \boldsymbol{H}_{k+1}^3]^T \\ \boldsymbol{\nu}_{k+1} = [\nu_{k+1}^1, \nu_{k+1}^2, \nu_{k+1}^3]^T \end{cases} \tag{5.27}$$

根据式(5.28),对应单一传感器量测方程得到融合中心的广义量测方程如下:

$$\boldsymbol{z}_{k+1} = \boldsymbol{H}_{k+1} x_{k+1} + \boldsymbol{\nu}_{k+1} \tag{5.28}$$

由式(5.25)及式(5.26)的已知条件可得

$$\begin{cases} E(\boldsymbol{\nu}_{k+1}) = 0 \\ R_{k+1} = \mathrm{diag}[R_{k+1}^1, R_{k+1}^2, R_{k+1}^3] \end{cases} \tag{5.29}$$

以式(5.24)为融合中心温度状态转移方程,以式(5.28)为融合中心温度广义测量方程。设已知融合中心在 k 时刻的边缘温度状态的融合估计为 $\hat{x}_{k|k}$,相应的误差协方差矩阵为 $\boldsymbol{P}_{k|k}$,则融合中心相对于 3 个单一计算方法的集中式融合过程采用卡尔曼滤波器的信息滤波形式,如式(5.30)和式(5.31)所示:

$$\begin{cases} \hat{x}_{k+1|k} = \boldsymbol{A}_k \hat{x}_{k|k} \\ \boldsymbol{P}_{k+1|k} = \boldsymbol{A}_k \boldsymbol{P}_{k|k} \boldsymbol{A}_k^T + Q_k \end{cases} \tag{5.30}$$

$$\begin{cases} \hat{x}_{k+1|k+1} = \hat{x}_{k+1|k} + \boldsymbol{K}_{k+1}(z_{k+1} - \boldsymbol{H}_{k+1}\hat{x}_{k+1|k}) \\ \boldsymbol{K}_{k+1} = \boldsymbol{P}_{k+1|k+1} \boldsymbol{H}_{k+1}^{\mathrm{T}} \boldsymbol{R}_{k+1}^{-1} \\ \boldsymbol{P}_{k+1|k+1}^{-1} = \boldsymbol{P}_{k+1|k}^{-1} + \boldsymbol{H}_{k+1}^{\mathrm{T}} \boldsymbol{R}_{k+1}^{-1} \boldsymbol{H}_{k+1} \end{cases} \tag{5.31}$$

式中:

$$\boldsymbol{R}_{k+1}^{-1} = \mathrm{diag}[(\boldsymbol{R}_{k+1}^1)^{-1}, (\boldsymbol{R}_{k+1}^2)^{-1}, (\boldsymbol{R}_{k+1}^3)^{-1}] \tag{5.32}$$

将式(5.27)和式(5.32)带入式(5.31)中的增益矩阵可得

$$\boldsymbol{K}_{k+1} = \boldsymbol{P}_{k+!|k+1}[(\boldsymbol{H}_{k+1}^1)^{\mathrm{T}}(R_{k+1}^1)^{-1}, (\boldsymbol{H}_{k+1}^2)^{\mathrm{T}}(R_{k+1}^2)^{-1}, (\boldsymbol{H}_{k+1}^3)^{\mathrm{T}}(R_{k+1}^3)^{-1}] \tag{5.33}$$

在将式(5.33)和式(5.27)带入式(5.31)中的滤波方程可得

$$\hat{x}_{k+1|k+1} = \hat{x}_{k+1|k} + \boldsymbol{P}_{k+1|k+1} \sum_{i=1}^{3} (\boldsymbol{H}_{k+1}^i)^7 (R_{k+1}^i)^{-1}(z_{k+1}^i - \boldsymbol{H}_{k+1}^i \hat{x}_{k+1k}) \tag{5.34}$$

将式(5.27)、式(5.33)和式(5.34)带入式(5.31)中的误差协方差矩阵的逆矩阵可得

$$\boldsymbol{P}_{k+1,k+1}^{-1} = \boldsymbol{P}_{k+1|k}^{-1} + \sum_{i=1}^{3} (\boldsymbol{H}_{k+1}^i)^{\mathrm{T}} (R_{k+1}^i)^{-1} \boldsymbol{H}_{k+1}^i \tag{5.35}$$

式(5.30)、式(5.34)和式(5.35)构成了基于集中式并行卡尔曼滤波融合料面边缘温度完整的递推方程组。

该递推方程组的初始条件 x 和 $\boldsymbol{P}$ 由高炉现场操作人员给定,可以证明随着卡尔曼滤波器的工作,x 会逐渐收敛,初始值并不重要。方程组中的状态转移矩阵 $\boldsymbol{A}$,描述了温度的发展速度,而料面边缘温度的发展速度与边缘的矿焦比 OCR 有关,定义 $\boldsymbol{A}$ 如式(5.36)所示:

$$\boldsymbol{A} = 1 + \frac{k}{\mathrm{OCR}}T \tag{5.36}$$

式中,T 为采样时间;OCR 为料面边缘矿焦比;参数 T 和 k 经过现场测量整定。本书采用的 3 种测量方法直接计算了料面边缘温度,因此测量矩阵 $\boldsymbol{H}$ 取单位阵 $\boldsymbol{I}$,过程噪声方差 Q_K 与 OCR 有关,测量方差 V_K^{CR}, V_K^{WA} 和 V_K^{OCR} 与料线深度有关。本书根据长时间现场统计确定不同 OCR 和不同料线深度时的过程噪声方程和测量方差。

综上所述,根据集中式并行卡尔曼滤波融合算法可以求解出高炉料面边缘某点的温度值,从而计算出高炉边缘温度场分布。这为判断料面边缘煤气流发展,诊断炉况,以及优化布料操作提供了指导。基于多源信息融合的高炉料面温度场计算方法为选冶生产过程的关键状态检测提供了新的有效手段,通过融合多源信息可以判断煤气流分布,提高高炉炉况诊断的准确性,为选冶过程优化提供坚实的技术基础。

第 6 章

无人驾驶多源异构信息

融合处理

6.1 引言

近年来,随着人工智能的快速发展,机器人技术也取得了长足进步。环境感知作为机器人领域的一项重要工作,逐渐变得越来越重要,这种重要性在自动驾驶汽车领域越发突出。在自动驾驶车辆中,多源异构信息融合是实现高精度感知和决策的关键环节,多源异构信息融合的作用在于综合这些不同传感器的数据,以获得比单一传感器更全面、更准确的环境感知能力,可以不断监测周围环境并快速做出反应,减少碰撞的可能性,有助于提高交通效率。

本章首先详细阐述了无人驾驶系统的发展现状及挑战,随后对无人驾驶系统的关键技术进行概述。最后,以无人驾驶系统的快速发展为背景,强调了信息融合在整个系统中的核心作用,分析了这些技术如何提升无人驾驶车辆对周围环境的感知和决策能力。

6.1.1 无人驾驶系统的发展现状

无人驾驶汽车,又称自动驾驶汽车,它可以在没有人类驾驶员的情况下,通过车载传感器、计算机系统、人工智能等技术实现自动驾驶和行驶。按照汽车智能化、自动化的发展进程,美国汽车工程师协会将智能汽车的发展分为手动驾驶、驾驶辅助、部分自动化、有条件自动化、高度自动化和完全自动化 6 个级别,如图 6-1 所示。按照汽车智能化分级的定义,L0级别的手动驾驶阶段车辆完全由驾驶员操控,控制系统只是实现驾驶员的操作行为;L1级别的驾驶辅助阶段,控制系统会根据当前的工况、车辆状态及驾驶员的意图对驾驶员的操作

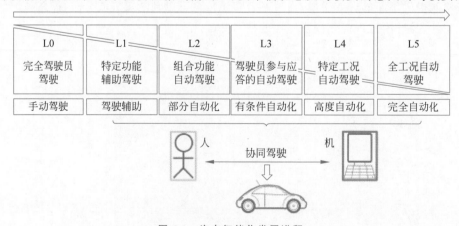

图 6-1　汽车智能化发展进程

进行辅助补偿,以提高车辆的性能,如车身电子稳定系统(Electronic Stability Program, ESP)可提高车辆转弯过程的安全性和操控性,此时控制系统具有了初步的智能;随着汽车驾驶智能化程度的不断提高,智能汽车逐步具有了自适应巡航、特定工况自动驾驶等更高级别的智能控制技术。

在一些封闭的环境如港口、矿山等,无人驾驶车辆也已经得到了应用。例如,中国的一些港口已经开始使用无人驾驶集装箱卡车进行货物运输,还有一些矿山开始使用无人驾驶矿车进行采矿作业。矿用卡车无人驾驶系统的研发和应用是矿山智能化的主要落地部分,我国矿山企业、高科技公司、设备厂家、通信公司等一起进行深度合作,共同研发矿山智能化系统,加速了我国矿区无人运输作业技术的发展,实现了对国外同类产品的弯道超车。在矿用卡车无人驾驶系统中,感知系统是矿用卡车无人驾驶系统的"眼睛",是提供系统决策的关键环节,也是决定无人驾驶系统成败的关键环节。

1. 国外发展现状

国外无人驾驶汽车技术正迅速发展,多国积极推动应用与立法。美国加州作为测试与创新的前沿,拥有众多公司开展路测,而欧洲则着重于制定智能驾驶政策框架。尽管技术成熟度、成本、数据安全等方面存在挑战,但无人驾驶汽车的应用仍在如 Robotaxi、无人递送车等领域取得了显著进展。全球范围内,无人驾驶汽车正在逐步走向商业化和规模化运营。以下举例说明国外无人驾驶汽车发展现状。

(1)谷歌。谷歌无人驾驶汽车是于 2009 年提出的,这一年谷歌公司把丰田普锐斯改装成首代无人驾驶汽车,使用车载 64 束激光雷达判断路面情况。发展到 2011 年,把勒克萨斯改装成了第二代无人驾驶汽车,增加了环境感知技术,提升了深度学习水平,开拓了车联网的有效运用。2012 年,谷歌得到了内华达无人驾驶汽车路测牌照,此为无人驾驶汽车里程碑。2014 年,谷歌公司更新了项目信息,同时发布了第三代无人驾驶汽车,此为谷歌公司自行研发出来的纯电动无人驾驶汽车,集中了谷歌自身的优势资源,进行了路测。2016 年,谷歌宣布创建无人驾驶汽车公司 Waymo,同时提出了 Pacifica 改造的概念车,宣布同本田公司一起研发 L 等级的完全自动驾驶技术。

(2)特斯拉。特斯拉是一家电动汽车制造商,同时也涉足无人驾驶技术的研发。特斯拉的 Autopilot 系统是其最著名的无人驾驶技术之一,目前已经应用于其生产的汽车中。特斯拉的目标是实现完全无人化的自动驾驶,并计划在未来几年推出商业化的无人驾驶服务。

2. 国内发展现状

我国整车制造公司启动转型,持续投资、花费人力研发测试无人驾驶汽车,同时将无人驾驶技术当成竞争的关键手段。相应地,互联网科技公司在无人驾驶方面有长期布局,不但培养了很多有关技术工作者,还在市场上获得了技术先锋,促进了无人驾驶汽车迅速发展。以下详细介绍国内无人驾驶汽车发展现状。

(1)宇通无人驾驶客车。2015 年,宇通客车推出的无人驾驶客车在河南郑开大道进行了开放道路测试,全程无人工干预首次成功运行。在无人干预下,中国第一台无人驾驶大客车成功运行,中国客车制造业取得了重大突破。

(2)阿里互联网无人驾驶汽车。2016 年,阿里巴巴与上汽集团合作,联合打造了阿里首辆互联网无人驾驶汽车,进入了无人驾驶汽车领域。

（3）"阿波龙"。2018年,百度和金龙客车合作共同开发了无人驾驶客车"阿波龙"。利用百度公司在图像处理和人工智能等方面的优势,这一车辆为L4级别,未曾配置方向盘与驾驶座,充电120min可以巡航100km。

（4）蔚来ES8。这是一款高性能纯电动SUV,座椅采用七座版2+3+2布局以及六座版2+2+2布局,车长超过5m,轴距超过3m。蔚来ES8由全铝合金车身和底盘打造,全系标配主动式空气悬挂,搭载前后双电机,采用四轮驱动。

总体来说,中国无人驾驶技术的发展处于全球前列,不仅在技术研发上取得了显著成果,而且在商业应用上也展现出多样化的趋势。随着技术的不断成熟和政策的支持,未来无人驾驶技术在中国的应用将会更加广泛和深入。

3. 关键技术概述

无人驾驶系统（Autonomous Driving System,ADS）,也常被称为自动驾驶系统或自主驾驶系统,指的是一种集成了先进的计算机视觉、传感器技术、人工智能和机器学习算法的复杂软硬件系统。它能够使汽车在没有人类驾驶员的情况下,进行自主的路径规划、导航、操控和决策,从而安全地在各种道路环境中行驶。无人驾驶车辆系统架构如图6-2所示,主要包含感知、决策、控制三个层面,有环境感知、导航定位、路径规划、运动控制等核心技术,相关层级逐步递进。

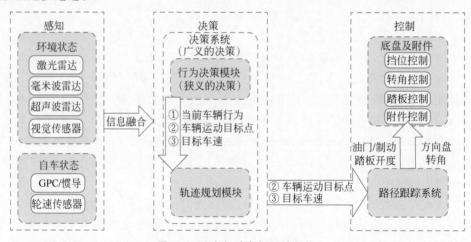

图6-2 无人驾驶车辆系统架构

1）环境感知

环境感知是无人驾驶汽车的关键和基础部分,无人驾驶汽车进行自动驾驶的前提是能够观察到前方和周围设施,以判别自己所处的状态。

环境感知技术在无人驾驶汽车上的应用主要可分为两部分:一部分是利用环境感知技术来感知外部环境,即利用具备综合能力的传感器搜集汽车外部的道路交通、天气、温度、行驶间距等数据,根据收集到的数据和传感器系统对其行驶环境做出建模分析,规划出合理的最优路径并进行障碍规避;另一部分是感知车辆位置,即通过视觉传感技术,利用倾角传感器等设备对汽车行驶中的初速度、加速度、位置、倾角等数据进行分析,使汽车能够更加平稳地行驶,提高汽车的行驶安全性和环境感知性。基于多模态传感器融合的自动驾驶感知任务如图6-3所示。

无人驾驶中视觉环境感知的主要应用包括目标检测和识别、深度估计、同时定位及地图

图 6-3　基于多模态传感器融合的自动驾驶感知任务

构建。通过传感器获得的环境图片一般需要经过图像预处理、特征提取和模式识别等一系列流程。

（1）图像预处理。

图像预处理技术可以消除图像中的噪声和无关信息，保留有用信息并增强其可检测性，同时简化数据，提高了特征提取、图像分割、匹配和识别的可靠性。该过程主要包括图像压缩、图像增强和恢复、图像分割等，如表 6-1 所示。

表 6-1　图像预处理技术

相关技术	特　点	常用方法
图像压缩	降低处理时间和内存需求	离散傅里叶变换压缩、离散余弦变换压缩、NTT（数论变换）压缩、神经网络压缩、小波变换压缩
图像增强	提高图像质量，消除图像噪声，以及增强图像清晰度	空域方法：图像灰度变换、直方图校正、空域平滑和锐化以及伪彩色处理等 频域方法：傅里叶变换、小波变换等
图像分割	将图像中的不同物体或不同区域分离，以便进行后续的目标检测、跟踪、识别等任务	阈值分割、区域分割、边缘分割，以及基于数学形态学、神经网络、遗传算法等特定理论的分割方法

（2）特征提取。

为了实现图像中目标的准确识别，必须进行特征提取并计算基于图像分割的特征值。在车辆识别中，关键在于迅速提取特征并实现精确匹配，特征提取技术如表 6-2 所示。

表 6-2　特征提取技术

分　类	特　点
边缘特征	图像局部特性的不连续性
外观特征	图像的边缘、轮廓、纹理、分散度和拓扑特征
统计特征	直方图特征、统计特征（如均值、方差、能量、熵等）以及描述像素相关性的统计特征（如自相关系数和协方差）
变换系数特征	傅里叶变换、霍夫变换、小波变换、Gabor 变换、Hadamard 变换、K-L 变换等
其他特征	像素灰度值、RGB、HSI 和光谱值

（3）模式识别。

基于提取的特征进行对象识别，该特征将感兴趣的对象与现有已知模式进行比较以确定其类别。基于所使用的特征,如形状特征、颜色特征、纹理特征等,物体识别方法可分为不同的类别。基于所使用的识别方法,可分为统计物体识别、结构物体识别、模糊物体识别、神经网络物体识别等。

2) 决策规划

在准确感知环境后,无人驾驶系统需要根据感知到的信息做出决策,并规划出一条安全的行驶路径。这涉及行为决策和路径规划两部分,系统需要预测其他道路使用者的行为,并在此基础上规划出最优的行驶路线。

路径规划在无人驾驶系统中扮演着至关重要的角色,旨在确定车辆在道路网络中的最佳行驶路径,以实现安全、高效、符合交通规则的导航。自动驾驶汽车的路径规划技术主要借鉴了机器人领域的研究成果,通常划分为全局路径规划和局部路径规划两个阶段,如表 6-3 所示。全局路径规划根据车辆当前位置和交通元素信息,从路网中选择一条最优路线到达目的地;然而,当行驶环境发生变化时,必须通过局部路径重规划来生成车辆的局部行驶轨迹。

表 6-3　路径规划相关内容

分　　类	基　本　原　理	常　用　方　法
全局路径规划	基于图搜索算法,其中地图被抽象为图,节点代表可行驶的位置,边代表连接这些位置的路径。在给定全局路径的情况下,根据车辆当前状态和环境中的障碍物信息,生成一条安全可行的、即时响应的路径	Dijkstra 算法、A* 算法、最小生成树算法、快速探索算法
局部路径规划	局部路径规划通常在全局路径规划的基础上进行,使车辆能够在实时环境中进行避障和调整,以适应动态变化的情况	光栅法、演化算法、深度学习方法

值得注意的是,行为决策系统在无人驾驶汽车中扮演着狭义的决策角色。它根据感知层输出的实时数据,快速而准确地判断出当前车辆应该采取的行为。例如,是否需要加速、减速、变道或停车等。这些决策不仅关系到车辆自身的安全,还直接影响到道路上的其他车辆和行人的安全。行为决策系统确定了合适的驾驶行为后,它还需要指导轨迹规划模块进行路径和车速的规划。

导航和定位在无人驾驶汽车中至关重要。导航技术主要是确定无人驾驶汽车在运动规划中的速度和方向。定位技术主要是确定无人驾驶汽车在周围环境中所处的位置,以便进行路径规划。路径规划指无人驾驶汽车对环境、路况、天气及其他因素进行测定,通过汽车系统规划出汽车从起点至终点以精确的位置、安全的障碍规避、最快的速度到达目的地的最优通行路径,提高汽车的安全驾驶性能。

最后,通过将这些信息发送给车辆的控制系统,无人驾驶汽车能够获得明确的行驶指令,从而精确地控制油门、刹车、转向等执行机构,确保车辆按照预定的轨迹和速度安全行驶。因此,无人驾驶行为决策系统是整个无人驾驶汽车系统的核心,它为汽车的自动驾驶提供了智慧的大脑和可靠的指导。

3) 控制执行

根据决策规划系统的输出,控制执行系统负责将车辆的转向、加速和制动等操作指令转化为实际的动作,确保车辆按照规划的路径安全行驶。

无人驾驶车辆控制是一个精细且复杂的模块,它不仅控制着自动驾驶汽车在不同情境和环境下的行为,还指导着汽车的决策和动作。在这一过程中,无人驾驶汽车首先通过各种传感器感知周围的环境,获取详尽的道路、交通、障碍物等信息。然后,结合高精度地图和定位系统,进行路径规划和导航决策。一旦决策完成,执行器控制和执行机构便开始工作,精确地操控汽车的油门、刹车、转向等,使汽车能够按照预定的路径安全、稳定地行驶。

由于无人驾驶汽车具有稳定性低、时延大、高度非线性等复杂特性,再加上其耦合动力学结构也较为复杂,因此,研究更为稳定高效的控制算法并将其应用于无人驾驶汽车模型的优化具有重要意义。无人驾驶的控制分为横向控制和纵向控制,具体原理及常用方法如表 6-4 所示。

表 6-4　横向控制和纵向控制的基本原理和常用方法

分　类	基 本 原 理	常 用 方 法
横向控制	通过车载传感器感知道路环境,结合全球定位系统(GPS)获取汽车的位置信息与参考路径,并在特定控制方式的逻辑运算下得出最优的参考行驶路径	PID 算法、BP 神经网络、MPC 算法
纵向控制	核心在于提高无人驾驶汽车行驶过程的安全性和稳定性,以进一步提升乘客的行车体验和出行品质	直接式控制、分层式控制

与传统无人汽车控制系统相比,无人驾驶汽车的控制系统更加精密和高效。这不仅因为它需要处理更多的传感器数据和执行更多的复杂操作,还因为它必须应对各种突发情况和不可预测的环境变化,如复杂的地形和地貌、粉尘干扰等。因此,无人驾驶车辆控制是无人驾驶汽车中至关重要的组成部分,它直接关系到汽车的安全性、稳定性和可靠性。

4. 无人驾驶系统面临的挑战

目前,无人驾驶系统的发展已经进入了一个新的阶段,这一阶段的无人驾驶车辆通常配备有高精度的地图、多种类型的传感器以及强大的车载计算平台,这些设备和技术的结合使得车辆能够实现对环境的高精度感知和快速决策。以下对无人驾驶系统面临的无人驾驶汽车技术方面的挑战、提高汽车的视觉能力、复杂的路况、通信和网络技术的安全可靠、消费者对无人驾驶汽车的态度、无人驾驶汽车可靠性和法律法规等多个方面挑战进行介绍。

(1) 无人驾驶汽车技术方面的挑战:无论是何种程度的无人驾驶,感知都是必不可少的步骤。只有通过感知车辆行驶过程中其周围的路况环境,才能在此基础上做出相应的路径规划和驾驶行为决策。目前,感知所用的传感器各有优缺点,很难找到一种能够适应各种环境的传感器器件。例如,激光雷达对雨雾的穿透能力受到限制,对黑颜色的汽车反射率有限;毫米波雷达对动物体的反射不敏感;超声波雷达的感知距离与频率受限;摄像头本身靠可见光成像,在雨雾天、黑夜的情况下其灵敏度会有所下降。

(2) 提高汽车的视觉能力:无人驾驶汽车不仅需要识别周边的其他车辆,还必须能够在各种环境下检测周围的车道、行人、交通标志等一系列相关因素,而当处于雨雪天等恶劣的环境中时,无人驾驶汽车可能无法精确识别周围环境中的相关因素,难以进行判断和决策。

(3) 复杂的路况:不同国家的路况,甚至一个国家的不同城市、不同地区的道路状况会存在一定程度的差异,以更好的技术手段应对不同的道路状况,并且解决相应的问题,是未来无人驾驶汽车所面临的挑战之一。

（4）通信和网络技术的安全可靠：无人驾驶系统需要与道路基础设施和其他车辆进行通信，以便获取实时信息和协调行动。然而，目前的通信和网络技术还无法保证在所有情况下都能提供可靠和高效的数据传输，尤其是在高速度和复杂的道路环境中。

（5）消费者对无人驾驶汽车的态度：许多消费者可能对无人驾驶技术缺乏深入的了解，包括其工作原理、技术特点以及限制等。这可能导致消费者对无人驾驶系统的能力产生误解，对其安全性和可靠性产生担忧。

（6）无人驾驶汽车可靠性和法律法规：目前各国对无人驾驶的法规标准和监管要求不尽相同，缺乏统一的国际标准。这给无人驾驶系统的研发、测试和部署带来了很大的困难，也增加了跨区域推广的难度。在无人驾驶的情况下，一旦发生交通事故，责任划分会变得比较复杂。

6.1.2 信息融合在无人驾驶系统中的作用及意义

信息融合在无人驾驶系统中具有重要作用和意义，是实现无人驾驶系统感知、决策和控制的关键技术之一，它从不同类型的传感器和信息源获取数据，然后将这些数据结合在一起，以创建一个更完整、更准确的环境感知模型。

信息融合在无人驾驶系统中的作用主要内容包含以下几方面。

1. 提高无人驾驶环境感知准确性

无人驾驶通过高精度的感知技术，可以更加准确地获取车辆周围的环境信息，包括障碍物、交通信号、道路状况等。无人驾驶车辆在复杂路况环境下，需要依赖大量传感器来采集路况信息。不同类型的传感器在不同的道路环境下有其独特的优势，例如，雷达在恶劣天气下的性能较好，而摄像头则能够更好地识别交通标志和行人。信息融合技术通过整合这些不同传感器的数据，可以提供更准确和全面的路况信息。

2. 增强无人驾驶规划决策可靠性

信息融合技术分为数据级融合、特征级融合和决策级融合 3 个层次。数据级融合将多个传感器的原始观测数据直接进行融合，特征级融合则是在提取了数据的特征之后进行融合，而决策级融合则是在更高层面上对多个传感器的信息进行综合分析和处理。

无人驾驶系统通过精确的感知技术获取车辆周围的环境信息，并根据这些信息做出相应的决策，控制车辆的行驶。通过增强决策的可靠性，无人驾驶系统能够更加准确地判断各种情况，采取合理的控制措施，从而减少事故风险，提高道路安全性。

3. 提高无人驾驶安全性

多传感器信息融合系统的功能模型描述了信息融合的主要功能和组成部分之间的相互作用过程。结构模型则从系统的角度出发，展示了如何构建一个有效的信息融合系统。这些模型的研究和应用有助于提升无人驾驶系统的整体性能。信息融合可以用于实现对无人驾驶系统的安全监测和管理，通过整合来自各种传感器的监测数据，实时监测车辆的安全状态。

4. 优化无人驾驶核心算法应用

优化算法可以帮助无人驾驶系统更高效地规划行驶路径，避开障碍物和拥堵路段，提高行驶速度和效率。通过实时获取交通信息和路况数据，无人驾驶系统能够动态调整路径规划，确保安全、高效地到达目的地。在决策控制方面，优化算法能够使无人驾驶系统更快速地做出判断和决策,根据实时环境信息调整车辆速度、转向等操作,确保行驶安全和舒适性。通过大量的训练和模拟,无人驾驶系统能够逐步优化控制参数和策略,提高对未知环境的适应性和鲁棒性。在无人驾驶感知模块中,传感器融合已经成为标配。

多源异构信息融合直接提升了无人驾驶系统的安全性。在自动驾驶中,决策系统必须能够快速准确地识别和响应周围环境中的潜在危险。例如,一个行人突然穿越道路,或者前方车辆紧急制动,如果仅依赖单一信息源,系统可能无法及时识别这些情况,或者可能由于误报而做出错误的反应。通过整合多个传感器的数据,系统可以对这些情况有更好的理解,从而做出更安全的驾驶决策。多源异构信息融合可以提高无人驾驶系统的鲁棒性,任何单一传感器都可能失败或受到干扰,如果系统完全依赖这个传感器,那么它的可靠性就会大打折扣。通过融合多个传感器的数据,即使某个传感器发生故障,系统也可以依靠其他传感器的信息来维持正常运作。多源异构信息融合能够通过结合 GPS、惯性导航系统(INS)和其他地面标志的数据,提供更为精确的车辆定位信息。

6.2 无人驾驶系统多源异构信息融合

在智能车辆研究中,多传感器信息融合已成为一个热点领域。其主要优势在于通过同时采集多个传感器的数据,弥补单一传感器的局限性和不稳定性,从而提高信息的全面性和准确性。自动驾驶感知技术所采用的传感器主要包括摄像头、激光雷达和毫米波雷达等,这些传感器各有优缺点,也互为补充,如何高效地融合多传感器数据,也就自然地成为感知算法研究的热点之一。多传感器信息融合可根据融合的层次不同分为决策层融合(后融合)、特征层融合和数据层融合(前融合)3 个层次。对 3 种传感器融合方法进行对比分析,如表 6-5 所示。

表 6-5 多传感器融合方法对比

融合方法	融合层次	算力需求	通信宽带	融合难度	抗干扰能力
数据层融合	低层次	高	高	最难	最弱
特征层融合	中间层次	中	中	中等	中等
决策层融合	高层次	低	低	一般	最强

决策层融合相比数据层融合和特征层融合,其算力需求和通信带宽要求都较低,融合难度一般,但抗干扰能力较强。决策层融合方法能够有效提高无人驾驶车辆环境感知系统在面临雨天、夜晚等复杂环境时感知环境的能力,复杂环境下降低对行驶环境中障碍物检测的漏检率。

在多传感器融合中,相机与激光雷达融合、毫米波雷达的融合是常见且重要的方法,这些融合方法能够充分利用多传感器的优势,提高环境感知系统在复杂环境下的准确性和鲁棒性,为无人驾驶车辆提供更可靠的环境感知能力,下面将详细介绍相机与激光雷达、毫米波雷达等的信息融合。

6.2.1 相机与激光雷达的信息融合

相机与激光雷达的信息融合策略旨在充分利用相机和激光雷达各自的优势,提高目标检测和定位跟踪的精度和鲁棒性。相机提供丰富的二维图像信息,可以捕捉目标的外观、纹理和形状等特征；激光雷达则提供准确的三维点云数据，能够提供目标物在空间中的准确位置和距离。

1. 相机与激光雷达的特点

摄像头产生的数据是 2D 图像，对于物体的形状和类别的感知精度较高。深度学习技术起源于计算机视觉任务，很多成功的算法也是基于对图像数据的处理，因此目前基于图像的感知技术已经相对成熟。图像数据的缺点在于受外界光照条件的影响较大，很难适用于所有的天气条件。现阶段运用于无人驾驶车辆的相机主要有单目相机、双目相机和深度相机，其中单目相机运用最为广泛也更具成本优势。不同类型的相机如图 6-4 所示。

(a) 单目相机 (b) 双目相机 (c) 深度相机

图 6-4 不同类型的相机

激光雷达是一个 3D 传感器，输出一组点云；每个都有一个 (X,Y,Z) 坐标，可以在 3D 数据上执行许多应用。根据结构的不同，激光雷达分为机械激光雷达和固态激光雷达，机械激光雷达中有旋转的机械部件。不同类型的激光雷达如图 6-5 所示，它们通过激光扫描器和距离传感器获取目标表面形态，激光脉冲发生器周期性地发射激光脉冲，经目标物体反射后由接收透镜接收，通过计时电路与时间测量电路进行距离计算。

激光雷达在一定程度上弥补了摄像头的缺点，可以精确地感知物体的距离，但是限制在于成本较高，车规要求难以满足，因此在量产方面比较困难。同时，激光雷达生成的 3D 点云比较稀疏（如垂直扫描线只有 64 或 128），对于远距离物体或者小物体来说，反射点的数量会非常少。

(a) 机械激光雷达 (b) 固态激光雷达

图 6-5 不同类型的激光雷达

图像数据和点云数据存在着巨大的差别，如图 6-6 和表 6-6 所示，是从视角和数据结构两方面进行的阐述。

(a) 图像数据 (b) 点云数据

图 6-6 图像数据与点云数据

表 6-6　图像数据与点云数据的区别

	图 像 数 据	点 云 数 据
排序	有序	乱序
数据结构	有规则	无规则
数据类型	离散	连续
维度	2D	3D
数据特点	稠密	稀疏
分辨率	高	低

2. 信息融合技术

随着深度学习的不断发展,自动驾驶环境感知的多传感器信息融合技术中特征级融合、决策级与特征级融合、基于 Transformer 的传感器融合逐渐成为主流方法。

(1) 特征级融合是对多传感器数据融合后,进行数据特征的提取,该操作也通常称为中级融合。特征级数据融合以一个单位特征量的形式输出,相比数据级的数据,特征级把数据融合后还要进行关键特征提取工作。特征层融合原理如图 6-7 所示。

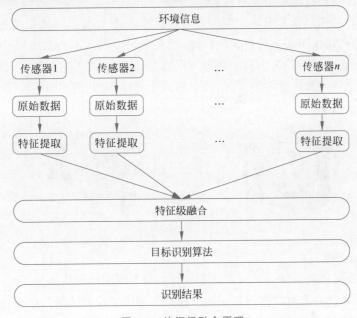

图 6-7　特征级融合原理

(2) 特征级与决策级融合的主要思想是首先通过一种数据生成物体的候选框 (Proposal)。如果采用图像数据,那么生成的就是 2D 候选框,如果采用点云数据,那么生成的就是 3D 候选框。然后将候选框与另外一种数据相结合来生成最终的物体检测结果(也可以再重复利用生成候选框的数据)。这个结合的过程就是将候选框和数据统一到相同的坐标系下,可以是 3D 点云坐标(如 F-PointNet),也可以是 2D 图像坐标(如 IPOD)。

(3) 基于 Transformer 的相机与激光雷达融合是一种利用 Transformer 模型进行信息融合的方法。Transformer 是一种强大的注意力机制模型,广泛应用于自然语言处理和计算机视觉领域,在相机与激光雷达融合中,Transformer 可以用于将相机和激光雷达数据进行特征提取和融合。

多传感器数据融合领域展示了 Transformer 架构的强大潜力,特别是在处理复杂的时空数据和不同模态数据融合问题时。通过引入新颖的查询机制、去噪技术和注意力模块,数据融合的准确性提高了,训练过程也加快了,为自动驾驶系统的发展提供了新的技术路径。

6.2.2 相机与毫米波雷达的信息融合

相机和毫米波雷达在目标检测和识别方面具有互补优势。相机可以提供目标的外观特征和细节信息,有利于目标的分类和识别。毫米波雷达则能够提供目标的运动信息,如距离和速度,有助于目标的跟踪和定位。通过信息融合,可以综合利用相机和毫米波雷达的信息,提高目标检测和识别的准确性和鲁棒性。通过综合分析相机和毫米波雷达的数据,可以更好地理解道路情况、检测障碍物、预测目标行为等,从而做出更准确、及时的决策。

1. 毫米波雷达的特点

毫米波雷达能够探测目标的距离、速度信息,且不受光照条件的影响,同时在雨天、雪天和多雾的天气条件下也具备一定的抗干扰性,具有较短的波长,因此具有较高的空间分辨率,使其能够更准确地检测和定位目标,尤其对于小尺寸目标的探测效果更好,但不能直接反映目标形状、色彩等信息。毫米波雷达点云数据的稀疏性,使其不能像激光雷达一样生成密集的点云数据与相机图像进行密切的匹配,所以毫米波雷达与相机的融合研究相较于激光雷达和相机融合发展得较为缓慢。此外,激光雷达和毫米波雷达发射方式也不同,激光雷达是射线发射,毫米波雷达是锥形发射,数据格式也完全不同。常用的毫米波雷达如图 6-8所示。

图 6-8　毫米波雷达

2. 信息融合技术

一般来说,数据层融合是毫米波雷达和摄像机检测到的数据的融合,具有最小的数据丢失率和最高的可靠性。决策层融合是毫米波雷达和摄像机检测结果的融合。特征层融合要求提取雷达特征信息,然后将其与图像特征进行融合。

(1)数据层融合是一种成熟的融合方法,目前还不是主流的研究趋势,然而其融合不同传感器信息的想法仍然值得借鉴。数据层融合基于雷达点生成感兴趣区域(ROI),然后根据 ROI 提取视觉图像的相应区域,最后使用特征提取器和分类器对这些图像进行目标检测。随着深度学习的发展,已开始使用神经网络进行目标检测和分类。数据层融合如图 6-9 所示。

(2)决策层融合目前是一种流行的数据融合手段。雷达在测量物体纵向距离方面表现出色,而视觉传感器则在水平视野方面具有优势。通过决策层融合,可以结合两者的长处,最大化地利用感知数据。然而,决策层融合算法面临的主要挑战在于建立两种传感器检测数据的联合概率密度函数,这一难点源自两种数据各自的噪声特性的差异。决策级别的融合过程主要分为两大步骤:感知数据处理和决策信息的融合。决策层融合如图 6-10 所示。

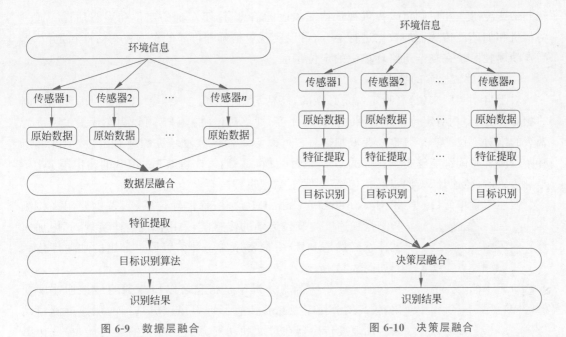

图 6-9　数据层融合　　　　　　　　图 6-10　决策层融合

（3）特征层融合是一种在相机和毫米波雷达信息整合领域中新近展现的技术。在这种技术中，通常会采用一个额外的雷达信息输入分支。基于卷积神经网络（CNN）的目标检测模型，已被证实可以有效地提取和学习图像特征。通过将雷达数据转换为图像格式，这些检测模型能够同时处理和学习来自雷达和视觉的特征信息，从而达到特征层面的融合。在实施特征层融合时，挑选适宜的雷达特征表示形式成为关键一环。我们可以考虑点表示、体素表示或提案表示等多种方法。此外，激光雷达中有效的特征提取技术是否可移植至毫米波雷达也是一个值得探讨的问题，尤其是考虑到两者均可视为点云数据。另一个挑战是如何高效地协同两种不同模态的数据。随着雷达表征能力的不断增强，我们也在积极寻求多阶段的融合策略，这可能包括但不限于引入先验信息以增强模型的预测能力。这样的多维度融合方法有望在自动驾驶系统中发挥关键作用，提升整体的感知和决策效率。

（4）基于 Transformer 的数据融合方法最近逐渐成为主流。Su 等提出的 TransCAR 由两个模块组成。第一个模块从环绕视图相机图像中学习 2D 特征，然后使用一组稀疏的 3D 对象查询来索引到这些 2D 特征。接着，视觉更新的查询通过 Transformer 自我注意层相互交互。第二个模块从多次雷达扫描中学习雷达特征，然后应用 Transformer 解码器学习雷达特征与视觉更新查询之间的交互。Transformer 解码器内部的交叉注意层可以自适应学习雷达特征与视觉更新查询之间的软关联，而不是只基于传感器标定的硬关联。最终，该模型采用一种集对集的匈牙利损失函数来精确估计每个查询的边界框，这一独特的方法使得 TransCAR 能够有效地规避非最大抑制（NMS）的需求，进一步提升数据融合的准确性和效率。这项工作不仅展示了 Transformer 在多传感器数据融合中的巨大潜力，同时也为自动驾驶系统中的对象检测与定位提供了一种新的解决思路。

6.2.3　相机与加速度传感器的信息融合

在自动驾驶中，加速度传感器可以提供车辆的姿态和运动状态信息，如车辆的倾斜、旋转和加速度等。相机则可以提供视觉特征和地标信息，用于车辆的定位和姿态估计。通过将相机和加速度传感器的数据进行融合，可以实现更精确和可靠的车辆姿态估计和定位，提高自动驾驶系统在复杂道路环境中的定位精度。

1. 加速度传感器的特点

对于自动驾驶来说，高精定位是必须的，高精定位有两层含义：①车辆与周围环境之间的相对位置，即相对定位；②车辆的精确经纬度，即绝对定位。GPS可以为车辆提供精度为米级的绝对定位，差分 GPS 或者 RTK GPS 可以为车辆提供厘米级的绝对定位，但并非所有路段所有时间都能够得到良好的 GPS 信号。所以一般需要将 RTK GPS 的输出与 IMU、车身传感器（轮速计、方向盘转角传感器等）的数据进行融合。

惯性测量单元（Inertial Measurement Unit，IMU），俗称惯性传感器，是主要用来检测和测量加速度与旋转运动的传感器，采用惯性定律实现，其中加速度传感器就是 IMU 中最常用的一种传感器。常用的加速度传感器如图 6-11 所示。

加速度传感器的分辨率是指它可以检测到的最小加速度变化，较高的分辨率意味着传感器可以提供更精细的加速度测量结果。加速度传感器在尺寸和功耗方面具有不同的变体，一些传感器较小，适合于嵌入式应用和移动设备。加速度传感器需要具备

图 6-11　加速度传感器

高精度、稳定性、宽广的测量范围、高频率响应、低延迟和快速响应、抗振动和抗干扰能力。这些特点可以确保传感器能够提供准确、实时、可靠的加速度数据，以支持自动驾驶系统的感知、决策和控制功能。

2. 信息融合技术

在导航系统中，我们想要估计传感平台的 6 个自由度（DOF）位姿（方向和位置）。IMU因其体积小、重量轻、成本低而被广泛应用于导航系统，它能够测量以高频刚性连接的传感平台的三轴角速度和线性加速度。然而，仅使用 IMU 的导航系统会因 IMU 测量与偏差和噪声的集成而产生无界误差，并且无法为长期导航提供可靠的位姿估计，因此需要额外的传感器来克服这个问题。

尽管视觉 SLAM（VSLAM）系统在计算资源需求上变得更加高效，且其精度得到持续提升，但其在数据更新速率较慢和高速运动条件下测量精度显著降低等方面的固有局限性依旧存在。这些缺陷导致在处理动态障碍物时，VSLAM 系统难以满足无人驾驶系统在动态环境下对敏捷机动性和迅速响应的严格要求。惯性测量单元（IMU）以其高数据更新率、良好的动态响应性能以及能够区分角运动和直线运动的能力而受到青睐。IMU 与视觉传感器的数据具有互补性，因此，将 IMU 集成到 VSLAM 系统中，形成的惯性视觉 SLAM 系统能显著提升原有 VSLAM 系统的测量频宽和抗干扰性，从而在动态环境中表现出更强的鲁棒性。目前，这种惯性视觉 SLAM 的研究已经成为 VSLAM 技术发展中的一个关键焦点。

6.2.4　相机、激光雷达、毫米波雷达与定位装置的信息融合

相机、激光雷达和毫米波雷达可以提供不同类型的感知信息，相机能够提供高分辨率的图像，用于识别和检测道路标志、车辆、行人和障碍物等；激光雷达通过激光束扫描周围环

境,可以获取物体的距离和形状信息;毫米波雷达则可以提供物体的距离、速度和运动方向等信息。通过相机、激光雷达和毫米波雷达的信息融合,可以实现更全面、准确的环境感知,提高对车辆周围环境的理解和检测能力。自动驾驶车辆传感器如图 6-12 所示。

图 6-12　自动驾驶车辆传感器

（1）传感器数据融合。通常采用滤波器(如卡尔曼滤波器、扩展卡尔曼滤波器或无迹卡尔曼滤波器)来融合传感器的测量数据。滤波器可以根据传感器的测量噪声和系统模型,估计最可能的车辆状态和位置。例如,卡尔曼滤波器是一种常用的线性滤波器,适用于具有高斯噪声的线性系统。而扩展卡尔曼滤波器和无迹卡尔曼滤波器则适用于非线性系统和非高斯噪声。传感器数据融合还可以通过权重分配的方式,将不同传感器的数据进行融合。权重可以根据传感器的精度、可靠性和环境条件进行动态调整。例如,在恶劣天气条件下,相机的性能可能会下降,此时可以降低相机数据的权重,增加激光雷达和毫米波雷达数据的权重。

（2）特征融合。特征融合是自动驾驶系统中的关键环节,它涵盖了特征提取、特征匹配和特征融合 3 个核心步骤。在特征提取阶段,系统从各种传感器的原始数据中精确地识别并提取关键信息,如相机捕获的图像中的边缘、角点和纹理特征,激光雷达的点云数据特征,以及毫米波雷达探测到的目标反射特征。接着,在特征匹配阶段,利用高级算法,如最近邻匹配和随机抽样一致性(RANSAC)算法,将不同传感器提取出的特征进行精确关联,从而在多个视角中建立起物体的统一表征。最终,在特征融合阶段,匹配的特征被综合起来,以实现对物体更精确的检测和跟踪。

（3）姿态融合。姿态融合是将相机、惯性测量单元(IMU)和其他传感器提供的姿态信息进行融合的过程。相机可以提供车辆的俯仰、横滚和偏航角等姿态信息,IMU 可以提供车辆的加速度和角速度信息。通过融合相机和 IMU 的姿态信息,可以实现更准确和稳定的姿态估计。

（4）地图融合。激光雷达和定位装置(如 GPS 和惯性导航系统)常用于地图构建和车辆定位。地图融合是将激光雷达扫描的地图与定位装置提供的位置信息进行融合,以实现车辆在地图中的定位和导航。

6.3 多源异构信息融合在无人驾驶定位系统中的应用

在无人驾驶技术的快速发展中,定位系统的准确性和鲁棒性对于实现安全、高效的自主导航至关重要。本节将深入探讨多源异构信息融合在无人驾驶定位系统中的应用,旨在解决定位系统面临的挑战,提高定位的准确性和可靠性。

6.3.1 GPS 和惯性导航融合定位

在无人驾驶领域,GPS 和惯性导航被广泛应用,并且通过它们的融合,各自的局限性能被克服,可实现更为可靠和准确的定位。

1. GPS

由于多种因素的影响,手机的定位精度相对较低,通常在 6~8m 的范围内波动。车载 GPS 的精度稍有提升,可达到 3~4m,然而,这些精度仍无法满足无人驾驶车辆对定位的高精度要求。为解决这一问题,卫星实时动态差分技术成为关键。该技术利用差分原理,通过多个卫星向基准站发送信号,基准站具有已知的准确位置坐标。基于这些信息,计算出基准站到卫星的距离修正数,随后用户实时接收这些修正数以纠正可能存在的定位误差,如图 6-13 所示。通过卫星实时动态差分技术,能够显著提高无人驾驶车辆的定位精度。

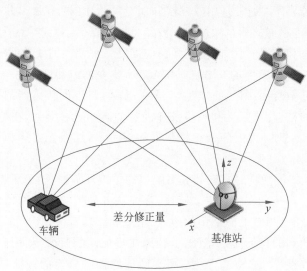

图 6-13 卫星实时动态差分技术

尽管差分技术被用来校正定位系统中的误差,但它并不能完全消除接收机固有误差。根据实际应用,差分技术可以分为实时差分和事后差分两种,而根据差分改正数的性质,又可分为位置差分和距离差分两种。通常,我们采用以下两种主要的距离差分方法进行观测。

(1)伪距差分:利用多个卫星向基站和接收站发送测距码信号,通过在多个位置之间比较这些信号,从而消除误差。

(2)载波相位差分:载波相位是指系统在一个周期的振动或波动中的相对位置,其波长是固定的。在进行载波相位差分时,系统需要估计载波相位的整个振动周期,因此需要固定整数个振动周期,这被称为整周模糊度。

2. 惯性导航系统

惯性导航系统由陀螺仪和加速度计两大敏感器件组成。按照物理平台的有无,可分为平台式和捷联式两种系统。平台式惯性导航系统由三轴陀螺稳定平台和加速度计平台构成,其结构如图 6-14 所示。

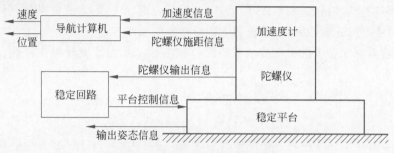

图 6-14　平台式惯性导航系统结构

在平台式惯性导航系统中,陀螺平台被用于在惯性空间中稳定模拟地心惯性坐标平台,而加速度计平台则模拟地理坐标平台。与平台式结构相比,捷联式惯性导航系统无须依赖物理稳定平台,其结构如 6-15 所示。捷联式惯性导航平台的功能由导航计算机中的方向余弦矩阵代为实现。在这一系统中,惯性器件被安装在载体上,在载体运动中采集 3 个坐标轴方向的速度和加速度信息,然后将这些信息传输给计算机的方向余弦矩阵进行坐标变换。

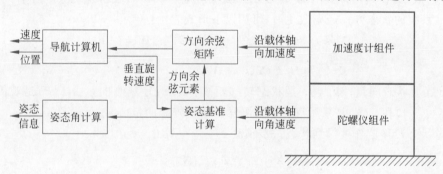

图 6-15　捷联式惯性导航系统结构

惯性导航系统也存在缺点,惯性测量单元所需的各轴的角速度和加速度输出数据会因为积分求解而产生轨迹的偏移,并且随着时间的积累导致定位误差变大,这将花费大量的时间去校正才能满足长时间工作的需求。为了应对上述问题,引入了行人航位推算(Pedestrian Dead Reckoning,PDR)技术,其结构如 6-16 所示。PDR 通过检测步态、估计步长和方向的方式来跟踪行走路径,并在每一步之后更新位置信息。这样一来,PDR 能够将本来呈指数增长的误差降低到线性增长的水平。

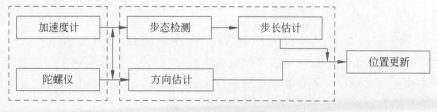

图 6-16　PDR 结构

PDR 技术主要存在的挑战在于其对行人运动方式的多方面假设，这使得在处理动态变化的外部环境时显得较为困难。

3. GPS 和惯性导航系统融合定位

将 GPS 和惯性导航进行融合成为提高无人驾驶定位系统鲁棒性和精度的有效途径。通过使用卡尔曼滤波器等技术，系统可以动态地结合来自两种信息源的数据，以获得更为准确和稳定的车辆位置估计。当 GPS 信号良好时，系统更加依赖 GPS 提供的全局定位信息；而在 GPS 信号较弱或不可用时，系统则依赖惯性导航来维持定位。

组合导航系统状态量由惯性导航系统误差和陀螺仪及加速度计噪声组成，共 21 维，其具体形式如下：

$$\boldsymbol{X}(t) = [\phi_N \phi_E \phi_D \delta_{vN} \delta_{vE} \delta_{vD} \delta_L \delta_\lambda \delta_h \varepsilon_{bx} \varepsilon_{by} \varepsilon_{bz} \cdots$$
$$\cdots \nabla_{bx} \nabla_{by} \nabla_{bz} \varepsilon_{rx} \varepsilon_{ry} \varepsilon_{rz} \ \nabla_{rx} \nabla_{ry} \nabla_{rz}]^T \tag{6.1}$$

式中，ϕ_N、ϕ_E、ϕ_D 表示北向、东向以及地向的姿态角误差；δ_{vN}、δ_{vE}、δ_{vD} 表示北向、东向及地向速度误差；δ_L、δ_λ、δ_h 表示纬度、经度及高度误差；ε_{bx}、ε_{by}、ε_{bz} 表示陀螺仪三轴向的常值漂移误差；∇_{bx}、∇_{by}、∇_{bz} 表示加速度计三轴向的常值零偏误差；ε_{rx}、ε_{ry}、ε_{rz} 表示陀螺仪三轴向的一阶马尔可夫过程误差；∇_{rx}、∇_{ry}、∇_{rz} 表示加速度计三轴向的一阶马尔可夫过程误差。

组合导航系统的状态方程为

$$\dot{\boldsymbol{X}}(t) = \boldsymbol{F}(t)\boldsymbol{X}(t) + \boldsymbol{G}(t)\boldsymbol{W}(t) \tag{6.2}$$

式中，$\boldsymbol{F}(t)$ 表示状态转移矩阵；$\boldsymbol{G}(t)$ 表示系统噪声矩阵；$\boldsymbol{W}(t)$ 表示系统噪声向量。

线性系统的状态方程经离散化后，可用以下形式表示：

$$\begin{cases} \boldsymbol{X}(k) = \boldsymbol{\Phi}_{k/k-1} \boldsymbol{X}(k-1) + \boldsymbol{G}_{k/k-1} \boldsymbol{W}(k-1) \\ \boldsymbol{Z}(k) = \boldsymbol{H}(k) \boldsymbol{X}(k) + \boldsymbol{V}(k) \end{cases} \tag{6.3}$$

式中，$\boldsymbol{X}(k)$ 是状态向量；$\boldsymbol{\Phi}_{k/k-1}$ 是状态转移矩阵；$\boldsymbol{Z}(k)$ 是观测向量；$\boldsymbol{H}(k)$ 是观测矩阵，$\boldsymbol{G}_{k/k-1} \boldsymbol{W}(k-1)$ 和 $\boldsymbol{V}(k)$ 是系统噪声和观测噪声的矩阵和向量。

通过状态转移矩阵可得到状态一步预测：

$$\hat{\boldsymbol{X}}_{k/k-1} = \boldsymbol{\Phi}_{k/k-1} \hat{\boldsymbol{X}}_{k-1} \tag{6.4}$$

一步预测均方差矩阵为

$$\boldsymbol{P}_{k/k-1} = E[\tilde{\boldsymbol{X}}_{k/k-1} \tilde{\boldsymbol{X}}_{k-1}^T] = \boldsymbol{\Phi}_{k/k-1} \boldsymbol{P}_{k-1} \boldsymbol{\Phi}_{k/k-1}^T + \boldsymbol{G}_{k/k-1} \boldsymbol{Q}_{k-1} \boldsymbol{G}_{k/k-1}^T \tag{6.5}$$

卡尔曼滤波增益矩阵为

$$\boldsymbol{K}_k = \boldsymbol{P}_{k/k-1} \boldsymbol{H}_k^T [\boldsymbol{H}_k \boldsymbol{P}_{k/k-1} \boldsymbol{H}_k^T + \boldsymbol{R}_k]^{-1} \tag{6.6}$$

增益矩阵对状态预测值起到修正作用，因此，此时的状态估计值可通过"预测＋修正"的方式得到：

$$\hat{\boldsymbol{X}} = \hat{\boldsymbol{X}}_{k/k-1} + \boldsymbol{K}_k \tilde{\boldsymbol{Z}}_k = \hat{\boldsymbol{X}}_{k/k-1} + \boldsymbol{K}_k (\boldsymbol{Z}_k - \boldsymbol{H}_k \hat{\boldsymbol{X}}_{k/k-1}) \tag{6.7}$$

根据估计误差计算估计误差方差矩阵：

$$\boldsymbol{P}_k = E[\tilde{\boldsymbol{X}}_k \tilde{\boldsymbol{X}}_k^T] = (\boldsymbol{I} - \boldsymbol{K}_k \boldsymbol{H}_k) \boldsymbol{P}_{k/k-1} (\boldsymbol{I} - \boldsymbol{K}_k \boldsymbol{H}_k)^T + \boldsymbol{K}_k \boldsymbol{R}_k \boldsymbol{K}_k^T \tag{6.8}$$

这种融合定位的方法不仅可以提高定位精度，还使得无人驾驶车辆在城市、郊区和各种复杂环境中都能够实现可靠的导航。这对于自主驾驶的安全性和实用性至关重要，为未来智能交通系统的发展奠定了坚实基础。

6.3.2　基于点云地图和激光雷达定位

在无人驾驶技术的迅速崛起中,点云地图和激光雷达定位技术成为关键的组成部分,为无人驾驶系统提供了高精度、实时的环境感知和导航解决方案。

1. 激光雷达

激光雷达的工作步骤如下:激光雷达发射激光束,激光束击中目标表面,部分光被反射回来;激光接收器接收反射的光,并测量飞行时间或相位差,利用测量结果计算目标表面到激光雷达的距离;定位和扫描系统调整激光束的方向,使其扫描整个区域;数据处理单元处理测量数据,生成点云或其他形式的距离信息,如图 6-17 所示。

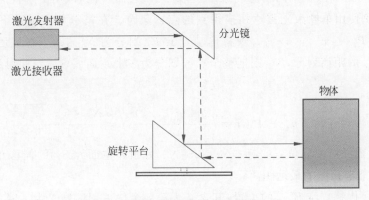

图 6-17　激光雷达工作原理

根据激光束的数量,激光雷达可以分为单线激光雷达和多线激光雷达,常用的激光雷达有以下几种类型。

(1)固态激光雷达:这种激光雷达使用固态光源,通常是激光二极管作为发射源。它们具有小型、轻量、功耗低的优点,适用于嵌入式系统和移动设备。

(2)旋转激光雷达:旋转激光雷达通过旋转激光发射器或接收器来扫描整个环境。这种设计能够提供全方位的三维感知,但在实时性和耐久性方面可能存在一些挑战。

(3)固定激光雷达:固定激光雷达通常安装在固定位置,通过改变激光束的方向来扫描环境。它们适用于需要长时间监测特定区域的场景,如安防系统或城市规划。

点云在收集信息时,获取的点云数据非常多,数据中包含很多无效点,并且受噪声影响较大,会影响点云数据,为后续的计算产生错误干扰。因此进行降采样处理、减少点云数量是极其重要的,这将降低计算压力,使预处理后的点云数据更真实、更高效和更具有代表性。点云滤波器的处理过程如图 6-18 所示。

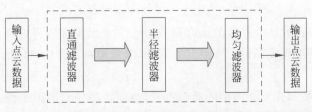

图 6-18　点云滤波器的处理过程

直通滤波器将超出预定测量范围的点去除；半径滤波器将输入的全部点云数据进行一次迭代，对每个点云数据进行一次半径为 R 的邻域搜索，如果该点云数据的邻域点的个数低于设定的阈值 x，那么该点云数据将被当成离群点或噪声点去除；均匀滤波器对点云数据进行降采样，减少了计算所需的时间。

2. 点云地图和激光雷达定位

点云地图结合激光雷达的定位系统能够提供高精度的环境感知。激光雷达能够以毫米级的精度获取障碍物的距离和形状，而点云地图则为车辆提供了详细的三维地图，使其能够准确感知道路、车道和其他交通参与者。

传统激光雷达算法在不同动态场景下提取点云线、面特征时，用 $\boldsymbol{P}_t = \{p_1, p_2, p_3, \cdots, p_n\}$ 表示 t 时刻使用单帧激光雷达扫描得到的点云集合。在笛卡儿坐标系下，每一个点云的位置表示为 $\boldsymbol{P}_k = \{x_k, y_k, z_k\}$。现将单帧点云 $\boldsymbol{P}_t$ 划分为 $N_s \times N_a$ 个面元区域，其中以每个主面元 S_k 的距离划分，N_a 则把整个点云划分为多个主面元 S_k，由此可以得到面元的位置公式：

$$B_{ij} = \left\{ p_k \mid p_k \in \boldsymbol{P}_t, i = \frac{\text{atan2}(y_x, x_k)}{\Delta \alpha}, j = \frac{N_s \cdot \sqrt{x^2 + y^2}}{D_{\max}} \right\} \tag{6.9}$$

式中，i、j 表示面元所在的位置坐标；$\Delta \alpha = 2\pi / N_a$ 为相邻主面元 S_k 的偏移角度；$D_{\max}$ 为设定激光雷达能够探测的最远距离。

用一维 B_l 代替二维 $B_{i,j}$ 的位置，其含义为第 l 个伪占用区域。为了降低高度值较大的物体对伪占用区域进行地面提取的影响，设置一个和高度均值相关的阈值 $g(\bar{z}_l) \cdot h_g$ 来限制单帧点云中地面点的高度，降低地面提取误差。最终可以根据阈值提取出含有地面点云的集合，表达式为

$$M_l = \{ p_k \mid p_k \in B_l, z_k < \bar{z}_l + g(\bar{z}_l) \cdot h_g \} \tag{6.10}$$

式中，$\bar{z}_l$ 表示在 B_l 中点云的高度均值；z_k 为 p_k 点云中每个点云的高度；$g(\cdot)$ 为一个值域在 $[0,1]$ 区间的线性递减函数；h_g 为线性递减函数 $g(\bar{z}_l)$ 的可变系数。

假设一个点云集合 $\mathbf{M}_l$ 在单位空间中的协方差矩阵为 $\boldsymbol{C} \in \mathbf{R}^{3 \times 3}$，那么其 3 个特征值 λ_k 及相应的特征向量 $\boldsymbol{v}_a$ 的计算公式为

$$\boldsymbol{C} \boldsymbol{v}_k = \lambda_k \boldsymbol{v}_k \tag{6.11}$$

式中，$k = 1, 2, 3$。计算后具有最小特征值的特征向量最有可能代表地面的法向量。

特征值最小的法向量为 $\boldsymbol{n}_l = [a_l, b_l, c_l]^{\mathrm{T}}$，平面系数为 $d_l = -\boldsymbol{n}_l^{\mathrm{T}} \bar{\boldsymbol{p}}_l$，故提取地面点云的计算公式为

$$\mathbf{M}_g = \{ p_k \mid p_k \in M_l, d_l - d_k < \tau_a \} \tag{6.12}$$

式中，$d_k = -\boldsymbol{n}_l^{\mathrm{T}} \boldsymbol{p}_k$ 表示每个点云的平面系数；τ_a 为点云平面边界的阈值。重复多次地面提取过程，即可获得准确度高的地面点云。同理，非地面点云为伪占用区域点云和地面点云的差集。

为了定位当前帧和先验地图中的动态点云，当前帧和先验地图的伪占用区域需要进行关联匹配。两类非地面点云：静态点云和动态点云可通过提取伪占用区域获得。为了使当前帧和先验地图的非地面点云处于同一参考系，将世界坐标系（起始帧）作为点云的统一参

考坐标。先验地图中每一伪占用区域的非地面点云的提取公式为

$$^wM_l^m = ^wB_l^m \bigcap ^w\boldsymbol{T}_m M_u^m \tag{6.13}$$

当前帧每一伪占用区域的非地面点云为

$$^wM_l^k = ^wB_l^k \bigcap ^w\boldsymbol{T}_k M_u^k \tag{6.14}$$

式中，^wM_l 表示第 l 伪占用区域的动态点云集合；m,k 分别代表先验地图和当前帧；M_u^m 为先验地图的非地面点云；M_u^k 为当前帧的非地面点云；$^w\boldsymbol{T}_k$ 为当前帧到世界坐标系的变换矩阵；$^w\boldsymbol{T}_m$ 为先验地图到世界坐标系的变换矩阵；$^w\boldsymbol{T}_k$、$^w\boldsymbol{T}_m \in \mathrm{SE}(3)$，$\mathrm{SE}(3)$ 为特殊欧氏群。

DOR-LOAM 算法使用点云地图和激光雷达定位，主要分为 4 个阶段：特征提取、伪占用区域匹配记忆区、构建滑动窗口和后端优化。在特征提取阶段，先通过连续提取周围点的集合计算曲率，再分别选出曲率大的边缘点和曲率小的平面点作为线特征和面特征。在伪占用区域匹配记忆区阶段，首先通过面元来划分当前帧点云和地图点云的伪占用区域，然后提取地面点云并消除其对动静态物体判断的干扰，最后通过伪占用率来筛选动态点云并构造动态点云记忆区。在构建滑动窗口阶段，首先引入滑动窗口形成轻量级的先验地图，然后设置动态点云移除率再次降低当前帧点云和先验地图匹配的时间消耗。在后端优化阶段，通过对上述提取的静态点云进行特征筛选，完成后端位姿优化。DOR-LOAM 的结构如 6-19 所示。

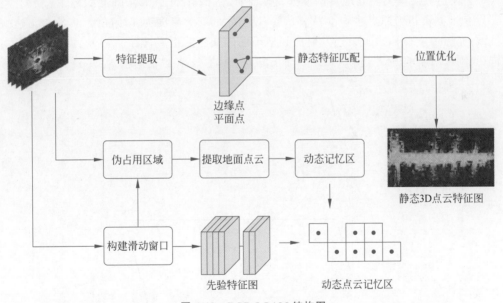

图 6-19　DOR-LOAM 结构图

6.3.3　毫米波雷达和摄像机融合定位

在无人驾驶技术的演进中，毫米波雷达与摄像机融合定位技术逐渐崭露头角，为无人驾驶系统提供了更为全面、鲁棒的环境感知和定位解决方案。常用传感器性能对比如表 6-7 所示。

表 6-7　常用传感器性能对比

参数/指标	摄像机	毫米波雷达	红外
远距离探测	强	强	一般
速度	强	低	低
测距精度	低	高	一般
大雾	弱	强	一般
雨雪天	弱	强	一般
夜晚	弱	强	强
硬件成本	低	一般	低

传统的视觉目标检测方法通常需要对图像进行预处理,并手工提取图像特征,这一过程相当复杂。此外,这些传统方法容易受到光照和天气等因素的影响,使其在特定场景下的适用性受到限制。相较于传统方法,毫米波雷达与摄像机融合定位技术具有更高的准确度和泛化能力,这种新兴算法的出现为目标检测提供了更为有效和可靠的解决方案。

常见的目标检测解决方案有如下几种。

(1) 基于奇异值分解和外部参数估计的单应性估计实现雷达和摄像机的数据融合。

(2) 基于雷达点云生成感兴趣区域(Region of Interest,ROI),以此引导视觉检测算法提取对应区域,再对 ROI 的对象进行检测。该检测方式避免了由视觉检测带来的大量候选框,提高了检测效率。

(3) 利用分层聚类法处理雷达数据,再利用改进的 YOLO 算法降低漏检率。

以毫米波雷达为原点建立世界坐标系,设雷达的安装高度为 h,俯角为 θ,S 是雷达平面的法线向量的一部分,表示雷达发射点到地平面的交点的距离,以 S 为 $O\text{-}Y_w$ 轴,向下为正方向,正对来车方向的左边为 $O\text{-}X_w$ 轴正方向,垂直 $O\text{-}X_w$ 轴向上为 $O\text{-}Y_w$ 轴正方向,如图 6-20 所示。

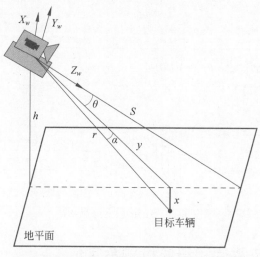

图 6-20　雷达坐标系转换到世界坐标系示意图

设被检车辆目标与雷达之间的径向距离为 r,雷达波束照射到目标的方位角为 α,则目标在世界坐标系中的坐标轴分量为

$$x = r\sin\alpha \tag{6.15}$$

$$y = r\cos\alpha \tag{6.16}$$

将被检目标的位置信息映射到世界坐标下的关系式为

$$\begin{bmatrix} X_w \\ Y_w \\ Z_w \end{bmatrix} = \begin{bmatrix} -1 & 0 \\ 0 & -\sin\theta \\ 0 & \cos\theta \end{bmatrix} \begin{bmatrix} x \\ y \end{bmatrix} \tag{6.17}$$

由几何关系可得到 θ 为

$$\theta = \arccos\left(\frac{h}{s}\right) - \arccos\left(\frac{h}{y}\right) \tag{6.18}$$

将雷达数据转换到世界坐标系后需要进行三维旋转转换,再经过坐标轴变换,使雷达坐标系与摄像机坐标系完全重合,最后通过摄像机的小孔成像原理将雷达数据从摄像机坐标系转换到图像坐标系中。先以平面旋转变换为例进行说明,如图 6-21 所示。

$$\begin{bmatrix} x' \\ y' \end{bmatrix} = \begin{bmatrix} \cos\alpha & -\sin\alpha \\ \sin\alpha & \cos\alpha \end{bmatrix} \begin{bmatrix} x \\ y \end{bmatrix} \tag{6.19}$$

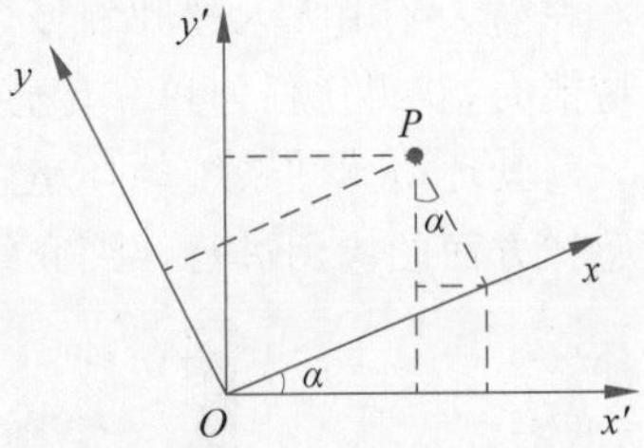

图 6-21　平面旋转变换示意图

将得到的数据导入 ConvNeXt 结构,ConvNeXt 结构如图 6-22 所示。

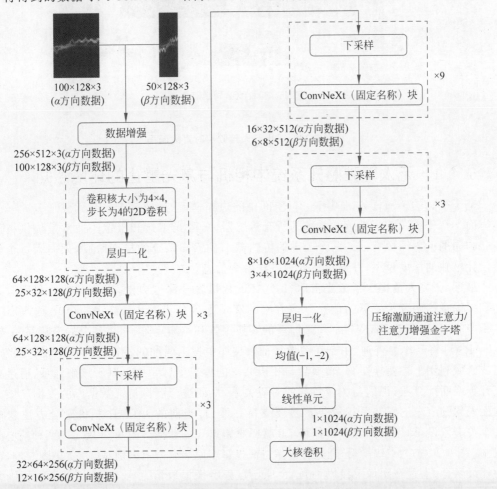

图 6-22　ConvNeXt 结构

ConvNeXt 结构在关注全局信息的同时,从通道维度和时空维度中提取局部判别信息,从而达到较好的识别效果。最后,不同层次的特征信息的整合可以很好地适应不同的数据情况,从而获得更丰富、更准确的特征表示,这也使得模型更加鲁棒,避免了模型过拟合。

6.4 多源异构信息融合在矿山无人驾驶环境感知系统中的应用

在露天矿山无人驾驶领域,多源异构信息融合可以显著提升车辆对外部环境的理解和反应能力,获得比任何单一传感器更全面、更准确的环境感知。本节主要介绍有关露天矿山无人驾驶环境感知系统的环境感知案例,针对市面上已存在的多源异构信息融合技术在环境感知方面的应用进行详细介绍,图 6-23 为矿山无人驾驶实时直播画面。

图 6-23　矿山无人驾驶实时直播画面

6.4.1 无人驾驶感知系统中相机与激光雷达的环境感知

基于视觉的感知任务,如检测 3D 空间中的边界框,已经成为全自动驾驶任务的一个关键方面。在传统车载视觉感知系统的所有传感器中,激光雷达和摄像头通常是提供精确的点云和周围世界图像特征的两个关键的传感器。在感知系统的早期阶段,人们为每个传感器设计单独的深度模型,并通过后处理方法融合信息。

最近,研究人员提出了激光雷达(LiDAR)-相机融合深度方法,以更有效地利用激光雷达和摄像头这两种传感器的信息。该方法的实现大致分为两步:给定一个或多个 LiDAR 点云中的点,以及 LiDAR 与全局坐标系的变换矩阵和本质矩阵(相机到全局坐标系);转换 LiDAR 点,将其作为查询,用于在图像特征数据库中搜索匹配的特征。具体来说,先将这些点或区域利用上述变换矩阵,转换到与相机共享的世界坐标系中。基于该坐标系,通过相似度计算或匹配算法,识别与图像特征的对应关系,从而进行图像特征数据库的查询。该方法为无人驾驶汽车的感知系统提供了重要支持。然而,当前的 LiDAR-相机融合方法忽略了一个关键假设,即生成图像查询依赖 LiDAR 原始点云的数据。图 6-24 展示了两种核心融合机制:图 6-24(a)为点级融合,通过将图像特征投影至原始点云上识别对应关系;图 6-24(b)为特征级融合,通过在图像上投影 LiDAR 原始点云特征提取信息。现有的 LiDAR-相机融合方法主要利用 LiDAR 传感器的点云数据与相机图像进行融合,从而实现更精确的环境感知和物体识别。

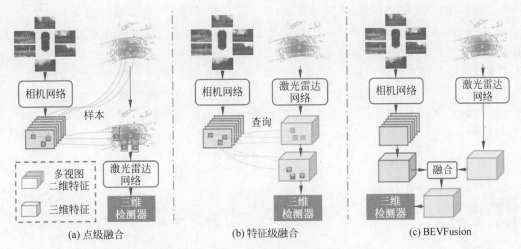

图 6-24　激光雷达-相机融合方法的比较

激光雷达-相机融合的理想框架应该是,无论其他模态是否存在,单一模态的每个模型都不应该失败,但同时拥有两种模态将进一步提高感知精度。为此,Liang 提出一个新的框架,解决了当前方法对激光雷达-相机融合的依赖,称为 BEVFusion。具体来说,如图 6-24(c)所示,框架有两个独立的流,它们将来自摄像头和 LiDAR 传感器的原始输入编码为同一 BEV 空间内的特征。然后,设计一个简单的模块,在这两个流之后融合这些 BEV 级特征,以便最终的特征可以传递到下游任务架构中。下面根据输入方式对 3D 检测方法进行广泛的分类。

(1)单一相机。在自动驾驶领域,由于 KITTI 基准,近年来仅通过摄像头输入检测 3D 物体已经得到了大量应用。由于 KITTI 只有一个前置摄像头,因此大多数方法都是针对单目 3D 检测。随着具有更多传感器的自动驾驶数据集的发展,如 nuScenes 和 Waymo 等,这些数据集提供了更丰富的传感器配置,包括多个摄像头、激光雷达、雷达等,促进了使用多视图图像作为输入的方法来进行 3D 目标检测的发展趋势。多视图方法可以利用从不同角度拍摄的图像来提供更全面的场景信息,从而显著提高检测的准确性和鲁棒性。实验结果表明,这些多视图方法通常显著优于传统的单目方法。然而,尽管多视图方法带来了性能上的提升,但面临一些挑战,许多方法采用超体素作为处理单元,随着体素数量的增加,计算量也会显著增加,这对实时性要求很高的自动驾驶系统来说是一个重要的问题。

(2)单一雷达。根据特征模态,激光雷达方法最初分为两类:①直接对原始激光雷达点云进行操作的基于点的方法;②将原始点云转换为欧几里得特征空间,如三维体素和特征柱。最近,人们开始在单个模型中利用这两种特征模态来提高表征能力。

(3)雷达-相机融合。由于激光雷达和相机产生的特征通常包含互补信息,因此人们开始开发可以在两种模式上共同优化的方法,并很快成为 3D 检测的事实上的标准。如图 6-24 所示,这些方法可以根据其融合机制分为两类,即点级融合和特征级融合。

相比之下,BEVFusion 是一个非常简单但有效的融合框架,从根本上克服了严重依赖 LiDAR 原始点云这个问题,其从 LiDAR 点云中分离相机分支,如图 6-24(c)所示。此外,同时进行的研究也解决了这一问题,并提出了有效的 LiDAR-camera 3D 感知模型。

（4）其他形式。还有利用其他形式的方法，如通过特征图拼接融合摄像头-雷达。尽管并行工作旨在单个网络中融合多模态信息，但其设计仅限于一个特定的检测头。

BEVFusion 框架如图 6-25 所示，首先介绍了相机和激光雷达流的详细架构，然后提出了一个动态融合模块来整合这些模式的特征。在点云和多视图图像输入的情况下，两个流分别提取特征并将其转换为相同的 BEV 空间，将相机视图特征投影到 3D 无人驾驶汽车坐标特征上，生成相机 BEV 特征；3D 骨干从点云中提取 LiDAR BEV 特征。然后，融合模块集成了两种模式的 BEV 特征。最后，在融合的 BEV 特征上构建特定任务的头部，并预测 3D 目标的目标值。检测结果图中，灰色框为预测边界框，虚线圈框为假阳性预测。

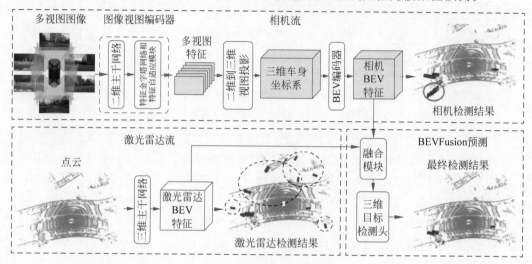

图 6-25   BEVFusion 框架

1）相机流架构：从多视图图像到 BEV 空间

由于 Liang 的框架具有整合任何相机流的能力，如 Lift-Splat-Shoot（LSS）。由于 LSS 最初是用于 BEV 语义分割而不是 3D 检测，因此直接使用 LSS 架构性能较差，需适度调整 LSS 以提高性能。在图 6-25（顶部）中，详细介绍了相机流的设计，包括将原始图像编码为深度特征的图像编码器，将这些特征转换为 3D 无人驾驶汽车坐标的视图投影仪模块，以及最终将特征编码为鸟瞰（BEV）空间的编码器。

（1）图像-视图编码器。它是将输入的图像编码为语义信息丰富的深度特征，由用于基本特征提取的二维主干和用于尺度变量对象表示的颈部模块组成。与 LSS 使用卷积神经网络 ResNet 作为主干网络不同，Liang 使用更具代表性的 CB-Swin-Tiny 作为主干网络。

由于 Liang 的框架能够合并任何相机流，且需要处理相机图像数据并生成 BEV。因此，本小节介绍的方法，选择了一种流行的能生成 BEV 的方法——Lift-Splat-Shoot（LSS）。接下来，主干网络采样标准特征金字塔网络（Feature Pyramid Network，FPN）来有效地利用多尺度特征信息。为了更好地对齐这些特征，Liang 首先提出了一个简单的特征自适应模块（ADP）来改进上采样特征，即在连接之前对每个上采样特征应用自适应平均池化和 1×1 卷积。

（2）视图投影仪模块。由于图像特征仍然是二维图像坐标，故 Liang 设计了一个投影模块，将其转换为 3D 无人驾驶汽车坐标。他使用 2D 到 3D 视图投影提出了三维视图投影来构建 Camera BEV 特征。所采用的视图投影仪以图像视图特征为输入,通过分类方式密集预测深度。根据摄像机的外部参数和预测的图像深度,可以导出图像视图特征,在预定义的点云中进行渲染,得到一个伪体素 $\mathbf{V} \in \mathbf{R}^{X \times Y \times Z \times C}$。

（3）BEV 编码器模块。为了进一步将体素特征 $\mathbf{V} \in \mathbf{R}^{X \times Y \times Z \times C}$ 编码为 BEV 空间特征（$\mathbf{F}_{\text{Camera}} \in \mathbf{R}^{X \times Y \times Z \times C_{\text{Camera}}}$），Liang 设计了一个简单的编码器模块。他采用空间到通道（S2C）操作将 $\mathbf{V}$ 从 4D 张量转换为 3D 张量 $\mathbf{V} \in \mathbf{R}^{X \times Y \times (ZC)}$,通过重塑来保留语义信息并降低成本,而不是应用池化操作或堆叠步长为 2 的 3D 卷积来压缩 Z 维。然后,使用 4 个 3×3 的卷积层,逐步将通道降维到 C_{Camera} 中,提取高级语义信息。

2）LiDAR 流架构:从点云到 BEV 空间

同样,此框架可以结合任何网络,将激光雷达点转换为 BEV 特征,$\mathbf{F}_{\text{LiDAR}} \in \mathbf{R}^{X \times Y \times C_{\text{LiDAR}}}$,作为激光雷达流。一种常见的方法是学习原始点的参数体素化以降低 Z 维,然后利用由稀疏三维卷积组成的网络在 BEV 空间中有效地生成特征。在实践中,采用了 3 种流行的方法——PointPillars、CenterPoint 和 TransFusion 作为 LiDAR 流来展示框架的泛化能力。为了展示实验设置和 BEVFusion 的性能,以证明所提出框架的有效性、强大的泛化能力和鲁棒性,进行了如下设置。

为了证明框架的泛化能力,在 nuScenes 数据集上进行了相关实验,并对三种主流仅基于 LiDAR 的检测方法:PointPillars、CenterPoint 和 TransFusion-L 进行了对比。实验结果如表 6-8 所示,BEVFusion 框架可以显著提高这些仅基于 LiDAR 的检测方法的性能。尽管引入相机流导致性能略有下降,但融合方案仍使 PointPillars 的 mAP 提升了 18.4% 和 NDS 提升了 10.6%;CenterPoint 和 TransFusion-L 的 mAP 提升幅度为 3.0%~7.1%。这表明本小节所述框架具备向多种仅基于 LiDAR 的检测方法推广的潜力。

表 6-8　泛化能力

方　式		PointPillars		CenterPoint		TransFusion-L	
Camera	LiDAR	mAP	NDS	mAP	NDS	mAP	NDS
√		22.9	31.1	27.1	32.1	22.7	26.1
	√	35.1	49.8	57.1	65.4	64.9	69.9
√	√	53.5	60.4	64.2	68.0	67.9	71.0

在用于 3D 检测的大规模自动驾驶数据集 nuScenes 上进行了全面的实验。每一帧包含 6 个摄像头和一个来自激光雷达的点云。10 个类有多达 140 万个带注释的 3D 边界框。Liang 使用 nuScenes 检测分数(NDS)和平均精度(mAP)作为评估指标。

使用开源的 MMDetection3D 在 PyTorch 中实现网络,使用 CB-Swin-Tiny 作为图像视图编码器的 2D 骨干进行 BEVFusion。选择 PointPillars、CenterPoint 和 TransFusion-L 作为 LiDAR 流和 3D 检测头。将图像大小设置为 448×800,体素大小遵循 LiDAR 流的官方设置。训练包括两个阶段:①首先分别训练多视图图像输入的 LiDAR 流和 LiDAR 点云输入的相机流。具体来说,在 MMDetection3D 中训练两个流,并遵循它们的 LiDAR 官方设置;②再对 BEVFusion 进行 9 轮训练,从两个训练的流中继承权重。

在激光雷达和相机故障两种情况下,再次运用实验证明了此方法相比于之前所有基础方法的鲁棒性。LiDAR 视角受限鲁棒性测试结果如表 6-9 所示。

表 6-9 LiDAR 视角受限鲁棒性测试结果

视场角	评估指标	PointPillars		CenterPoint		TransFusion-L	
		LiDAR	BEVFusion	LiDAR	BEVFusion	LiDAR	BEVFusion
$\left(-\dfrac{\pi}{2}, \dfrac{\pi}{2}\right)$	mAP	12.4	36.8(+24.4)	23.6	45.5(+21.9)	27.8	46.6(+18.6)
	NDS	37.1	45.8(+8.7)	48.0	54.9(+6.9)	50.5	55.8(+5.3)
$\left(-\dfrac{\pi}{3}, \dfrac{\pi}{3}\right)$	mAP	8.4	33.5(+25.1)	15.9	40.9(+25.0)	19.0	41.5(+22.5)
	NDS	34.3	42.1(+7.8)	43.5	49.9(+6.4)	45.3	50.8(+5.5)

Liang 的方法 BEVFusion 在所有设置下都显著提高了纯激光雷达方法的性能。值得注意的是,与相机融合的 TransFusion 相比,此方法仍然实现了超过 15.3% 的 mAP 和 6.6% 的 NDS 改进,显示了此方法的鲁棒性。

6.4.2 无人驾驶感知系统中红外相机与毫米波雷达的环境感知

虽然视觉系统提供丰富的语义信息,但容易受到不利条件的影响,而毫米波雷达却可以在恶劣天气条件下稳健地提供目标的位置和速度信息。因此,视觉与雷达的融合被广泛应用于自动驾驶中的目标检测。

通过最近邻算法(NN)和联合概率数据关联(JPDA)等数据关联方法可以融合独立雷达和图像检测管道的目标级输出。Wang 等通过识别雷达探测提供的单眼图像感兴趣区域(ROI)内的车辆,实现了道路上车辆的检测和跟踪。最近,一些研究探讨了在自动驾驶汽车中使用图像和雷达的特征级融合进行目标检测。

1. 雷达点云生成

毫米波雷达系统发射调频连续波(FMCW)并捕获反射波。如图 6-26 所示,采样的拍频信号首先通过距离 FFT 和多普勒 FFT 传输到距离-多普勒矩阵(RDM)。然后,在检测器处理块中,检测 RDM 中能量较强的元胞。在传统的 FMCW 信号处理链中最常见的检测器是恒虚警率检测器(CFAR),它根据周围噪声水平和一个称为阈值因子的比例因子来确定检测阈值。最后,利用多个 Rx 天线的回波信号对每个被检测小区进行 DOA 估计。这样,就

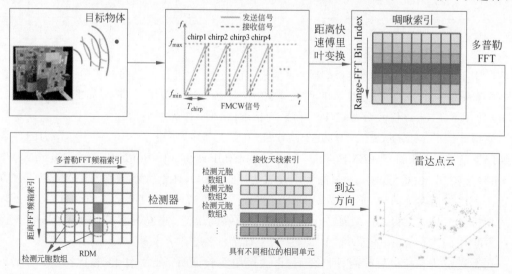

图 6-26 FMCW 雷达信号处理链

得到了所谓的点云,它是由许多不同位置的被检测物体组成的。雷达点云可以表示为一组点,每个点可以表示为(x,y,z,v,p),其中x,y,z表示雷达点云的XYZ坐标数据,v表示多普勒速度,p表示点的能量。

2. 雷达点云投影

RGB图像是一个二维(2D)垂直平面,而雷达数据位于三维(3D)坐标系中。为了消除两种模态之间数据格式的差异,简化融合学习过程,可以通过投影将三维坐标下的雷达点云转换为二维坐标下的像面数据。

然而,无人驾驶系统雷达点云投影面临两个主要挑战。首先,与激光雷达点云不同,毫米波雷达点云的Z坐标不准确。因此,受固定高度透视投影法的启发,Cheng提出了一种新的位置补偿投影法来解决这一问题。相对于摄像机视角的变化,摄像机高度的变化对点云Z坐标的影响相对较小,因此假设摄像机高度近似不变。如图6-27所示,给定固定的摄像机高度和距离IMU的俯仰角,可以使用如下公式:

$$z_r = z_1 + z_2 = \frac{h}{\cos\theta} + y * \tan\theta \tag{6.20}$$

利用摄像机高度h、摄像机俯仰角θ、雷达Y轴距离y计算雷达Z轴距离z_r,这种方法即位置补偿投影法。与透视投影法和定高投影法相比,位置补偿投影法效果更好。

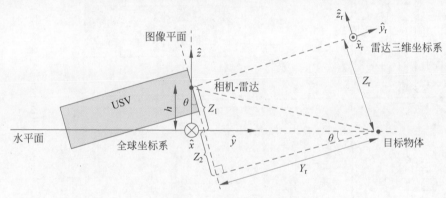

图6-27 位置补偿投影法

3. 雷达点密度图

雷达点投影通常转换为二进制雷达点图。为了更好地利用雷达数据,Cheng提出了一种新的雷达输入格式——雷达点密度图(RPDM),灵感来自人群密度计数任务中使用的地面真值生成方法。每个雷达点被投影到图像平面上生成RPDM。RPDM$\in \mathbf{R}^{3 \times H0 \times W0}$。如果在RPDM中有一个雷达点投影在像素$u_i$上,则将其表示为$\delta$函数$\delta(u - u_i)$。因此,具有$N$个雷达点的RPDM可以表示为如下公式:

$$F(u) = \sum_{i=1}^{N} \delta(u - u_i) * G_{\sigma_0}(u) \cdot (r_i, v_i, p_i)^T \tag{6.21}$$

式中,G_{σ_0}为方差为σ_0的高斯核;$r_i = \sqrt{x_i^2 + y_i^2 + z_i^2}$为距离;$v_i$、$p_i$分别为第$i$个雷达点的多普勒速度和能量。

如图6-28所示,RISFNet模型主要由骨干、特征融合块和特征金字塔网络(FPN)3个块组成。对于图6-28(a)所示的骨干块,选择两个骨干分别从图像和RPDM中提取特征。特征融合块(见图6-28(b))采用时间位置编码和自注意力块融合多帧雷达数据,采用全局注

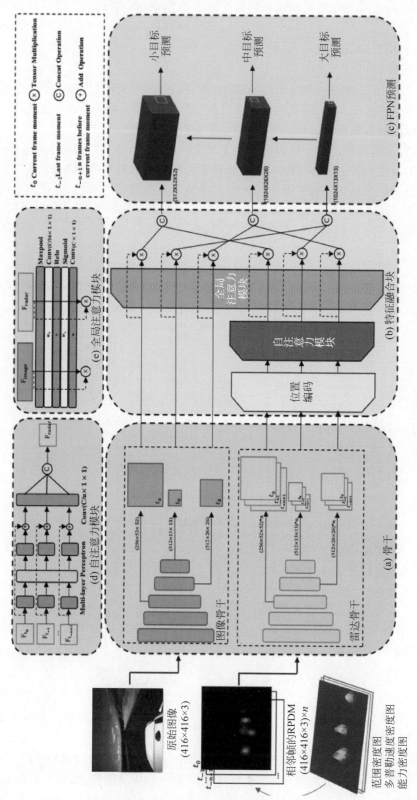

图 6-28　RISFNet 模型体系结构

意力模块融合多尺度雷达与图像特征。最后将融合特征输入 FPN 预测块(见图 6-28(c))中,预测 3 个尺度下的检测结果。

1) 骨干网

RGB 图像和 RPDM 图像具有不同的特性,RGB 图像包含更丰富的色彩信息。因此,采用不同的骨干网进行雷达和图像特征提取可以提高模型的效率。与复杂的权重图像骨干网相比,此雷达骨干网重量轻,适合于从 RPDMs 中提取特征。如图 6-28(a)所示,对于图像骨干网,采用与 YOLOv4 相同的骨干网架构 CSPdarknet53。CSPdarknet53 网络提取 3 种不同大小的图像特征。对于雷达特征提取,使用轻型 VGG-13 骨干网,该网络将不同帧的雷达数据转化为统一大小的特征。

2) 时间位置编码

针对当前帧下小目标的雷达点云具有不稳定和闪烁的特点,而水杂波在不同帧间具有随机分布的特点,采用时间位置编码,融合过去帧的 RPDM,增强当前帧下的 RPDM。然而,RPDM 的过去帧与当前时刻的 RGB 图像之间存在空间位置误差。较早的雷达框架有较大的误差。因此,参考自然语言处理任务中使用的位置编码,采用类似的位置编码方法来添加雷达数据的时间信息。

计算时序编码的第 k 帧雷达数据 F_{tk} 的特征映射为

$$F_{tk} = F_{tk} \times \sin\left(\frac{n+k}{n}\right) \tag{6.22}$$

式中,n 是雷达帧的总数;tk 为雷达帧的时序位置,$k \in [0, -n+1]$。

3) 自注意力模块

自注意的概念最初是为自然语言处理和图像转换任务而设计的,与自主筛选信息特征的自过滤过程类似,自注意力模块让单个传感器分支首先自我适应,是控制信息流和实现模型自适应的一种很有前途的方法。

众所周知,雷达数据包含真实目标点和杂波点。杂波点会产生虚假的目标信息,从而导致检测结果的误差。在这种情况下,需要在将雷达数据与 RGB 图像融合之前增强真实目标点并减弱杂波点。此外,还使用自注意力模块来学习雷达点与周围环境的关系。利用多个独立的多层感知器(MLP)块,分别处理成不同帧的雷达特征图 $F'_{tk} \in \mathbf{R}^{1 \times H \times W}$,然后将不同帧内的所有雷达特征图通过级联操作合并成一个融合雷达特征图,如下所示:

$$F'_{tk} = C \times (F_{tk} + \text{MLP}_k(F_{tk})) \tag{6.23}$$

$$F_{\text{radar}} = \text{cat}(F'_{-n+1}, F'_{-n+2}, \cdots, F'_{t0}) \tag{6.24}$$

式中,$F'_{tk} \in \mathbf{R}^{1 \times H \times W}$ 为第 tk 帧雷达数据的特征图;C、H、W 分别为特征图的通道、高度和宽度(不同特征尺度下,C、H、W 的值不同),MLP_k 为 F_{tk} 的独立多层感知器;$C \in \mathbf{R}^{C/n \times 1 \times 1}$ 为合并前减少通道的卷积模块;cat 为拼接操作。

4) 全局注意力阻塞

多层全局关注网络观察所有传感器通道,更好地利用互补传感器行为,提高融合模型的鲁棒性。因此,与直接将图像特征 $F_{\text{image}} \in \mathbf{R}^{C \times H \times W}$ 与雷达特征 $F_{\text{radar}} \in \mathbf{R}^{C \times H \times W}$ 拼接成一个"大"向量不同,采用全局通道注意力,赋予多模态融合目标检测模型以适应不确定环境的能力。当摄像机或雷达出现故障,模型得到较差的传感器数据时,全局注意力模块会对摄像机或雷达进行融合调整,以减少模型性能的下降。如图 6-28(e)所示,使用共享的 MLP 块

从图像特征 F_{image} 和雷达特征 F_{radar} 生成融合特征 F_{fusion}。

全局通道注意力融合计算公式为

$$F_{\text{fusion}} = \sigma \times (W_1 \tau (W_0 (\text{MaxPool}(F_{\text{image}}))) + W_1 \tau (W_0 (\text{MaxPool}(F_{\text{radar}})))) \qquad (6.25)$$

式中,σ 为 σ 函数;τ 为 ReLU 函数。对于图像和雷达输入,MLP 权重 $W_0 \in \mathbf{R}^{C/16 \times 1 \times 1}$ 和 $W_1 \in \mathbf{R}^{C \times 1 \times 1}$ 是共享的。

为了验证使用两种模式融合的检测精度的提高,Cheng 将此方法与在真实数据集上使用单一模态的方法进行对比,如表 6-10 所示。

表 6-10 多模态方法和基于单一模态方法在真实数据集上的结果

特 征	方 法	AP^{35}	AP^{50}
Image	Faster-RCNN	77.35%	57.58%
	YOLOv4	78.46%	57.04%
	EfficientDet	78.62%	58.52%
	FCOS	68.71%	58.56%
Radar	Danzer et al.	25.44%	18.81%
	VoteNet	36.98%	20.06%
Image & Radar	RISFNet	90.05%	75.09%

AP^{35} 和 AP^{50} 分别表示 IoU 阈值为 35% 和 50% 的平均精度。

本小节将 RISFNet 与 4 种基于 RGB 图像的方法和 2 种基于雷达点云的方法进行了比较。所有基线方法和此方法中使用的训练集和测试集是相同的。对于基线方法的训练设置,使用推荐的训练设置,很少进行优化。结果表明,与基于单个传感器的方法相比,视觉和雷达数据融合的小目标检测性能有显著提高。

为了验证与自动驾驶中使用的其他基于雷达视觉融合的方法相比,使用 RISFNet 方法在检测小物体方面的改进,在数据集上测试了本节方法的性能,结果如表 6-11 所示。

表 6-11 RISFNet 方法和其他雷达视觉融合方法在真实数据集上的结果

方 法	AP^{35}	AP^{50}
CRF-Net	79.63%	57.74%
Li et al.	85.28%	64.64%
RISFNet	90.05%	75.09%

该方法的鲁棒性是实现多传感器深度融合的关键。预计当一个传感器退化甚至完全无法使用时,融合模型的性能应优于使用单个传感器。因此,Cheng 分别测试了该模型在雷达或图像退化条件下的性能。在实验中,仍然使用正常数据集训练的模型。

Cheng 评估了不同的雷达点云输入格式对模型性能的影响,他评估了 PointNet 和 PointNet++ 两种格式对直接利用三维点云的特征提取方法的影响。由表 6-12 可以看出,RPDM 能够更好地代表雷达点云的信息。

表 6-12 不同雷达数据输入格式下模型的检测精度

雷达点云代表	AP^{35}	AP^{50}
RPDM	90.05%	75.09%
RPDM(only density map)	82.48%	63.93%
RPDM(only range density map)	88.80%	72.20%

续表

雷达点云代表	AP^{35}	AP^{50}
RPDM(only velocity density map)	83.67%	64.01%
RPDM(only energy density map)	84.59%	66.85%
Point Clouds（PointNet）	87.12%	60.06%
Point Clouds（PointNet++）	87.64%	69.55%
Radar sparse image	87.12%	69.58%
Line shape radar image	85.15%	66.48%

对于骨干网络模块，本小节测试了分别从雷达数据和图像中提取特征，以及使用单个骨干网络从两个传感器的串联数据中提取特征的结果，如表 6-13 所示，可以看出，分别从雷达数据和图像中提取特征更为有效。此外，还评估了没有引入全局注意力模块的模型性能，以测试其影响。结果表明，全局注意力模块对检测准确率的贡献较小。然而，当在质量降低的传感器数据上评估模型时，没有全局注意力模块的模型的 AP^{35}（平均精度，在 35m 阈值下）为 87.34%，而带有该模块的模型的 AP^{35} 为 90.05%，这表明全局注意力模块可以提高模型的鲁棒性。

表 6-13　模型结构消融实验研究结果

消融方式	AP^{35}	AP^{50}
RISFNet	90.05%	75.09%
Use only one backbone	82.81%	63.68%
Use a single frame radar data	88.34%	68.83%
Not use Position encoding	89.72%	72.24%
Not use Self attention	88.72%	71.38%
Not use Global attention	88.95%	70.40%

Cheng 提出了一种高效表示雷达点云的新方法，以及一种基于雷达视觉融合的目标检测新模型。该模型将 RGB 图像和多帧毫米波雷达数据在多尺度上进行深度融合。在基于真实检测数据集的实验中，与基于视觉的物体检测方法相比，此方法不仅在检测精度上有显著提高，而且在单个传感器退化时也表现出了良好的鲁棒性。

第 7 章

水环境多源监测信息融合的证据理论方法

证据理论作为一种数学工具,以其在不确定性表示、量测和组合方面的优势,广泛应用于信息融合、模式识别、故障检测、人工智能等领域。

本章首先介绍证据理论的基本原理及基于证据理论的信息融合方法,然后介绍和讨论其在水环境监测中的应用。在此基础上进一步介绍和讨论模糊证据理论,以及神经网络与证据理论结合的信息融合方法和实验结果。

7.1 证据理论

证据理论是 Dempster 首先提出后经 Shafer 系统化完善的理论,故又称为 Dempster-Shafer 证据理论(简称 D-S 证据理论)。证据理论是一种不确定性推理的方法,它与贝叶斯推理方法类似,证据理论用先验概率分配函数获得后验的证据区间,证据区间量化了命题的可信程度和似然率。证据理论降低了贝叶斯方法需有统一的识别框架、完整的先验概率和条件概率知识等要求。另外,贝叶斯理论只能将概率分配函数指定给完备的互不包含的假设,而证据理论既可以将证据指定给互不相容的命题,也可以指定给相互重叠、非互不相容的命题,也就是说,证据理论提供了一定程度的不确定性,这便是证据理论的优点所在。

证据是证据理论的核心,这是人们对有关问题所做的观察和研究的结果。决策者的经验知识及其对问题的观察研究都是用来做决策的证据。证据理论要求决策者根据拥有的证据,在假设空间(或称辨识框架)上产生一个置信度分配函数,称为 mass 函数。mass 函数可以看作该领域专家凭借自己的经验对假设所做的评价,这种评价对于某一问题的最终决策者来说又可以看作一种证据。

7.1.1 基本概念

证据理论是建立在一个非空集合 Θ 上的理论,Θ 称为辨识框架,Θ 由一系列互斥且穷举的基本命题组成。对于问题域中的任意命题 A,都应属于幂集 2^{Θ}。在 2^{Θ} 上定义基本可信任分配函数(BPAF)$m : 2^{\Theta} \rightarrow [0,1]$,$m$ 满足:① $m(\phi)=0$;② $\sum_{A \subset \Theta} m(A)=1$。$m(A)$ 表示证据支持命题 A 发生的程度,而不支持任何 A 的真子集。如果 A 为 Θ 的子集,且 $m(A)>0$,则称 $m(A)$ 为证据的焦元。所有焦元的集合称为核。证据是由证据体 $(A, m(A))$ 组成的,利用证据体可以定义 2^{Θ} 上的信任函数 Bel:$2^{\Theta} \rightarrow [0,1]$ 与似真函数 Pl:$2^{\Theta} \rightarrow [0,1]$:

$$\text{Bel}(A) = \sum_{B \subseteq A} m(B) \quad \forall A \subset \Theta \tag{7.1}$$

$$\text{Pl}(A) = 1 - \text{Bel}(A^c) \quad \forall A \subset \Theta \tag{7.2}$$

式中,A^c 为 A 的补集。

信任函数 $\text{Bel}(A)$ 表示全部给予命题 A 的支持程度,似真函数 $\text{Pl}(A)$ 表示不反对命题 A 的程度,$[\text{Bel}(A), \text{Pl}(A)]$ 构成证据不确定区间,表示证据的不确定程度。

这些基本概念说明证据的 BPA 分布表示获得的证据信息对焦元的支持程度;基元焦元的分布表征了证据信息对事物的真实属性的确定性支持程度,而其他非基焦元及 Θ 的分布则表征证据信息对事物的真实属性不能完全确定或完全无知的程度。由于存在非基焦元,使得证据可以表征不同层次上的抽象命题,这也正是证据理论的优势之一。

7.1.2　Dempster 组合规则

1. 两个信任函数的组合规则

假设 Bel_1 和 Bel_2 是相同辨识框架 2^Θ 上的信任函数,具有基本可信任分配函数 m_1 和 m_2 以及核 $\{A_1, A_2, \cdots, A_n\}$ 和 $\{B_1, B_2, \cdots, B_n\}$,并假设 $\sum\limits_{i=j, A_i \cap B_j = \varnothing} m_1(A_i) m_2(B_j) < 1$,于是,基本可信任分配函数 $m: 2^\Theta \to [0,1]$ 对于所有基本信任分配的非空集 A,有

$$m(A) = \frac{\sum\limits_{i=j, A_i \cap B_j = A} m_1(A_i) m_2(B_j)}{1 - k} \tag{7.3}$$

式中,$k = \sum\limits_{i=j, A_i \cap B_j = \varnothing} m_1(A_i) m_2(B_j)$,它反映了证据冲突的程度。系数 $1/1-k$ 称为归一化因子,它的作用就是避免在合成时将非 0 的信任赋给空集 $\varnothing$。

2. 多个信任函数的组合规则

假设 $\text{Bel}_1, \text{Bel}_2, \cdots, \text{Bel}_n$ 都是相同辨识框架 2^Θ 上的信任函数,则 n 个信任函数的组合为

$$(((\text{Bel}_1 \oplus \text{Bel}_2) \oplus \text{Bel}_3) \oplus \cdots) \oplus \text{Bel}_n \tag{7.4}$$

如果 $m_1, m_2, \cdots, m_n$ 分别代表 $\text{Bel}_1, \text{Bel}_2, \cdots, \text{Bel}_n$ 的基本可信任分配函数,则证据组合规则可以表示为

$$m = (((m_1 \oplus m_2) \oplus m_3) \oplus \cdots) \oplus m_n \tag{7.5}$$

式中,$\oplus$ 表示直和。由组合证据获得的最终证据,在组合完成过程中与次序无关,即满足结合率。

7.1.3　冲突证据组合方法

在多传感器信息融合系统中,获取的信息具有多源性和不确定性,这就使得信息源证据可能产生冲突。冲突并非单个证据焦元所造成,它可能是由两个证据的误差、某种未知或不确定原因、外部扰动等因素造成的。而 Dempster 组合规则在组合冲突证据时会产生与直觉相悖的结论,即产生冲突证据的组合问题。因此,如何在证据高度冲突下实现多源信息的有效融合是一个迫切需要解决的问题。

针对冲突证据的组合问题,目前主要有两种解决策略:一种是修改 Dempster 组合规则;另一种是修改证据源模型,而保持 Dempster 组合规则不变。下面介绍一种基于修改模型的冲突证据组合方法。

1. 证据权值的确定

考虑焦元属性之间及证据之间的相互关联性对证据组合结果的影响,引入 Jousselme 等给出的一个距离函数,度量系统中各个证据间的支持程度。

定义 7.1 Θ 为一包含 n 个两两不同命题的完备的辨识框架,$P(\Theta)$ 是 Θ 所有子集生成的空间。设 $\Pi_{P(\Theta)}$ 是由 $P(\Theta)$ 中的元素组成的空间,如果 $\Pi_{P(\Theta)}$ 中的元素进行线性组合后,仍在 $\Pi_{P(\Theta)}$ 中,则 $\Pi_{P(\Theta)}$ 为证据焦元向量空间,其基为 $P(\Theta)$ 中的元素 $\{A_1, A_2, \cdots, A_m\}$。若 $V \in \Pi_{P(\Theta)}$,则可表示为

$$V = [\alpha_1, \alpha_2, \cdots, \alpha_m] \quad 或 \quad V = \sum_{i=1}^{m} \alpha_i A_i \tag{7.6}$$

其中,$\alpha_i \in R, (i = 1, 2, \cdots, m)$。

定义 7.2 Θ 为一包含 n 个两两不同命题的完备的辨识框架,$\Pi_{P(\Theta)}$ 是 Θ 所有子集生成的空间。一个基本信任分配(BPA)是一个在 $\Pi_{P(\Theta)}$ 中以 $m(A_i)$ 为坐标系的向量 m,表示为

$$m = [m(A_1), m(A_2), \cdots, m(A_m)], \quad A_i \in P(\Theta) \tag{7.7}$$

式中,$m(A_i) \geq 0, i = 1, 2, \cdots, m$,且 $\sum_{i=1}^{m} m(A_i) = 1$。

定义 7.3 Θ 为一包含 n 个两两不同命题的完备的框架,m_i 和 m_j 是在辨识框架 Θ 上的两个 BPA,则 m_i 和 m_j 的距离可以表示为

$$d_{ij} = \sqrt{\frac{1}{2}(m_i - m_j)D(m_i - m_j)} \tag{7.8}$$

式中,D 为一个 $2^n \times 2^n$ 矩阵,矩阵中的元素为

$$D(A_i, A_j) = \frac{|A_i \cap A_j|}{|A_i \cup A_j|}, \quad i, j = 1, 2, \cdots, m \tag{7.9}$$

式中,$|\cdot|$ 表示焦元属性所包含的基元的个数。

具体的计算方法为

$$d_{ij} = \sqrt{\frac{1}{2}(\|m_i\|^2 + \|m_j\|^2 - 2\langle m_i, m_j \rangle)}$$

其中,$\|m\|^2 = \langle m, m \rangle$,$\langle m_i, m_j \rangle$ 为两个向量的内积。

$$\langle m_i, m_j \rangle = \sum_{l=1}^{2^n} \sum_{p=1}^{2^n} m_i(A_l) m_j(A_p) \frac{|A_l \cap A_p|}{|A_l \cup A_p|}$$

设系统所收集的证据数目为 q,可以利用式(7.8)计算出证据体 m_i 和 m_j 之间的两两证据距离,并表示为一个距离矩阵:

$$DM = \begin{bmatrix} 0 & d_{12} & \cdots & d_{1j} & \cdots & d_{1q} \\ \vdots & \vdots & 0 & \vdots & & \vdots \\ d_{i1} & d_{i2} & \cdots & d_{ij} & \cdots & d_{iq} \\ \vdots & \vdots & 0 & \vdots & & \vdots \\ d_{q1} & d_{q2} & \cdots & d_{qj} & \cdots & 0 \end{bmatrix} \tag{7.10}$$

本节定义证据体 m_i 和 m_j 之间的相似性测度 S_{ij} 为

$$S_{ij} = 1 - d_{ij} \quad i,j = 1,2,\cdots,q$$

其结果用一个相似性矩阵表示为

$$\boldsymbol{SM} = \begin{bmatrix} 1 & S_{12} & \cdots & S_{1j} & \cdots & S_{1q} \\ \vdots & \vdots & & \vdots & & \vdots \\ S_{i1} & S_{i2} & \cdots & S_{ij} & \cdots & S_{iq} \\ \vdots & \vdots & & \vdots & & \vdots \\ S_{q1} & S_{q2} & \cdots & S_{qj} & \cdots & 1 \end{bmatrix} \tag{7.11}$$

两个证据体之间的距离越小,它们的相似性程度就越大。本章指定系统中证据体 m_i 的支持度 $\mathrm{Sup}(m_i)$ 为

$$\mathrm{Sup}(m_i) = \sum_{\substack{j=1 \\ j \neq i}}^{q} S_{ij}, \quad i = 1,2,\cdots,q \tag{7.12}$$

式(7.12)的计算是将相似性矩阵中每一行除自身的相似度之外的所有元素求和。可以看出,证据体 m_i 的支持度 $\mathrm{Sup}(m_i)$ 反映的是 m_i 被其他证据支持的程度,它是相似性测度的函数。如果一个证据体与其他证据体越相似,则认为它们相互支持的程度越高,这些证据相互支持对方。如果一个证据与其他证据相似程度越低,则认为它们相互支持的程度越低。将支持度归一化后就得到可信度,可信度反映的是一个证据的可信程度。一般认为,一个证据被其他证据支持的程度越高,该证据就越可信。如果一个证据不被其他证据支持,则认为该证据的可信度低。在求出一个证据 m_i 的支持度后,可以获得证据 m_i 的可信度 Crd_i 为

$$\mathrm{Crd}(m_i) = \frac{\mathrm{Sup}(m_i)}{\displaystyle\sum_{i=1}^{q} \mathrm{Sup}(m_i)}, \quad i = 1,2,\cdots,q \tag{7.13}$$

式中,可信度 $\mathrm{Crd}(m_i)$ 作为证据 m_i 的权重,且满足:$\displaystyle\sum_{i=1}^{q} \mathrm{Crd}(m_i) = 1$。

2. 基于修改模型的组合算法

在获得各个证据的权重后,对冲突证据进行预处理,然后再使用 Dempster 组合规则,具体方法如下。

令 $\alpha_i = \mathrm{Crd}(m_i)(i=1,2,\cdots,q)$,则对冲突证据 $m_i(i=1,2,\cdots,q)$ 进行的预处理为

$$m'_i = \alpha_i \cdot m_i \quad i = 1,2,\cdots,q \tag{7.14}$$

其相应的组合规则为

$$\begin{cases} m(A) = \dfrac{1}{1-k'} \displaystyle\sum_{A_i \cap A_j = A} m'_1(A_i) m'_2(A_j), & A \neq \varnothing \\ m(\varnothing) = 0 \end{cases} \tag{7.15}$$

式中,$k' = \displaystyle\sum_{A_i \cap A_j = \varnothing} m_1(A_i) m_2(A_j)$。

一个证据的权值反映其他证据体对该证据的支持程度。如果这种支持程度越高,则相应的权值也就越高,对组合结果贡献也就越大;反之,如果这种支持程度越低,则相应的权值也就越低,对组合结果贡献也就越小。但是,上述组合方法,也面临着"一票否决"问题及

"鲁棒性"问题。为了解决这些问题,本章引入平均证据(即证据源中相对应的焦元 BPA 进行算术平均)代替冲突证据,具体算法步骤如下。

步骤 1 依据冲突因子 k,判断证据源是否有证据冲突。如果没有证据冲突,则采用 Dempster 组合规则进行融合处理;反之,进行下一步。

步骤 2 基于证据源的 BPA 及其焦元属性,由公式确定证据的权值。

步骤 3 计算证据源的平均证据。

步骤 4 将平均证据代替证据源中的冲突证据,并继承相应的权值。

步骤 5 依据公式对证据模型进行修改,然后通过公式对修改模型进行组合。

步骤 6 对组合后的焦元的 BPA 进行归一化处理。

该算法引入平均证据的作用有两方面:一方面是解决冲突证据组合中的"一票否决"问题及"鲁棒性"问题;另一方面是充分利用冲突证据信息,避免证据有效信息的损失。平均证据在组合规则中的作用能力受冲突证据的权值限制,因此,平均证据在组合时不会起到主导作用,也就是说,证据组合过程中不会出现"一票否决"现象。

7.2 河口地面监测信息融合

以长江口水文站 2002 年 1—3 月水质监测数据为对象,取 4 种常规的水质指标的测量值,作为融合输入数据(见表 7-1,表中的数据是在同一监测断面,对不同监测深度的数据取均值)。引入证据理论对其进行融合处理,建立相应的评价模型,并与传统的 BP 神经网络评价模型进行比较。实验结果说明了证据理论用于水质监测数据融合处理的效果,并分析了 D-S 融合方法的优缺点,同时也说明了证据理论为水质评价提供了一种新的方法。

表 7-1 长江口地表水体环境质量(部分)　　　　　　　　　　　　单位: mg/L

月　　份	BOD$_5$	高锰酸盐指数	溶　解　氧	氨　　氮
1	0.95	2.28	10.8	0.213
2	1.58	2.55	10.55	0.378
3	0.9	3.03	10.5	0.37

7.2.1 信息融合模型

在水质监测中,每种监测项目的测量值相当于一个证据组,地面水环境质量国家标准中将其划分为 5 类{Ⅰ,Ⅱ,Ⅲ,Ⅳ,Ⅴ},地表水环境质量标准及 BP 网络希望输出值如表 7-2 所示。首先,水质的 5 种类型看作一个辨识框架。其次,对每组证据赋予相应的可信任分配(BPA),通过 Dempster 组合规则,构成新的可信任分配,形成一个新的证据组。最后,依据这个新的证据组以及目标判定原则对水质进行评价。

在实际水质监测过程中,传感器对同一物理量的测量值受两个因素的影响:传感器本身的工作性能和传感器工作时的各种干扰情况,如机械噪声、电磁波的影响。每种证据对应的基本可信任分配值由监测人员或专家系统根据经验得到,具体的基本可信任分配值见表 7-3。

表 7-2 地表水环境质量标准及 BP 网络希望输出值 单位：mg/L

水质类型	地表水环境质量标准				BP 网络希望输出值
	BOD$_5$≤	高锰酸盐指数≤	溶解氧≥	氨氮≤	
Ⅰ	3	2	7.5	0.15	1 0 0 0 0 0
Ⅱ	3	4	6	0.5	0 1 0 0 0 0
Ⅲ	4	6	5	1.0	0 0 1 0 0 0
Ⅳ	6	10	3	1.5	0 0 0 1 0 0
Ⅴ	10	15	2	2.0	0 0 0 0 1

表 7-3 水质监测数据的基本可信任分配值

地表水环境质量标准	水质类型							
	Ⅰ	Ⅰ、Ⅱ	Ⅱ	Ⅱ、Ⅲ	Ⅲ	Ⅲ、Ⅳ	Ⅳ	Θ
BOD$_5$	0.64	0.11	0.08	0.06	0.03	0.02	0.01	0.05
高锰酸盐指数	0.12	0.56	0.1	0.08	0.04	0.02	0.01	0.07
溶解氧	0.75	0.12	0.05	0.03	0.01	0	0	0.04
氨氮	0.06	0.23	0.57	0.07	0.02	0.02	0	0.03

7.2.2 基于证据理论的信息融合

基于证据理论，对表 7-3 中水质指标数据进行融合，其结果见表 7-4 及表 7-5。

表 7-4 BOD$_5$ 和溶解氧指标数据融合

$k=0.2201$	Ⅰ	Ⅰ、Ⅱ	Ⅱ	Ⅱ、Ⅲ	Ⅲ	Ⅲ、Ⅳ	Ⅳ	Θ
BOD$_5$	0.64	0.11	0.08	0.06	0.03	0.02	0.01	0.05
溶解氧	0.75	0.12	0.05	0.03	0.01	0	0	0.04
融合结果	0.9006	0.0303	0.0522	0.0073	0.0055	0.001	0.0005	0.0026

表 7-5 BOD$_5$ 和高锰酸盐指数指标数据融合

$k=0.239$	Ⅰ	Ⅰ、Ⅱ	Ⅱ	Ⅱ、Ⅲ	Ⅲ	Ⅲ、Ⅳ	Ⅳ	Θ
BOD$_5$	0.64	0.11	0.08	0.06	0.03	0.02	0.01	0.05
高锰酸盐指数	0.12	0.56	0.1	0.08	0.04	0.02	0.01	0.07
融合结果	0.656	0.1279	0.1698	0.0171	0.0164	0.0037	0.0022	0.0046

从表 7-4 及表 7-5 中的结果可以看出，$m(\Theta)$ 明显减小，说明信息融合降低了系统的不确定性，同时融合后的 BPA 比融合前的 BPA 具有更好的可区分性。从表 7-4 中的结果可以看出，融合前，两个水质指标（BOD$_5$ 和溶解氧）中Ⅰ类的 BPA 比其他类都大；融合后Ⅰ类的 BPA 为 0.9006，比其他类也都大，而且比融合前 BOD$_5$ 或溶解氧的 BPA 大，差距也更加明显。从表 7-5 中结果也可以看出类似的情况。最后基于最大组合的 BPA，确定水质级别为Ⅰ类。因此，依据融合后的数值来判别水质状况，更有说服力，同时也说明证据理论用于水质监测数据的融合处理是可行的。

7.2.3 基于 BP 网络的信息融合

BP(Back-Propagation)网络是一种误差反向传播多层神经网络，从信息融合的角度，通过采用 BP 网络方法，构建水质评价模型，对水质进行评价，可以确定水质等级。BP 网络学习阶段的输入数据可通过国家标准规定的数值来确定,希望输出数据见表 7-2。

考虑到既要满足精度要求,又要提高学习效率,对于 BP 网络选择一个隐含层。然而,对于隐含层单元数目的确定,目前还没有理论做指导,这里采用"试错法"来确定。试错法的基本步骤如下。

首先,给定较小初始隐含层单元数,构成一个结构较小的 BP 网络并对该网络进行训练,如果训练次数足够多或者在规定的训练次数内没有满足收敛条件,则停止训练。

其次,逐渐增加隐含层单元数,形成新的网络重新训练,直至达到收敛条件。

最后,根据试验获得训练最大次数和最小次数,以及它们与隐含层单元数的关系,确定隐含层单元数。

输入层、输出层的单元数根据具体应用对象来确定。对于水质监测数据融合处理来说,输入层单元数由水质监测参数(包括五日生化需氧量(BOD_5)、高锰酸盐指数、溶解氧(DO)、氨氮(NH_3-N))数目来确定(共 4 个),输出层单元数为 5,即 5 种类别水(Ⅰ、Ⅱ、Ⅲ、Ⅳ、Ⅴ 类),隐含层单元数根据"试错法"确定为 9。

BP 网络的初始权值和阈值是任意设定的,实验中可以通过 MATLAB 工具箱中 rand()函数产生均匀分布随机数矩阵来确定 BP 网络的初始权值和阈值,使其具有随机性,控制误差(一般根据实际情况而定)定为 0.001,网络的学习率采用变步长法,以加快网络的收敛速度。基于 BP 网络的长江口流域水质评价结果见表 7-6,将训练结果与表 7-2 希望输出值进行对比,确定月水质类别见表 7-6。

表 7-6　基于 BP 网络的长江口流域水质评价结果

月　份	训练结果					评价结果（月水质类别）
	Ⅰ	Ⅱ	Ⅲ	Ⅳ	Ⅴ	
1	1.0763	−0.0852	0.0183	0.0197	0.0069	Ⅰ
2	1.0709	−0.0816	0.0224	0.0197	0.0050	Ⅰ
3	1.0717	−0.0826	0.0226	0.0197	0.0051	Ⅰ

将监测数据与国家标准数据进行对比,可以看出,上述 4 个水质参数监测数据表示的类别大多在Ⅰ类附近,而从表 7-6 中的评价结果可以看出,基于 BP 网络的信息融合,判别长江口流域 1—3 月水质类别也为Ⅰ类,这个结果符合实际情况。这说明充分利用各个监测数据的信息及神经网络的特征提取特点,进行融合处理,可以获得较好的效果。

7.2.4　验证与分析

从信息融合结果可以看出,基于证据理论和基于 BP 网络的水质评价模型的结果是一致的,且都能反映实际水质状况。由于水质类别的国家标准是个范围,上述 4 个水质参数监测数据同地表水国家标准相比,大多在Ⅰ类水附近。这论证了多源信息融合技术引入水质监测数据处理中的可行性。

目前,对证据理论中的信任函数有两种解释。①源于 Dempster 的解释,即认为信任函数是概率的下界,似真函数是概率的上界。又因为证据理论也有类似概率的三公理,从而产生了信任函数是概率函数推广的结论。②以 Smets 为代表的学者认为信任函数仅表示证据,与概率函数没有直接关系。他建立的可传递信任模型把融合过程分成两步:首先是信任级,它只考虑证据影响信任程度,不加主观判断;其次是决策级,利用不充分融合原则将信任函数转换为赌博概率进行决策。这样,它与人的先逻辑思考再决策行动的过程相符,显得更客观。但无论基于哪一种解释,D-S 证据理论都是既可以处理数据级的信息,也可以处理特征级的信息,这为它的广泛应用奠定了基础,其主要原因在于:

(1) 对不确定性信息的表示比较容易,如对命题 A 的信任程度:$[\mathrm{Bel}(A), \mathrm{Pl}(A)]$,构成证据不确定区间,而 $\mathrm{Pl}(A) - \mathrm{Bel}(A)$ 表示证据对命题 A 的不确定程度,而 BP 网络对不确定性信息的表示比较困难;

(2) 在不确定性信息的量测方面的优势比较明显,对命题信任程度的量化,反映了各个水质参数参与评价的贡献大小,这是 BP 网络所不具有的;

(3) 将不确定性信息转换为证据并进行组合,其过程简洁明了,而 BP 网络采用了黑箱模式,其过程难以理解。

因此,证据理论以其在不确定性的表示、量度和组合方面的优势以及在工程应用中表现出来的实用性能,逐步受到大家的重视。但是,基于 Dempster 组合规则对水质监测数据进行融合,有时会出现矛盾或与直觉相悖的结果,如表 7-7 所示。

表 7-7　BOD_5 和氨氮指标数据融合

$k = 0.5037$	Ⅰ	Ⅰ、Ⅱ	Ⅱ	Ⅱ、Ⅲ	Ⅲ	Ⅲ、Ⅳ	Ⅳ	Θ
BOD_5	0.64	0.11	0.08	0.06	0.03	0.02	0.01	0.05
氨氮	0.06	0.23	0.57	0.07	0.02	0.02	0	0.03
融合结果	0.432	0.0808	0.4411	0.0192	0.0189	0.004	0.001	0.003

从表 7-7 中可以看出,融合后,Ⅰ类和Ⅱ类的 BPA 值相差很小,很难通过目标判定原则判定该流域水质的类别,主要因为 $k(= 0.5037)$ 值过大。在 Dempster 组合规则中,k 是一个衡量用于融合的各个证据之间冲突程度的系数。如果 $k = 1$,证据完全冲突,不能使用 Dempster 组合规则进行信息融合;当 $k \to 1$ 时,证据高度冲突,对于高度冲突的证据进行正则化处理将会导致与直觉相悖的结果。从上面分析可以看出,表 7-7 中 BOD_5 指标证据和氨氮指标证据之间具有冲突性,称其为冲突证据。为了解决冲突证据组合问题,我们设计了基于修改模型的冲突证据组合方法。

水质评价有自己的特点:如果对人类影响较大的水质指标如氰化物、挥发酚等超标,而其他水质指标都达到Ⅰ类,那么该流域水质类别应与上述指标类别相同。这就是环境监测部门通常采用的单因子评价方法,即将每个水质监测参数与 GB3838—2002《地表水环境质量标准》中的相应指标标准进行比较,确定该参数所属类别,最后选择其中最差级别作为该区域的水质状况类别。

7.3　湖泊富营养化状态评估的模糊证据理论方法

对于湖泊水体富营养化的评价,已由过去的单因子、单目标或确定性静态评价,发展到目前的多因子综合评价,这使得用于评价湖泊富营养化程度的水质监测数据的数量、类型越来越多。另外,湖泊水质环境的复杂性及湖泊水体富营养状况变化的突发性,可能带来监测数据的模糊性、不确定性。如何有效地处理具有不确定性的水质监测数据,对于湖泊水体富营养化状况的综合评价,显得越来越重要。

湖泊水体富营养状况的突发性,会导致个别水质监测参数数据异常现象。如果采用模糊证据理论进行评价,这种现象会转变为某些焦点元素的显著变化,这就要求基于模糊证据理论的信息融合具有反映这种变化的能力。但目前将 D-S 证据理论推广到模糊集方法中,存在信任函数对某些焦点元素的显著变化不敏感的问题。因此,本节将基于相似度的模糊证据理论对太湖水质监测数据进行融合处理,目的是评价太湖水体富营养化状况,其结果与营养状态指数法(TSIM)进行比较,说明基于相似度的模糊证据理论的有效性和合理性。

通过对太湖区域 12 个监测点进行富营养化状况评估,得出的评估结果符合实际情况。验证了基于相似度的模糊证据理论能够评价区分水域水质富、中、贫情况,也解决了湖泊水体富营养状况的突发性带来的某些焦点元素的显著变化问题。与环境监测部门通常采用的营养状态指数法(TSIM)的评价结果进行比较,发现两种方法评价结果基本一致,这说明应用基于相似度的模糊证据理论对太湖区域富营养化状况进行评价是可行的,评估结果是可信、可靠的。

通过实验可以看出,对于具有模糊概念的湖泊水体富营养评价问题,基于相似度的模糊证据理论对其表达非常方便且处理简单,原因在于该方法结合了证据理论在不确定性的表示、量度和组合方面的优势及模糊集在处理模糊信息方面的优势。但是,从实验分析可以看出,采用基于相似度的模糊证据理论,在证据比较多的情况下,组合后得到不同焦元的个数急剧增加,这将导致证据组合的计算量呈指数级增加,这是本方法需要改进的地方。

7.3.1　基于相似性的模糊证据理论

1. 模糊集合的包含度

在一个复杂系统中,有许多不确定性的来源。随着人们研究范围的扩大,研究的系统越来越复杂,系统的复杂性与经典数学的精确描述越来越不协调。Zadeh 引入的模糊集合,将经典集合模糊化,使具有分明边界的集合变为具有不分明边界的模糊集合。模糊集合理论在复杂系统中得到了成功的应用,特别是在模糊控制中,取得了显著成果。包含度是将"包含关系"度量化,从而包容了"关系"的不确定性。两个集合的包含度是指一个集合包含于另一个集合的程度。

定义 7.4　设 X 是一论域,$\tilde{A}$ 和 $\tilde{B}$ 是 X 中的两个模糊子集合,集合 $\tilde{A}$ 包含于集合 $\tilde{B}$ 的程度 $I(\tilde{A}\subseteq\tilde{B})$ 称为包含度,如果它满足以下四个条件:

(1) $0\leqslant I(\tilde{A}\subseteq\tilde{B})\leqslant 1$;

(2) $\tilde{A}\subseteq\tilde{B}$ 时,$I(\tilde{A}\subseteq\tilde{B})=1$;

(3) $\tilde{A}\subseteq\tilde{B}\subseteq\tilde{C}$ 时,$I(\tilde{C}\subseteq\tilde{A})\leqslant I(\tilde{B}\subseteq\tilde{A})$;

(4) $\tilde{A}\subseteq\tilde{B}$ 时,对于任意模糊集合 $\tilde{C}$ 有 $I(\tilde{C}\subseteq\tilde{A})\leqslant I(\tilde{C}\subseteq\tilde{B})$。

条件(1)是对包含度的规范化,包含度在[0,1]中取值。条件(2)表示包含度与经典包含的协调性,经典包含关系是包含度为 1 的特殊情况。条件(3)与(4)是包含度的单调性。粗略地说,一个较小的集合比较容易包含在一个较大的集合中。满足上述条件的包含度 $I(\tilde{A}\subseteq\tilde{B})$ 的形式有很多,例如:

设 X 是一论域,$\tilde{A}$ 和 $\tilde{B}$ 是 X 中的两个模糊子集合,$N(\tilde{A})$ 表示 $\tilde{A}$ 中元素个数,对于 $\tilde{A}$,$\tilde{B}\subseteq X$,记

$$I(\widetilde{A}\widehat{I}\widetilde{B})=\frac{N(\widetilde{A}\bigcap\widetilde{B})}{N(\widetilde{A})}$$

则 $I(\widetilde{A}\subset\widetilde{B})$ 为 $\widetilde{A}$ 关于 $\widetilde{B}$ 的包含度。

在 D-S 证据理论产生不久，一些学者将其推广到模糊集，结合 D-S 证据结构，提出不同的模糊信任函数的表示方式，归结如下：

$$\mathrm{Bel}(\widetilde{B})=\sum_{\widetilde{A}}I(\widetilde{A}\subset\widetilde{B})m(\widetilde{A}) \tag{7.16}$$

式中，$I(\widetilde{A}\subset\widetilde{B})$ 为集合 $\widetilde{A}$ 包含于集合 $\widetilde{B}$ 的包含度，不同的学者提出以下不同的定义形式。

Ishizuka 等将 $I(\widetilde{A}\subset\widetilde{B})$ 定义为

$$I(\widetilde{A}\subset\widetilde{B})=\frac{\min_{\theta}\{1,1+(\mu_{\widetilde{B}}(\theta)-\mu_{\widetilde{A}}(\theta))\}}{\min_{\theta}\mu_{\widetilde{A}}(\theta)} \tag{7.17}$$

Ogawa 等提出：

$$I(\widetilde{A}\subset\widetilde{B})=\frac{\sum_{\theta}\min\{\mu_{\widetilde{A}}(\theta),\mu_{\widetilde{B}}(\theta)\}}{\sum_{\theta}\mu_{\widetilde{B}}(\theta)} \tag{7.18}$$

Yage 提出：

$$I(\widetilde{A}\subset\widetilde{B})=\min_{\theta}\{\max\mu_{\widetilde{A}}(\theta),\mu_{\widetilde{B}}(\theta)\} \tag{7.19}$$

式中，$\theta=\{\theta_1,\theta_2,\cdots,\theta_n\}$ 为辨识框架。

后来，Yen 分析以上 3 个公式表明存在 3 方面的缺陷：①信任函数 Bel 对焦元的变化不敏感；②$I(\widetilde{A}\subset\widetilde{B})$ 表达式不唯一；③作为上、下概率的信任函数 Bel 和似真函数 Pl，没有合理的解释。因而他利用线性规划的方法把与概率相容的信任函数和似真函数推广到模糊集，相应的公式为

$$\mathrm{Bel}(\widetilde{B})=\sum_{\widetilde{A}}m(\widetilde{A})\sum_{\alpha_i}(\alpha_i-\alpha_{i-1})\inf_{\theta\in\widetilde{A}_{\alpha_i}}\mu_{\widetilde{B}}(\theta) \tag{7.20}$$

$$\mathrm{Pl}(\widetilde{B})=\sum_{\widetilde{A}}m(\widetilde{A})\sum_{\alpha_i}(\alpha_i-\alpha_{i-1})\sup_{\theta\in\widetilde{A}_{\alpha_i}}\mu_{\widetilde{B}}(\theta) \tag{7.21}$$

Yen 提出的方法相当于包含度 $I(\widetilde{A}\subset\widetilde{B})=\sum_{\alpha_i}(\alpha_i-\alpha_{i-1})\inf_{\theta\in\widetilde{A}_{\alpha_i}}\mu_{\widetilde{B}}(\theta)$，但是这种定义

的包含度虽然对上述 3 个问题的解决前进了一步，但效果不太明显。特别是第 3 种缺陷，Yen 的方法仍然对信任函数 Bel 和似真函数 Pl 没有合理的解释。

Yang 等针对信任函数 Bel 和似真函数 Pl 对焦元的变化不敏感，提出一种新的信任函数结构，如下：

$$\mathrm{Bel}(\widetilde{B})=\sum_{\widetilde{A}}m(\widetilde{A})\sum_{\alpha}\frac{|\theta_\alpha|}{|\widetilde{A}|}\inf_{\theta\in\widetilde{A}_{\alpha_i}}\mu_{\widetilde{B}}(\theta) \tag{7.22}$$

$$\mathrm{Pl}(\widetilde{B})=\sum_{\widetilde{A}}m(\widetilde{A})\sum_{\alpha}\frac{|\theta_\alpha|}{|\widetilde{A}|}\sup_{\theta\in\widetilde{A}_{\alpha_i}}\mu_{\widetilde{B}}(\theta) \tag{7.23}$$

式中，$\theta_\alpha = \{\theta \mid \mu_{\widetilde{A}}(\theta) = \alpha\}, \alpha \in [0,1]$；$|\theta_\alpha| = \sum_{\theta \in \theta_\alpha} \mu_{\widetilde{A}}(\theta)$；$|\widetilde{A}| = \sum_{\theta} \mu_{\widetilde{A}}(\theta)$。这种结构能够在一定程度上克服上述问题，并能获取更多的变化信息。然而，这种方法也存在信任函数 Bel 和似真函数 Pl 对焦元的变化不敏感问题。因此，从相似度的角度，进行 D-S 证据理论的模糊推广，可解决上述问题。

2. 模糊集合的相似度

两个模糊集合的相似度是指一个集合相似于另外一个集合的程度。

定义 7.5 设 X 是一论域，$\widetilde{A}$ 和 $\widetilde{B}$ 是 X 中的两个模糊子集合，存在一实函数 S：$F \times F \rightarrow \mathbf{R}^+$，若实函数 S 满足下列条件：

(s1) $0 \leqslant S(\widetilde{A}, \widetilde{B}) \leqslant 1$；

(s2) $S(\widetilde{A}, \widetilde{B}) = S(\widetilde{B}, \widetilde{A})$；

(s3) $S(\widetilde{A}, \widetilde{A}) = 1$；

(s4) $\widetilde{A} \subset \widetilde{B} \subset \widetilde{C}$ 时，则 $S(\widetilde{A}, \widetilde{B}) \geqslant S(\widetilde{A}, \widetilde{C}), S(\widetilde{B}, \widetilde{C}) \geqslant S(\widetilde{A}, \widetilde{C})$。

则称实函数 $S(\widetilde{A}, \widetilde{B})$ 为集合 $\widetilde{A}$ 相似于集合 $\widetilde{B}$ 的相似度。

条件(s1)是对相似度的规范化，相似度在[0,1]中取值；条件(s2)表示相似度函数 S 满足交换律；条件(s3)表示模糊集合与其自身之间的相似度为 1；条件(s4)是相似度的单调性。

如果相似度 $S(\widetilde{A}, \widetilde{B})$ 满足：

$$(s5) \ S(\widetilde{A}, \widetilde{B}) = S(\widetilde{B}, \widetilde{A}) \Leftrightarrow \widetilde{A} = \widetilde{B}$$

则称相似度 $S(\widetilde{A}, \widetilde{B})$ 为严格相似度。

满足上述条件的相似度 $S(\widetilde{A}, \widetilde{B})$ 的形式有很多，例如：

设 X 是一论域，X 的基为 n，两个模糊集合 $\widetilde{A}, \widetilde{B} \subseteq X$，$\widetilde{A} = [a_1/x_1, a_2/x_2, \cdots, a_n/x_n]$，$\widetilde{B} = [b_1/x_1, b_2/x_2, \cdots, b_n/x_n]$，有

$$S(\widetilde{A}, \widetilde{B})_1 = 1 - \frac{1}{n} \sum_i |a_i - b_i|$$

$$S(\widetilde{A}, \widetilde{B})_2 = 1 - \frac{1}{\sqrt{n}} \sqrt{\sum_i [a_i - b_i]^2}$$

$$S(\widetilde{A}, \widetilde{B})_p = 1 - \left\{ \frac{1}{n} \sum_i |a_i - b_i|^p \right\}^{\frac{1}{p}}, \quad p \geqslant 1$$

很明显，$S(\widetilde{A}, \widetilde{B})_1$、$S(\widetilde{A}, \widetilde{B})_2$、$S(\widetilde{A}, \widetilde{B})_p$ 满足条件(s1)~(s4)。

确定相似度函数 $S(\widetilde{A}, \widetilde{B})$ 有两个关键之处：①论域的确定；②寻找满足条件(s1)~(s4)的函数。其实，不同的应用对象，相应的相似度函数 $S(\widetilde{A}, \widetilde{B})$ 表示形式也不相同。本章针对证据理论向模糊集扩展的情况，将模糊集合的相似度引入证据空间中，确定模糊焦元之间的相似性程度，以便确定信任函数的贡献因子及相应的组合规则。

3. 证据理论的模糊集扩展

1）信任函数的扩展

考虑到传统的证据理论在不确定性的表示和组合方面的优势，在向模糊集推广和扩展过程中，本章采用基于模糊集合的相似度确定信任函数的贡献因子。

在证据理论中，证据的信任程度是通过信任区间表示，信任函数值作为上界，似真函数作为下界。在一个辨识框架内，一个焦元的信任函数值是所有该焦元子集的 BPA 值之和；一个焦元的似真函数值是所有与该焦元的交集不为空集的焦元的 BPA 值之和。然而，当焦元为模糊集时，这种关系转换为模糊集合之间的关系。考虑到模糊集合之间相似性的特点，这里引入模糊集合相似度，定义信任函数的贡献因子。

定义 7.6　（信任函数贡献因子）：设一辨识框架 $\Theta=\{\theta_1,\theta_2,\cdots,\theta_n\}$，$\theta_i\in R^+(i=1,2,\cdots,n)$，$\widetilde{A},\widetilde{B}$ 为其上的模糊焦元，$\widetilde{A},\widetilde{B}\in\widetilde{P}_\Theta$，$\widetilde{A}=(\mu_{\widetilde{A}}(\theta_1)/\theta_1,\mu_{\widetilde{A}}(\theta_2)/\theta_2,\cdots,\mu_{\widetilde{A}}(\theta_n)/\theta_n)$，$\widetilde{B}=(\mu_{\widetilde{B}}(\theta_1)/\theta_1,\mu_{\widetilde{B}}(\theta_2)/\theta_2,\cdots,\mu_{\widetilde{B}}(\theta_n)/\theta_n)$，则模糊焦元 $\widetilde{A}$ 对 $\mathrm{Bel}(\widetilde{B})$ 的贡献因子为

$$F_*(\widetilde{B};\widetilde{A})=1-\frac{1}{|\widetilde{A}|}\sum_i^{|\widetilde{A}|}|\mu_{\widetilde{B}}(\theta_i)-\mu_{\widetilde{A}}(\theta_i)| \tag{7.24}$$

式中，$|\widetilde{A}|$ 为模糊焦元 $\widetilde{A}$ 的基（$\widetilde{A}$ 包含基元的个数）。

定义 7.7　（似真函数贡献因子）：设一辨识框架 $\Theta=\{\theta_1,\theta_2,\cdots,\theta_n\}$，$\theta_i\in R^+(i=1,2,\cdots,n)$，$\widetilde{A},\widetilde{B}$ 为其上的模糊焦元，$\widetilde{A},\widetilde{B}\in\widetilde{P}_\Theta$，$\widetilde{A}=(\mu_{\widetilde{A}}(\theta_1)/\theta_1,\mu_{\widetilde{A}}(\theta_2)/\theta_2,\cdots,\mu_{\widetilde{A}}(\theta_n)/\theta_n)$，$\widetilde{B}=(\mu_{\widetilde{B}}(\theta_1)/\theta_1,\mu_{\widetilde{B}}(\theta_2)/\theta_2,\cdots,\mu_{\widetilde{B}}(\theta_n)/\theta_n)$，则模糊焦元 $\widetilde{A}$ 对 $\mathrm{Pl}(\widetilde{B})$ 的贡献因子为

$$F^*(\widetilde{B};\widetilde{A})=1-\frac{1}{|\Theta|}\sum_i^{|\Theta|}|\mu_{\widetilde{B}}(\theta_i)-\mu_{\widetilde{A}}(\theta_i)| \tag{7.25}$$

式中，$|\Theta|$ 为辨识框架 Θ 的基（Θ 包含基元的个数）。

由定义可以获得模糊证据理论的信任函数，其表示形式如下：

$$\mathrm{Bel}(\widetilde{B})=\sum_i F_*(\widetilde{B};\widetilde{A}_i)m(\widetilde{A}_i) \tag{7.26}$$

$$\mathrm{Pl}(\widetilde{B})=\sum_i F^*(\widetilde{B};\widetilde{A}_i)m(\widetilde{A}_i) \tag{7.27}$$

如果考虑辨识框架中基元的重要程度，则相应的贡献因子的定义如下。

定义 7.8　设一辨识框架 $\Theta=\{\theta_1,\theta_2,\cdots,\theta_n\}$，$\theta_i\in R^+(i=1,2,\cdots,n)$，$\theta_i$ 对应的权值为 $\omega_i(i=1,2,\cdots,n)$，$\widetilde{A},\widetilde{B}$ 为其上的模糊焦元，$\widetilde{A},\widetilde{B}\in\widetilde{P}_\Theta$，$\widetilde{A}=(\mu_{\widetilde{A}}(\theta_1)/\theta_1,\mu_{\widetilde{A}}(\theta_2)/\theta_2,\cdots,\mu_{\widetilde{A}}(\theta_n)/\theta_n)$，$\widetilde{B}=(\mu_{\widetilde{B}}(\theta_1)/\theta_1,\mu_{\widetilde{B}}(\theta_2)/\theta_2,\cdots,\mu_{\widetilde{B}}(\theta_n)/\theta_n)$，则模糊焦元 $\widetilde{A}$ 对 $\mathrm{Bel}(\widetilde{B})$、$\mathrm{Pl}(\widetilde{B})$ 的贡献因子分别为

$$F_*(\widetilde{B};\widetilde{A})_\omega=1-\frac{1}{|\widetilde{A}|}\sum_i^{|\widetilde{A}|}\omega_i|\mu_{\widetilde{B}}(\theta_i)-\mu_{\widetilde{A}}(\theta_i)|$$

$$F^*(\widetilde{B};\widetilde{A})_\omega=1-\frac{1}{|\Theta|}\sum_i^{|\Theta|}\omega_i|\mu_{\widetilde{B}}(\theta_i)-\mu_{\widetilde{A}}(\theta_i)| \tag{7.28}$$

将式（7.28）中的 $F_*(\widetilde{B};\widetilde{A})_\omega$、$F^*(\widetilde{B};\widetilde{A})_\omega$ 分别代替式（7.26）与式（7.27）中的 $F_*(\widetilde{B};\widetilde{A}_i)$、$F^*(\widetilde{B};\widetilde{A}_i)$，就可以得到权值的信任函数度量方法。

以上对信任函数的模糊集扩展只考虑了模糊焦元是有限集合的情况，对于模糊焦元是无限集合的情况，本章有如下定义。

定义 7.9 设一辨识框架 $\Theta=(\theta_1,\theta_2,\cdots\theta_n,\cdots)$，$\theta_i \in R^+(i=1,2,\cdots,n,\cdots)$，$\widetilde{A}$、$\widetilde{B}$ 为其上的模糊焦元，$\widetilde{A},\widetilde{B} \in \widetilde{P}_\Theta$，$\widetilde{A}=(\mu_{\widetilde{A}}(\theta_1)/\theta_1,\mu_{\widetilde{A}}(\theta_2)/\theta_2,\cdots,\mu_{\widetilde{A}}(\theta_n)/\theta_n,\cdots)$，$\widetilde{B}=(\mu_{\widetilde{B}}(\theta_1)/\theta_1,\mu_{\widetilde{B}}(\theta_2)/\theta_2,\cdots,\mu_{\widetilde{B}}(\theta_n)/\theta_n,\cdots)$，则模糊焦元 $\widetilde{A}$ 对 $\mathrm{Bel}(\widetilde{B})$、$\mathrm{Pl}(\widetilde{B})$ 的贡献因子分别为

$$F_*(\widetilde{B};\widetilde{A})_\infty = 1 - \frac{1}{|\widetilde{A}|}\int_{|\widetilde{A}|} |\mu_{\widetilde{B}}(\theta)-\mu_{\widetilde{A}}(\theta)|\,\mathrm{d}\theta$$

$$F^*(\widetilde{B};\widetilde{A})_\infty = 1 - \frac{1}{|\Theta|}\int_{|\Theta|} |\mu_{\widetilde{B}}(\theta)-\mu_{\widetilde{A}}(\theta)|\,\mathrm{d}\theta \tag{7.29}$$

2）基于相似度的模糊证据组合规则

模糊证据理论的组合规则采用 Haenni 思想，即修改信任分配模型而不改变 Dempster 组合规则的形式，因为 Dempster 组合规则具有良好的性质。在进行证据组合之前，需要对模糊焦元的 BPA 值进行修正。本章基于模糊集合之间的相似性，确定模糊焦元 $\widetilde{C}$ 与模糊焦元 $\widetilde{A}$ 之间的相似度，作为权值，对模糊焦元 $\widetilde{A}$ 的 BPA 值进行修正，其权值 $\omega(\widetilde{C},\widetilde{A})$ 为

$$\omega(\widetilde{C},\widetilde{A}) = 1 - \frac{1}{|\Theta|}\sum_i |\mu_{\widetilde{C}}(\theta_i)-\mu_{\widetilde{A}}(\theta_i)| \tag{7.30}$$

假设 Bel_1 和 Bel_2 是相同辨识框架 $\Theta=\{\theta_1,\theta_2,\cdots,\theta_n\}$ 上的信任函数，具有基本可信任分配函数 m_1 和 m_2 以及模糊焦元 $\{\widetilde{A}_1,\widetilde{A}_2,\cdots,\widetilde{A}_p\}$ 和 $\{\widetilde{B}_1,\widetilde{B}_2,\cdots,\widetilde{B}_q\}$，于是，基本可信任分配函数 $m:2^\Theta \rightarrow [0,1]$ 对于所有基本信任分配的非空集 $\widetilde{C}$，有

$$m(\widetilde{C}) = m_1 \oplus m_2(\widetilde{C}) = \frac{\displaystyle\sum_{\widetilde{A}_i \cap \widetilde{B}_j=\widetilde{C}} \omega(\widetilde{C},\widetilde{A}_i)m_1(\widetilde{A}_i)\omega(\widetilde{C},\widetilde{B}_j)m_2(\widetilde{B}_j)}{1-\displaystyle\sum_{\widetilde{A}_i\widetilde{B}_j}(1-\omega(\widetilde{A}_i\cap\widetilde{B}_j,\widetilde{A}_i)\omega(\widetilde{A}_i\cap\widetilde{B}_j,\widetilde{B}_j))m_1(\widetilde{A}_i)m_2(\widetilde{B}_j)}$$

$$\tag{7.31}$$

式中，$\omega(\widetilde{C},\widetilde{A}_i)$ 为模糊焦元 $\widetilde{A}_i(i=1,2,\cdots,p)$ 的权值；$\omega(\widetilde{C},\widetilde{B}_j)$ 为模糊焦元 $\widetilde{B}_j(j=1,2,\cdots,q)$ 的权值。

类似地，这里也可以考虑辨识框架 $\Theta=\{\theta_1,\theta_2,\cdots,\theta_n\}$ 中元素的重要性程度，则相应的权值及组合规则为

$$\omega'(\widetilde{C},\widetilde{A}) = 1 - \frac{1}{|\Theta|}\sum_i \alpha_i |\mu_{\widetilde{C}}(\theta_i)-\mu_{\widetilde{A}}(\theta_i)| \tag{7.32}$$

$$m'(\widetilde{C}) = m_1 \oplus m'_2(\widetilde{C}) = \frac{\displaystyle\sum_{\widetilde{A}_i \cap \widetilde{B}_j = \widetilde{C}} \omega'(\widetilde{C}, \widetilde{A}_i) m_1(\widetilde{A}_i) \omega'(\widetilde{C}, \widetilde{B}_j) m_2(\widetilde{B}_j)}{1 - \displaystyle\sum_{\widetilde{A}_i, \widetilde{B}_j} (1 - \omega'(\widetilde{A}_i \cap \widetilde{B}_j, \widetilde{A}_i) \omega'(\widetilde{A}_i \cap \widetilde{B}_j, \widetilde{B}_j)) m_1(\widetilde{A}_i) m_2(\widetilde{B}_j)}$$

$$(7.33)$$

式中,α_i 为 $\theta_i \in \Theta$ 的权值;$\omega'(\widetilde{C}, \widetilde{A}_i)$ 为模糊焦元 $\widetilde{A}_i (i=1,2,\cdots,p)$ 的权值;$\omega'(\widetilde{C}, \widetilde{B}_j)$ 为模糊焦元 $\widetilde{B}_j (j=1,2,\cdots,q)$ 的权值。

7.3.2　湖泊富营养化状态估计与评价模型

在基于证据理论的多传感器信息融合中,多源互补信息经过融合以后,怎样依据融合结果判断目标或得到所需要的结论(即决策规则选择问题),对于一个信息融合系统来说是至关重要的。对于水质监测数据来说,基于证据理论融合处理后,面临着评价问题,即如何根据水质监测数据融合结果进行水质评价。本节采用最大组合的基本信任分配(BPA)值的决策规则,建立水质评价模型。

首先,根据融合后的模糊焦元 BPA 计算类别焦元的信任函数值。这个过程分两步:一是确定融合后的模糊焦元 BPA 对类别焦元的信任函数(Bel)的贡献因子;二是依据贡献因子计算类别焦元的 Bel 值。接着,选择其中信任函数值最大的类别作为最终评价结果。例如:假设类别焦元 $B_1, B_2, \cdots, B_n$ 通过公式计算的信任函数值分别为 $\mathrm{Bel}(B_1), \mathrm{Bel}(B_2), \cdots, \mathrm{Bel}(B_n)$,则最终的评价结果为 $B^* = \max_i \{\mathrm{Bel}(B_i)\}$。

7.3.3　验证与分析

1. 水质监测数据

依据太湖实际情况及收集到的相关资料,本节选择与太湖富营养化状况直接相关的叶绿素 α(Chl_α)、总磷(TP)、总氮(TN)、化学需氧量(COD)、透明度(SD)作为估计与评价指标。下面以太湖 2003 年 8 月的水质监测数据为对象,取其中的 12 个监测点,具体监测数据如表 7-8 所示。

表 7-8　太湖水质评价参数的实测数据

地　　方	Chl_α/mg·L^{-1}	TP/mg·L^{-1}	TN/mg·L^{-1}	COD/mg·L^{-1}	SD/m
五里湖心	0.068	0.15	3.85	6.5	0.30
闾江口	0.036	0.22	1.32	5.5	0.20
拖山	0.021	0.05	1.03	5.3	0.35
百渎口	0.055	0.16	1.75	7.3	0.20
沙墩港	0.014	0.30	1.35	5.7	0.70
大浦口	0.052	0.23	1.14	10.7	0.20
平台山	0.006	0.05	1.77	3.4	0.80
漫山	0.01	0.1	1.22	4.4	0.90
大雷山	0.01	0.06	1.36	6.1	0.65
小梅口	0.006	0.08	1.41	3.6	0.80

地　　方	Chl_α/mg·L^{-1}	TP/mg·L^{-1}	TN/mg·L^{-1}	COD/mg·L^{-1}	SD/m
泽山	0.008	0.05	1.49	3.6	1.20
胥口	0.005	0.05	0.87	3.7	0.50

2. 水质状态估计和评价标准的确定

水质状态估计和评价标准的确定是湖泊富营养化程度评价中极为重要的一环。目前，我国还没有完全统一的关于湖泊营养类型的划分标准。为了对太湖富营养化程度进行评价，参考相崎宇弘和郁根森两种标准并结合太湖具体情况，给出太湖富营养化程度的评价标准，如表 7-9 所示。

表 7-9　太湖富营养化程度的评价标准

营养类型	Chl_α/mg·L^{-1}	TP/mg·L^{-1}	TN/mg·L^{-1}	COD/mg·L^{-1}	SD/m
贫营养化	0.0016	0.0046	0.079	0.48	8.00
贫-中营养化	0.0041	0.0100	0.160	0.96	4.40
中营养化	0.0100	0.0230	0.310	1.80	2.40
中-富营养	0.0260	0.0500	0.650	3.60	1.30
富营养化	0.0640	0.1100	1.200	7.10	0.73
重富营养化	0.1600	0.2500	2.300	14.00	0.40
严重富营养化	0.4000	0.5550	4.600	27.00	0.22
异常富营养化	1.000	1.2300	9.100	54.00	0.12

3. 证据获取

由于各评价指标具有不同的量纲，且类型不同，故指标间具有不可公度性。因此，在进行评价时首先应消除不同量纲的影响，同时结合模糊证据理论的特点，将每个指标的监测数据转换为相应的证据，依据监测人员或专家系统的经验，确定每种证据对应的 BPA。

根据近年来太湖水质状况，本章选择辨识框架为 $\Theta = \{1, 2, 3\}$，其中：1 表示贫营养化；2 表示中营养化；3 表示富营养化。相应的模糊子集为 $\{\widetilde{A}_1, \widetilde{A}_2, \widetilde{A}_3, \widetilde{A}_4, \widetilde{A}_5, \widetilde{A}_6, \widetilde{A}_7, \widetilde{A}_8\}$，其具体数值及代表的水质类别如下：

$\widetilde{A}_1 = \{1/1, 0.50/2, 0.25/3\}$　　　　贫营养化

$\widetilde{A}_2 = \{0.65/1, 0.55/2, 0.25/3\}$　　　贫-中营养化

$\widetilde{A}_3 = \{0.5/1, 1/2, 0.5/3\}$　　　　　中营养化

$\widetilde{A}_4 = \{0.25/1, 0.65/2, 0.55/3\}$　　　中-富营养化

$\widetilde{A}_5 = \{0.25/1, 0.5/2, 1/3\}$　　　　富营养化

$\widetilde{A}_6 = \{0.1/1, 0.2/2, 1/3\}$　　　　重富营养化

$\widetilde{A}_7 = \{0.1/2, 1/3\}$　　　　　　严重富营养化

$\widetilde{A}_8 = \{1/3\}$　　　　　　　　异常富营养化

以五里湖心为例，依据监测人员或专家系统的经验，将水质参数 Chl_α、TP、TN、COD、SD 数据，转换为证据的 BPA，其值见表 7-10。

表 7-10　不同证据的 BPA

证据	$\tilde{A}_1$	$\tilde{A}_2$	$\tilde{A}_3$	$\tilde{A}_4$	$\tilde{A}_5$	$\tilde{A}_6$	$\tilde{A}_7$	$\tilde{A}_8$
Chl_α	0	0	0	0.1	0.8	0.1	0	0
TP	0	0	0	0.2	0.6	0.2	0	0
TN	0	0	0	0	0.1	0.3	0.5	0.1
COD	0	0	0	0.2	0.7	0.1	0	0
SD	0	0	0	0	0	0.3	0.6	0.1

4. 实验结果分析

从表 7-10 可以看出,证据数为 5,模糊焦元个数为 8,其组合后得到的不同焦元个数为 218。考虑到模糊焦元 $\tilde{A}_1$,$\tilde{A}_2$,$\tilde{A}_3$ 相对于这 5 个证据的 BPA 值都为 0,如果组合分子中含有 $\tilde{A}_i$($i=1,2,3$)中的任何一个,则组合结果为 0,即如果有模糊焦元 $\tilde{A}_1$,$\tilde{A}_2$,$\tilde{A}_3$ 之一参加组合,其结果不变且都为 0,因此,不考虑模糊焦元 $\tilde{A}_1$,$\tilde{A}_2$,$\tilde{A}_3$ 参加组合的情况。对于剩下的 5 个模糊焦元 $\tilde{A}_4$,$\tilde{A}_5$,$\tilde{A}_6$,$\tilde{A}_7$,$\tilde{A}_8$,其相应的 5 个证据依据公式进行组合,得到不同的组合焦元个数为 31。由表 7-10 证据 BPA 分布的特点,最后得到 9 种不同的组合焦元 $\tilde{C}_1$,$\tilde{C}_2$,$\cdots$,$\tilde{C}_9$,其 BPA 见表 7-11。

表 7-11　证据组合后模糊焦元的 BPA

基本概率分配	$\tilde{C}_1$	$\tilde{C}_2$	$\tilde{C}_3$	$\tilde{C}_4$	$\tilde{C}_5$
BPA	0.0000	0.0000	0.00745	0.0197	0.07285

基本概率分配	$\tilde{C}_6$	$\tilde{C}_7$	$\tilde{C}_8$	$\tilde{C}_9$
BPA	0.0000	0.01004	0.2035	0.0866

表 7-11 中 $\tilde{C}_1=\{0.25/1,0.65/2,0.55/3\}$,$\tilde{C}_2=\{0.25/1,0.5/2,1/3\}$,$\tilde{C}_3=\{0.1/1,0.2/2,1/3\}$,$\tilde{C}_4=\{0.1/2,1/3\}$,$\tilde{C}_5=\{1/3\}$,$\tilde{C}_6=\{0.25/1,0.5/2,0.55/3\}$,$\tilde{C}_7=\{0.1/1,0.2/2,0.55/3\}$,$\tilde{C}_8=\{0.1/2,0.55/3\}$,$\tilde{C}_9=\{0.55/3\}$。

得到焦元 $\tilde{C}_1$,$\tilde{C}_2$,$\cdots$,$\tilde{C}_9$ 的 BPA 之后,采用公式计算类别焦元 $\tilde{A}_1\sim\tilde{A}_8$ 的 Bel 值,结果见表 7-12。从表 7-12 看出,焦元 $\tilde{A}_7$ 的 Bel 值最大,因此,太湖区域五里湖心的富营养状况为严重富营养化。

表 7-12　证据组合后模糊焦元 $\tilde{A}_1\sim\tilde{A}_8$ 的信任函数值

信任函数值	$\tilde{A}_1$	$\tilde{A}_2$	$\tilde{A}_3$	$\tilde{A}_4$
Bel	0.22711	0.22328	0.24052	0.29693

信任函数值	$\tilde{A}_5$	$\tilde{A}_6$	$\tilde{A}_7$	$\tilde{A}_8$
Bel	0.26661	0.30272	0.31271	0.301

与五里湖心的富营养化状况评价过程类似,可得到其他 11 个位置的富营养状况,结果见表 7-13。从表 7-13 可以看出,2003 年 8 月太湖区域富营养化状况分布为整个区域基本上都属于中富营养化状态,北部区域比南部区域富营养状况严重,东部情况较好,这一结果符合实际情况。

表 7-13　太湖 12 个位置的富营养化评价结果比较

位　　置	TSIM	本 节 方 法	位　　置	TSIM	本 节 方 法
五里湖心	富营养化	严重富营养化	平台山	中营养化	中营养化
闾江口	富营养化	富营养化	漫山	中营养化	中-富营养化
拖山	富营养化	富营养化	大雷山	中营养化	中-富营养化
百渎口	富营养化	重富营养化	小梅口	中营养化	中营养化
沙墩港	富营养化	富营养化	泽山	中营养化	中营养化
大浦口	富营养化	重富营养化	胥口	中营养化	中-贫营养化

环境监测部门采用的 TSIM 法对这 12 个位置的评价结果，如表 7-13 所示。从表 7-13 的评价结果可以看出，本书的评价方法与 TSIM 方法基本一致。由于环境监测部门将区域富营养状况分为 3 个等级：富营养化、中营养化、贫营养化，而本节将其分为 8 个等级（$\widetilde{A}_1 \sim \widetilde{A}_8$），比环境监测部门分的等级要细，因此相应地出现细微的差异。如果采用环境监测部门对区域富营养状况的划分等级，即富营养化、中营养化、贫营养化 3 个等级，由表 7-13 可以看出，依据本节的方法，判定五里湖心的富营养化状况为富营养化（$\mathrm{Bel}(\widetilde{A}_5) = \max\{\mathrm{Bel}(\widetilde{A}_1), \mathrm{Bel}(\widetilde{A}_3), \mathrm{Bel}(\widetilde{A}_5)\}$），与 TSIM 方法一致，其他 11 个位置的富营养化状况评价结果与 TSIM 方法评价结果也一致。分析、比较表明，基于相似度的模糊证据理论对区域富营养化状况的评价结果与 TSIM 方法的评价结果一致，这说明应用本节方法得到的估计与评价结果是可靠的。

7.4　湖泊富营养化状态评估的 BP 网络证据理论方法

随着水质监测手段的多元化，监测到的水质数据种类越来越多，也越来越复杂。这些数据之间可能存在冗余、互补，也可能相互矛盾。传统的在多源水质监测数据与水质类型之间建立映射关系（模型）的方法已不能完全满足需要，同时监测环境的复杂性以及传感器的不精确性，使得监测数据具有模糊性、不精确性及不确定性。

证据理论应用于水质评价时，由于基本可信度的分配函数 BPAF（Basic Probability Assignment Function）不容易确定，在实际应用中大都由统计方法或凭经验公式得出，带有一定的主观性，故单一的证据理论方法难以准确地确定 BPAF。

本节介绍一种 BP 神经网络和证据理论相结合的信息融合方法，并将其应用于湖泊水体富营养化评价。该方法是将多个 BP 神经网络的输出结果作为证据理论的基本可信度分配函数，然后依据组合规则进行融合，最终做出对湖泊水体富营养化程度的评价。

7.4.1　BP 网络证据理论方法

在对已有文献进行分析的基础上，将 BP（Back-Propagation）神经网络方法和证据理论方法结合起来，首先采用神经网络的输出结果来构造证据理论的基本可信度分配函数，即把每个神经网络的输出作为证据，然后经证据理论融合，得到水质评价结果。基于 BP 网络-证据理论的多源信息融合水质评价方法如图 7-1 所示。由于单个 BP 网络的输出结果具有不稳定性，所以采用多个 BP 网络形成多条基本可信度分配函数作为证据理论的证据输入，通过证据理论的组合规则进行计算，最后，依据新的可信度分配函数值判断湖泊水体富营养化的程度。

图 7-1　基于 BP 网络-证据理论的多源信息融合水质评价方法

在水体测点的各测量数据之间,它们的相关性很小,再经 BP 网络的非线性映射后,可认为输出结果之间是相互独立的,符合证据理论的组合证据必须是独立的要求。可将 BP 网络的每一输出结果占该次全部输出结果的百分比值,作为对某一水质类别支持的确定性证据。另外,由于 BP 网络本身的误差和不可靠性,加上水质监测数据对某一水质类别的不完全确定性支持,使得 BP 网络输出会出现误差,这种误差可作为不确定性证据。基于 BP 网络证据理论的方法是将上述这种误差用 BP 网络平方和误差函数(SSE)的值表示。对每一个水体测点经多个 BP 网络处理,就得到多条相应的 D-S 证据。

基于 BP 网络证据理论的方法采用的基本可信度分配函数(BPAF)公式如下:

$$\begin{cases} m_i(j) = \dfrac{C_i(j)}{\sum\limits_j C_i(j)} \times R(i) \\ m_i(\theta) = 1 - R(i) \end{cases}, \quad j = 1, 2, \cdots, n; i \text{ 为水质类别} \tag{7.34}$$

式中,$m_i(j)$ 为基本可信度分配函数;$m_i(\theta)$ 为不确定分配函数(表示 BP 网络的不可靠性);$C_i(j)$ 为测量数据的 BP 网络输出结果;$R(i)$ 为 BP 网络处理的可靠性(在实际应用中应包括水质监测传感器的可靠性,因为 BP 网络对不同的水质监测传感器的可靠性不一样)。

7.4.2　监测数据选择与验证分析

采用太湖流域 2003 年 8 月上旬 21 个水文站测点的监测数据进行实验,取 4 种常规总磷(P_total)、高锰酸盐指数(CODmn)、总氮(N_total),叶绿素 α(chl_α)的水质指标的测量值,作为数据融合处理的基本数据,并将融合处理评价结果与营养状态指数(TSI)标准进行比较。

BP 网络是一种误差反向传播的多层神经网络,考虑精度要求及学习效率,在实验中采用三层 BP 神经网络,并给定网络的误差,设计合理的网络权值和神经元阈值。针对水质监测数据融合处理来说,输入层单元数由水质监测参数数目来确定(实验中选 4 个);输出层单元数为 3 个,即 3 种类别水质(富营养类、中营养类、贫营养类)所对应的确定性证据的数目;隐含层单元数采用"试错法"确定为 9 个。

由于水质监测数据具有多源性,为了加快 BP 神经网络的收敛速度,在进行网络学习和识别时,对于初始监测的水质参数数据,需要将这 4 组数据进行规范化处理,规范化的值域为(0,1)。

对 2003 年 8 月上旬太湖 21 个水文站测点的数据依据营养状态指数(TSI)标准,按照富、中、贫营养化重新细分,取 TSI 的值小于 52 为贫营养化,52～62 为中营养化,大于 62 的为富营养化。

21 个测点数据中选其中的 15 个作为样本数据用来训练 BP 网络,另外 6 个测点数据作为验证数据。用训练好的网络的误差性能函数(SSE)值作为 D-S 的不确定性证据。实验中采用 $i = 3$,3 个 BP 网络。$C_1(j)$ 是测点数据经 BP 网络的输出结果,因水质类别共分为富、中、贫 3 类,所以 j 取 3,根据公式可算出 $m_i(j)$。

实验中,训练样本的 BP 网络输出结果及期望值见表 7-14(以 BP 网络 1 为例),6 个验证数据的 BP 网络输出结果见表 7-15。表 7-14 中的 15 个训练样本的实际输出值和期望输出值,对应于表 7-15(验证数据计算结果)中的 BP 网络的输出结果。

表 7-14 训练样本的 BP 网络输出结果及期望值

测点名称及编号	营养状态	TSI 标准	BP 网络的实际输出			BP 网络期望输出值
			贫营养	中营养	富营养	
椒山 7#	中营养化	58.36377	0.0628	0.8536	0.1490	0.1 0.9 0.1
乌龟山 8#	中营养化	60.43678	0.0448	0.8611	0.1546	0.1 0.9 0.1
漫山 9#	中营养化	53.15813	0.1893	0.6193	0.2267	0.1 0.9 0.1
平台山 10#	贫营养化	48.14677	0.9162	0.1016	0.0736	0.9 0.1 0.1
四号灯标 11#	贫营养化	49.65903	0.9176	0.0881	0.1203	0.9 0.1 0.1
泽山 12#	贫营养化	50.96902	0.7781	0.1832	0.1279	0.9 0.1 0.1
大雷山 13#	中营养化	53.15813	0.2299	0.7526	0.0574	0.1 0.9 0.1
沙渚 14#	中营养化	57.76902	0.0447	0.9001	0.1219	0.1 0.9 0.1
百渎口 15#	富营养化	69.88227	0.0556	0.1735	0.8336	0.1 0.1 0.9
大浦口 16#	富营养化	69.33201	0.0456	0.2228	0.8168	0.1 0.1 0.9
新塘港 17#	贫营养化	46.35813	0.9167	0.0870	0.0840	0.9 0.1 0.1
沙塘港 18#	富营养化	73.91929	0.0605	0.1044	0.8899	0.1 0.1 0.9
五里湖心 19#	富营养化	71.96377	0.0755	0.1781	0.7995	0.1 0.1 0.9
胥口 20#	贫营养化	46.35813	0.6745	0.2714	0.0905	0.9 0.1 0.1
犊山口 21#	富营养化	68.94724	0.1020	0.1822	0.7975	0.1 0.1 0.9

表 7-15 验证数据计算结果

测点名称及编号	TSI 标准	融合方法	贫营养 $m_i(j)$	中营养 $m_i(j)$	富营养 $m_i(j)$	不确定 $m_i(\theta)$
拖山 1#	中营养化	BP 网 1	0.0355	0.6703	0.2242	0.0700
		BP 网 2	0.0566	0.3902	0.4086	0.1447
		BP 网 3	0.0611	0.4228	0.4136	0.1025
		BP&D-S	0.0083	0.7056	0.2829	0.0035
闾江口 2#	富营养化	BP 网 1	0.0465	0.1036	0.7798	0.0700
		BP 网 2	0.0077	0.3208	0.5268	0.1447
		BP 网 3	0.0904	0.2289	0.5783	0.1025
		BP&D-S	0.0057	0.0618	0.9299	0.0025
小梅口 3#	贫营养化	BP 网 1	0.6580	0.1402	0.1318	0.0700
		BP 网 2	0.5353	0.2371	0.0829	0.1447
		BP 网 3	0.6560	0.2409	0.0006	0.1025
		BP&D-S	0.9231	0.0654	0.0091	0.0026
新港口 4#	贫营养化	BP 网 1	0.6876	0.1104	0.1320	0.0700
		BP 网 2	0.5106	0.2263	0.1184	0.1447
		BP 网 3	0.7426	0.1537	0.0013	0.1025
		BP&D-S	0.9510	0.0366	0.0102	0.0024

续表

测点名称及 编号	TSI 标准	融合方法	贫营养 $m_i(j)$	中营养 $m_i(j)$	富营养 $m_i(j)$	不确定 $m_i(\theta)$
中桥水厂5#	富营养化	BP 网 1	0.0563	0.4506	0.4231	0.0700
		BP 网 2	0.1177	0.1495	0.5881	0.1447
		BP 网 3	0.0550	0.2608	0.5817	0.1025
		BP&D-S	0.0137	0.1784	0.8045	0.0034
沙墩港6#	中营养化	BP 网 1	0.0614	0.8347	0.0339	0.0700
		BP 网 2	0.0797	0.6866	0.0890	0.1447
		BP 网 3	0.0749	0.6472	0.1755	0.1025
		BP&D-S	0.0073	0.9811	0.0100	0.0018

表 7-14 中的数据是经过公式计算的值。从表 7-14 中可以看出，仅以 BP 网络给出评价决策水质的类别，有时会出现误差。例如，从表 7-14 中的拖山水文站测点来说，"BP 网络 2"给出了富营养化，如将"BP 网络 1、2、3"3 个输出结果，用证据理论再进行融合，得出的水质是中营养化的评价与 TSI 标准得到的结果相符。

中桥水厂与拖山水文站测点类似，输出结果为中营养化，但经证据理论融合处理后，得出富营养类别。间江口、新港口水文站测点在 BP 网络给出的结果对贫营养化的支持程度不大，如果用证据理论对 BP 网络结果做出评价决策，则它们对贫营养化支持率明显增大，这表明经证据理论融合提高了对评价决策的可信度。沙墩港和小梅口在用证据理论融合后也都对对应的水质类别增大了支持力度。

图 7-2 是 TSI 标准和"BP 神经网络 1、2、3"以及本节新方法的水质评价结果图。图中的纵轴：0~1 表示贫营养化，1~2 表示中营养化，2~3 表示富营养化。图中的横轴表示水体测点：1 拖山，2 间江口，3 小梅口，4 新港口，5 中桥水厂，6 沙墩港。相比于 TSI 和"BP 神经网络 1、2、3"的水质评价方法，本节新方法的准确性和稳定性更好。

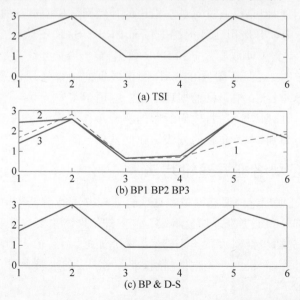

图 7-2　TSI 标准、BP 神经网络以及新方法水质评价结果的比较

BP 网络和证据理论相结合的信息融合方法应用于湖泊水体富营养化的评价,需要进一步研究的问题是:①如何选择更合理的利用 BP 神经网络建立的基本可信度分配函数。②D-S 证据理论不确定性证据的计算。③选择几个 BP 网络才能既减少网络的不稳定性带来的影响,又能让证据理论组合计算量在适度的可接受范围内。

7.5　遥感与地面监测结合的湖泊水质状态评估

为进一步提高湖泊水质状况识别的准确性,本节介绍一种基于神经网络-证据理论的遥感图像数据融合处理方法,并以太湖水质监测数据为例进行了实证分析。该方法首先对不同的遥感输入图像,采用各自相应的神经网络进行处理,然后对神经网络输出的结果做归一化处理,再利用证据理论进行融合,最终给出水质的识别结果。该方法的优点为:①可增加水质识别的容错性;②由于融合了多源水质遥感图像的数据,因而水质状况识别的可信度更高。

7.5.1　研究背景

在湖泊水质监测及水质状况识别中,基于地面监测的传统方法,虽然具有监测水质参数广的优点,但是易受人力、物力和气候、地形、水文等条件的限制,而且存在地面监测站布设的经验性不足和监测船在水面上行进时破坏了监测区域水质状况等缺点,难以实现连续、快速的监测。而遥感监测具有观测范围广、观测周期短、数据时效性强、全天候及动态监测等优点,因此是对传统的地面监测方法的一个有效补充。

利用遥感进行水质监测及水质状况识别,从本质上来说,是一个不确定性问题,因为遥感数据与地面监测的水质参数及状况之间的回归模型常常难以确定,需要大量的实验。虽然 Kenier 所采用的交叉训练的方法使神经网络的推广性能有所提高,并可以在一定程度上提高水质监测的可信度,但是仅通过对单一结构的神经网络模型本身的改进,仍较难从根本上解决问题。Zhang 等联合应用 TM 遥感图像和 ERS-2 SAR 图像进行融合处理,建立 BP 神经网络,其输入为 7 个 TM 波段数据和 SAR 数据,输出层为叶绿素 α、悬浮物等具体的水质参数,但 Zhang 的方法对 TM 图像和 SAR 图像数据的融合处理仍采用的是单一结构的神经网络模型。林志贵、徐立中等将证据理论方法应用于水质监测与评价中,提出了一种多源水质监测数据融合处理评价模型,他们所做的实验工作是采用长江口水文站水质监测数据来对水质状况进行识别,本节介绍的方法是在此基础上的改进。

7.5.2　神经网络证据理论方法

基于神经网络-证据理论的遥感图像数据融合处理方法的系统结构框图如图 7-3 所示,其主要由神经网络部分和证据推理部分组成。其中神经网络主要实现遥感图像数据与水质类别之间的映射,即先初步判别水质类别,形成 n 个证据,然后输入给证据推理部分,依据证据组合规则进行计算,并根据计算结果判别,来得到最终的水质类别。

该方法的优点如下。

(1) 可利用多个遥感图像,融合处理多个传感器在空间和时间上的冗余或互补信息,使水质判别的结果更准确,可信度更高。

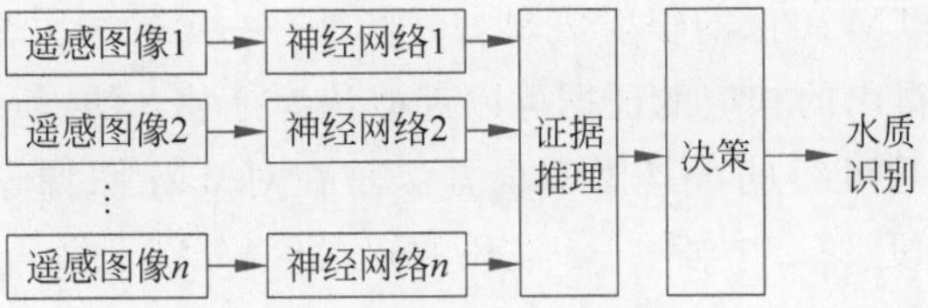

遥感图像1 → 神经网络1 →
遥感图像2 → 神经网络2 → 证据推理 → 决策 → 水质识别
⋮
遥感图像n → 神经网络n →

图 7-3　系统结构框图

（2）湖泊水质类别的数目一般是 5～8 类，由于本方法一般采用的遥感图像数目为 2～4个，所以证据组合的计算量不会呈指数级增长。

1. 神经网络

神经网络模型选择 BP 神经网络，尽管 BP 神经网络有一些固有的缺点，但由于 BP 神经网络是全局逼近网络，因而具有较好的推广性能。BP 神经网络的神经元采用的传递函数通常是 Sigmoid 型可微函数，所以可以实现输入和输出间的任意非线性映射。在本方法中，n 个神经网络都采用 BP 神经网络。

在本方法中，神经网络主要是用来获取水质类别的证据，尽管为了使获取的证据可信度更高，神经网络要求有大量样本的学习，但实际情况是用于水质监测点的数量总是受限制的，因而导致用来训练 BP 神经网络的样本偏少。为了使神经网络的推广性能较好，本节采用交叉训练的方法，即先把有限的样本集随机地分为训练集和验证集，而且训练集的数目要多于验证集的数目，然后利用这些不同的训练集和验证集来训练神经网络，最后通过比较，找出训练误差最小的网络结构作为最终的 BP 神经网络结构。

2. 证据组合的算法实现

由于上述经过"交叉训练"的 BP 神经网络所获取的知识不亚于该领域专家的知识，再对 BP 神经网络输出的结果进行归一化，就可以作为 BPA。设第 n 个 BP 神经网络的输出是 $y_{n,i}$，其中 $n=1,2,\cdots,N$，N 是 BP 神经网络的总个数，$i=1,2,\cdots,C$，C 是水质类别分类种数，而将 $y_{n,i}$ 归一化后得到

$$\hat{y}_{n,i} = y_{n,i}\Big/\sum_{i=1}^{i=C} y_{n,i} \tag{7.35}$$

然后将 $\hat{y}_{n,i}$ 作为 BPA 值，再利用证据组合规则，即可得到最终的水质类别评价结果。

7.5.3　验证与分析

目前，对于湖泊水质的监测及水质状况识别，多采用空间分辨率较高的陆地卫星（如 TM 等）进行研究。本实验以太湖为例，所采用的原始信息包括 Landsat 5 TM 遥感图像数据和同步的地面水质监测数据，获取时间都是 1997-05-04。地面监测点的分布如图 7-4 所示，其中★1～★11 为地面监测点。

1. 数据的预处理

在实验分析中，将 TM 图像的灰度值转换为辐射值后作为一幅遥感图像，而将 TM 图像的主成分分量作为另外一幅遥感图像。由于证据理论的组合规则要求组合的证

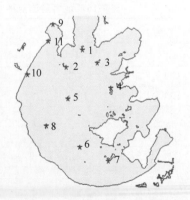

图 7-4　太湖水质地面监测点分布图（部分）

据必须是独立的,虽然 TM 图像的辐射值和主分量具有一定的相关性,但是经过 BP 网络的训练(非线性映射),其得出的相应的证据可以近似认为是独立的,所以上述模拟不同的遥感图像,用来验证本方法是可行的。具体实现方法是在对 TM 图像进行大气校正的基础之上,用 TM 图像第 1 波段、第 2 波段、第 3 波段的辐射值(分别记做 r_1、r_2 和 r_3)和主成分分量(第 1、2 和 3 主分量分别记做 p_1、p_2 和 p_3)分别作为 BP 神经网络 1 的输入和 BP 神经网络 2 的输入。

1) TM 图像数据预处理

预处理包括辐射校正、几何校正和大气校正,其中大气校正是关键步骤。一般可通过 3 种途径进行大气校正,即辐射传递方程式计算法、野外波谱测试回归法及多波段图像对比分析法。本实验采用多波段图像对比法中的直方图法,将 TM 图像的第 1、第 2、第 3 波段的灰度值分别减去 17、11 和 8,然后利用 ENVI 3.4 将 TM 图像灰度值转换为辐射值。

2) 各个地面监测点的坐标转换

实验利用 MapInfo 7.0 来获取与各地面监测点相对应的 TM 图像的坐标。

3) 各地面监测点的水质参数的预处理

由于 BP 神经网络的目标矢量是各个地面监测点的水质所属类别,因此针对各监测点,选择如下几种水质参数:叶绿素 α(Chl_α)、高锰酸盐指数(CODMN)、生化需氧量(BOD$_5$)、总磷(TP)、总氮(TN)。对上述 5 种水质参数,采用平均污染指数法求取某个监测点的综合污染指数 P_j:

$$P_j = \frac{1}{n} \sum_{i=1}^{n} P_{i,j} = \frac{1}{n} \sum_{i=1}^{n} \frac{C_{i,j}}{\hat{C}_{i,j}} \tag{7.36}$$

式中,$P_{i,j}$ 为 j 监测点 i 项污染指标的污染指数;$C_{i,j}$ 为 j 监测点 i 项污染指标的年平均浓度值;$\hat{C}_{i,j}$ 为 j 监测点 i 项污染指标的评价标准值(一般取Ⅲ类标准);n 为选取污染指标的项数。

根据式(7.36),先求出各个地面监测点的综合污染指数(以 GBZB1—1999 的Ⅲ为标准),再对污染指数进行划分,其所确定出的各监测点的水质所属类别如表 7-16 所示。

表 7-16　地面监测点的水质参数(单位 mg/L)、综合污染指数及水质类别划分

项　　目	地面监测点				
	1	2	3	4	5
Chl_α	0.039	0.022	0.016	0.017	0.013
CODMN	10.0	4.2	5.1	3.7	3.5
BOD$_5$	1.4	1.6	1.7	1.4	1.3
TP	0.130	0.110	0.080	0.070	0.100
TN	5.43	2.39	4.42	2.96	3.58
P_j	5.76	3.10	4.12	3.04	3.60
水质类别	Ⅳ	Ⅱ～Ⅲ	Ⅳ	Ⅱ～Ⅲ	Ⅱ～Ⅲ

续表

项目	地面监测点					
	6	**7**	**8**	**9**	**10**	**11**
Chl_α	0.016	0.017	0.008	0.047	0.016	0.022
CODMN	2.7	2.5	2.3	5.9	4.0	5.0
BOD_5	1.1	1.8	0.8	4.3	3.8	5.7
TP	0.110	0.100	0.200	0.560	0.090	0.100
TN	3.07	1.92	7.33	6.88	3.91	6.69
P_j	3.37	2.57	6.74	10.37	3.94	6.11
水质类别	Ⅱ～Ⅲ	Ⅱ～Ⅲ	Ⅳ	Ⅴ	Ⅱ～Ⅲ	Ⅳ

依据太湖流域的实际情况,综合污染指数与水质类别的量化关系为:(1)$P_j \leqslant 2.0$ 时,以Ⅰ～Ⅱ类水质为主,水质良好;(2)$2.0 < P_j \leqslant 4.0$ 时,以Ⅱ～Ⅲ类水质为主,水质一般;(3)$4.0 < P_j \leqslant 8.0$ 时,以Ⅳ类水质为主,水质较差;(4)$8.0 < P_j \leqslant 12.0$ 时,以Ⅴ类水质为主,水质很差;(5)$P_j > 12.0$ 时,以劣Ⅴ类水质为主,水质特别差。

4)水质类别的编码

根据以上分析,确定 BP 神经网络的希望输出编码为:(1)Ⅰ～Ⅱ类水编码为:0.1 0.1 0.1 0.1 0.9;(2)Ⅱ～Ⅲ类水编码为:0.1 0.1 0.1 0.9 0.1;(3)Ⅳ类水编码为:0.1 0.1 0.9 0.1 0.1;(4)Ⅴ类水编码为:0.1 0.9 0.1 0.1 0.1;(5)劣Ⅴ类水编码为:0.9 0.1 0.1 0.1 0.1。

2. 实验分析

为了使 BP 神经网络的训练不出现训练饱和现象,需对网络的输入进行归一化处理。在 BP 神经网络交叉训练过程中,首先,不失一般性,使 BP 神经网络 1 和 BP 神经网络 2 的训练样本和验证样本的划分一致;其次,逐渐调整隐含层神经元数目,通过验证样本的验证精度、训练时间和迭代次数的对比来确定 BP 神经网络 1 和 BP 神经网络 2 的隐含层神经元数目。经试验确定隐含层神经元数目都为 10,网络的输入、目标及训练集和验证集的划分如表 7-17 和表 7-18 所示。其中训练集用于对 BP 神经网络进行训练,而验证集则用于在 BP 神经网络训练的同时监控网络的训练进程。

表 7-17　经过交叉训练确定的神经网络输入、目标及样本集的划分

项　　目		训 练 样 本							
		3	**4**	**5**	**6**	**7**	**8**	**9**	**10**
BP 神经网络 1 输入	r_1	0.677	0.645	0.807	0.774	0.807	0.807	0.129	0.774
	r_2	0.773	0.818	0.864	0.818	0.864	0.909	0.182	0.818
	r_3	0.487	0.568	0.730	0.622	0.595	0.757	0.243	0.730
BP 神经网络 2 输入	p_1	0.663	0.682	0.844	0.778	0.796	0.863	0.141	0.817
	p_2	0.174	0.298	0.399	0.283	0.238	0.438	0.127	0.412
	p_3	0.258	0.242	0.571	0.472	0.325	0.490	0.948	0.668
目标		0.1	0.1	0.1	0.1	0.1	0.1	0.1	0.1
		0.1	0.1	0.1	0.1	0.1	0.1	0.9	0.1
		0.9	0.1	0.1	0.1	0.1	0.9	0.1	0.1
		0.1	0.9	0.9	0.9	0.9	0.1	0.1	0.9
		0.1	0.1	0.1	0.1	0.1	0.1	0.1	0.1

表 7-18　经过交叉训练确定的神经网络输入、目标及验证集的划分

项　目		验 证 样 本		
		1	**2**	**11**
BP 神 经 网 络 1 输入	r_1	0.516	0.774	0.742
	r_2	0.591	0.818	0.955
	r_3	0.324	0.757	1.000
BP 神 经 网 络 2 输入	p_1	0.475	0.827	0.921
	p_2	0.051	0.444	0.775
	p_3	0.319	0.717	0.736
目标		0.1	0.1	0.1
		0.1	0.1	0.1
		0.9	0.1	0.9
		0.1	0.9	0.1
		0.1	0.1	0.1

BP 神经网络的输出结果如表 7-19 所示。

表 7-19　BP 神经网络的输出结果

项　目	监 测 点	输　　出				
BP 神 经 网 络 1 输出	1	0.1125	0.3296	0.9990	0.0006	0.0781
	2	0.1000	0.1000	0.0914	0.9087	0.1000
	11	0.0999	0.1001	0.9995	0.0005	0.1001
BP 神 经 网 络 2 输出	1	0.0832	0.1469	0.9256	0.0411	0.1230
	2	0.1000	0.1000	0.1935	0.8064	0.1000
	11	0.1002	0.1005	0.9955	0.0045	0.1001

对表 7-19 中的 BP 神经网络 1 和 BP 神经网络 2 的输出先进行归一化处理,分别得到各类水质的 BPA 值,然后再将二者的 BPA 值进行融合,即进行证据组合,其结果如表 7-20 所示。

表 7-20　BP 神经网络 BPA 值及融合结果

项　目	监 测 点	Ⅰ～Ⅱ	Ⅱ～Ⅲ	Ⅳ	Ⅴ	劣Ⅴ
BP 神 经 网 络 1 输出	1	0.051	0.001	0.657	0.217	0.074
	2	0.077	0.699	0.070	0.077	0.077
	11	0.077	0.000	0.769	0.077	0.077
BP 神 经 网 络 2 输出	1	0.093	0.031	0.701	0.111	0.063
	2	0.077	0.620	0.149	0.077	0.077
	11	0.077	0.004	0.765	0.077	0.077
融合结果	1	0.010	0.000	0.932	0.049	0.009
	2	0.013	0.939	0.023	0.013	0.013
	11	0.010	0.000	0.971	0.010	0.010

根据表 7-20 的证据组合结果,再结合水质类别的编码,就可以很容易看出 1、2 和 11 号地面监测点的水质类别判断正确。虽然 BP 神经网络 1 和 BP 神经网络 2 对 1、2 和 11 号监测点的水质判别也是正确的,但是所判断的水质所属类别与其他类别的差距较小(以归一化的输出为参考)。例如,以 1 号地面监测点为例,其 BP 神经网络 1 判别属于Ⅳ水质的概率

为 0.657,而属于 V 类水质的概率为 0.217;BP 神经网络 2 判别属于 IV 水质的概率为 0.701,而属于 V 类水质的概率为 0.111;但是通过证据组合得到属于 IV 水质的概率为 0.932,而属于 V 水质的概率为 0.049。可见,通过证据组合以后,属于某一类水质的 BPA 值与其他类别的 BPA 值的差距拉大了,也即各地面监测点水质类别判断正确的可信度增大了。

3. 与单一神经网络的比较分析

为了说明本节新方法比采用单一神经网络进行水质状况识别的方法更具有优越性,从"邻域参考"和"经验参考"两方面进行比较分析。所谓"邻域参考"指考虑到某一地面监测点及其邻域的水质应具有相同的类别;所谓"经验参考"指根据太湖的地理信息知识来识别水质类别(如太湖的西北区,水质多为 V 类或劣 V 类,而南区水质则多为 II～III 类)。

1) 邻域参考

以 3 号地面监测点及其邻域某一点为例来对本书方法与神经网络方法的水质识别效果进行说明。若已知 3 号地面监测点的水质类别为 IV 类,则 3 号监测点周围的小区域的水质也应该为 IV 类水质。在对应的 TM 图像中,选取和 3 号监测点相距 2 个像素的某一点,其对应的经过归一化处理的辐射值 r_1、r_2 和 r_3 分别为 0.6774、0.7273 和 0.4595,经过归一化处理的主分量值 p_1、p_2 和 p_3 分别为 0.6160、0.2655 和 0.2081。在进行水质识别时,把该点辐射值和主分量值分别输入 BP 神经网络 1 和 BP 神经网络 2,然后分别对两个 BP 神经网络的输出进行归一化,得到归一化的输出值分别为:[0.0857 0.0963 0.9873 0.0114 0.1057]、[0.1 0.1 0.1284 0.8716 0.1]。两类输出经 D-S 证据组合后的 BPA 值为:[0.052 0.058 0.766 0.060 0.064],取与 BPA 值最大值对应的水质类别为识别结果,因此可判定与该点对应的水质类别为 IV 类水质,可见这种判断结果与邻域法的判别是一致的,这表明尽管 BP 神经网络 2 水质识别错误,但经过 D-S 证据推理融合后仍可以给出正确的水质判别结果。

2) 经验参考

以太湖 TM 图像的西北某一点为例进行说明,该点对应的经过归一化处理的辐射值 r_1、r_2 和 r_3 分别为 0.2581、0.091 和 0.1351,而经过归一化处理的主分量值 p_1、p_2 和 p_3 分别为 0.1612、0 和 1。然后把该点的辐射值和主分量值分别输入 BP 神经网络 1 和 BP 神经网络 2,再分别对两个 BP 神经网络的输出进行归一化,得到归一化的输出分别为:[0.1036 0.8971 0.0005 0.9653 0.1]、[0.1753 0.9991 0.0004 0.022 0.066]。由 BP 神经网络 1 的输出可判断该点的水质类别是 II～III 类,而由 BP 神经网络 2 的输出则可以判定该点的水质类别是 V 类,两者判定也不一致,根据经验法,太湖的西北区是重污染区,所以判定该点的水质类别是 V 类是合理的。经证据组合以后的 BPA 值为[0.019 0.951 0.000 0.023 0.007],据此可以判定水质类别是 V 类,其与经验法的判定是一致的。由此可见,尽管 BP 神经网络 1 水质识别错误,但经过 D-S 证据推理融合后仍可以给出正确的水质判别结果。

由上述分析可见,当两个神经网络对某一点的水质类别判定出现不一致时,证据组合仍可以给出正确的水质判别结果,这表明系统具有容错性,同时也说明,证据组合判别的水质较单一的神经网络方法更合理。

第 8 章

传感器数量有限条件下的灌区渠系水情状态估计方法

灌区水情实时监测数据能及时、准确反映重要断面的水情状况,但在传感器数量有限、布设受限条件下监测数据的空间覆盖面有限,时间上则局限于过去和现在,且相互之间缺乏关联,单纯依靠实时监测数据很难准确把握未来渠系水情的变化。研究传感器数量有限、布设受限情况下的灌区渠系水情状态估计的目的,正是希望通过信息融合,使基于领域知识的渠系运行仿真模型具有自动跟踪实际系统运行和正确预测渠系水情较长历时变化的能力。因此,该研究内容是构建灌区渠系水情态势评估系统的关键技术之一。

8.1 面向干扰用水的局部状态估计方法

8.1.1 水动力学关系和管理原则

灌区工程设施和运行调度通常实行分级、分片管理,灌区信息化建设依据灌区管理体制进行总体设计,因此灌区水情实时监测系统实际上已经将灌区渠系分割为若干相对封闭的区域,但这些区域又不是孤立的,区域之间存在一定程度的相互影响。例如,相邻闸门的过闸流量信息对推测该区间用水流量具有较强的约束作用,但过闸流量不仅与本侧水位有关,同时也受另一侧水位的影响,即受相邻区域的影响。这些特点说明,实现灌区渠系水情信息融合时,按照大系统处理方法划分子系统,并区分子系统的内部关系以及子系统之间的相互关系,有利于复杂问题的求解。显然,子系统需要灌区水情实时监测系统为其提供必要的边界条件,会受到一定限制,故提出如下子系统划分方法。

(1) 分析灌区渠系水情监测系统的测站分布,标注其中可以直接或间接提供流量监测数据的测站。实际上除少数专门的流量测站外,利用工程条件较好、流量经过率定的闸门等建筑物也可以根据上下游水位和闸门开度计算其过闸流量。

(2) 合理确定子系统范围,使各子系统的边界具有流量监测数据,且应充分利用灌区水情实时监测系统提供的过闸流量、断面流量信息,划分为数量相对较多的子系统。各子系统内部如果包括水位测站,则可显著提高渠槽蓄水和渠段渗漏量的计算精度,进而提高干扰用水的估计精度。

8.1.2 基于动态虚警率假定检验的干扰用水判别方法

根据对实时监测数据特征提取以及假设检验方法的分析,可以进一步改进、完善用于判别干扰用水有无的假定检验方法。一般而言,灌区发生干扰用水的概率并不高,而虚警率应低于干扰用水发生概率,故虚警率必须控制得很低。考虑对虚警率的要求比较明确,故采用聂曼-皮尔逊(Neyman-Pearson)准则来判断干扰用水的有无。

在高斯白噪声条件下,假设 H_0(无干扰用水)和假设 H_1(有干扰用水)的概率密度函数分别为

$$\varphi(x:H_0) = \frac{1}{\sqrt{2\pi}\sigma} e^{-\frac{x^2}{2\sigma^2}} \tag{8.1}$$

$$\varphi(x:H_1) = \frac{1}{\sqrt{2\pi}\sigma} e^{-\frac{(x-q_d)^2}{2\sigma^2}} \tag{8.2}$$

式中的方差 σ 可以根据计算区间(子系统)流量的随机波动情况确定。即流量波动幅度不超过 q_u 的概率 $P(-q_u < x < q_u)$ 可由下式表示:

$$P(-q_u < x < q_u) = \int_{-q_u}^{q_u} \frac{1}{\sqrt{2\pi}\sigma} e^{-\frac{x^2}{2\sigma^2}} dx \tag{8.3}$$

显然式(8.3)并非标准正态分布,为使用标准正态分布数值表进行计算,变换 $t = \dfrac{x}{\sigma}$ 得到

$$P_u(-q_u < x < q_u) = \int_{-\frac{q_u}{\sigma}}^{\frac{q_u}{\sigma}} \frac{1}{\sqrt{2\pi}} e^{-\frac{t^2}{2}} dt \tag{8.4}$$

如果给定计算区间流量波动幅度不超过 q_u 的概率 $P(-q_u < x < q_u)$,则由式(8.4)不难求得 σ。方差 σ 反映了该计算区间无干扰用水时,正常用水在给定概率下的用水流量波动情况,故不同计算区间的 σ 可能并不相同。

干扰流量可能为正,即相对于用水计划增加流量,也可能为负,即相对于用水计划减少流量。故将观测空间分为 $R_0[-x_a, x_a]$ 和 $R_1(-\infty, -x_a)$、$R_2(x_a, \infty)$ 三个区域,其中 R_1 和 R_2 位于 R_0 两侧且对称分布,其中 R_1 沿负方向,R_2 沿正方向。当观测值 x 属于 R_0 时,判别 H_0 为真,当 x 属于 R_1 或 R_2 时,判别 H_1 为真,则虚警率 P_f 表示为

$$P_f = \int_{R_1} \varphi(x:H_0) dx + \int_{R_2} \varphi(x:H_0) dx = 2\int_{R_2} \varphi(x:H_0) dx \tag{8.5}$$

显然只有在给定的虚警约束条件下,聂曼-皮尔逊准则关于使检测概率达到最大的要求才能实现,故聂曼-皮尔逊准则可以简单归结为

$$|x| > x_a ? \qquad H_1:H_0 \tag{8.6}$$

式中,x_a 可在给定虚警约束条件 $P_f = \alpha$ 后解出,即得到判断是否存在干扰用水的观测阈值。由于 x_a 的作用是影响积分域,且 x_a 越大,R_1 和 R_2 越小,α 也越小,即 α 是 x_a 的单调减函数,故给定一系列 x_a 值就可求出对应 α 值并形成一个二维数表。反过来,给定一个 α 值,即可通过查表并插值得到一个对应的 x_a 值。虚警率 α 可根据灌区发生干扰用水的频率和程度确定。这个改进方法的实质是利用同一传感器组或同一信息源在不同时刻对同一事件的观测结果,并基于这些观测的独立性进行信息融合,以弥补单一时刻观测信息的局限性。

灌溉用水的量测精度在很大程度上取决于量测方法,而灌区实际采用的量测方法参差不齐,故对灌溉用水量测精度尚无统一的规定。根据本书研究对象灌区的实际情况,以子系统正常用水合计流量 $3m^3/s$ 为例说明基于动态调整虚警率的假定检验方法。初步给定 $q_u =$

$0.2\mathrm{m}^3/\mathrm{s}$(约占合计用水流量的 6.7%,稍大于实际量水精度),$p_u=0.9$,则可由式(8.4)求得 $\sigma=0.12\mathrm{m}^3/\mathrm{s}$,进而由公式计算得到 $x_\alpha\sim\alpha$ 二维数见表 8-1。

表 8-1　$x_\alpha\sim\alpha$ 二维数

x_α	0.1	0.12	0.14	0.16	0.18	0.2	0.22	0.24	0.26
α	0.2025	0.1587	0.1216	0.0913	0.0668	0.0478	0.0334	0.0228	0.0151

取初始虚警率 $\alpha_0=0.05$,则检测阈值 $x_\alpha=0.198\mathrm{m}^3/\mathrm{s}$。如果观测值为 $0.3\mathrm{m}^3/\mathrm{s}$,大于检测阈值,则判别存在干扰流量;如果观测值为 $0.15\mathrm{m}^3/\mathrm{s}$,小于检测阈值,则暂时判别不存在干扰流量,但如该观测值持续且符号不变,经过若干观测周期后,虚警率 α 提高到 0.12,检测阈值降低为 $x_\alpha=0.141\mathrm{m}^3/\mathrm{s}$,则观测值已经大于动态调整后的检测阈值,故判别存在干扰流量。

初始虚警率以及虚警率的调整步长、调整上限可以根据灌区实际情况通过模拟试验等方法进行调整和确定,在实际运行中再进一步确认。图 8-1 所示为模拟试验记录的系统运行第 2 天该子系统的过程噪声,其噪声幅度最大正值为 $0.063\mathrm{m}^3/\mathrm{s}$,噪声幅度最大负值为 $-0.081\mathrm{m}^3/\mathrm{s}$;图中虚线表示初始虚警率($\alpha_0=0.05$)下的检测阈值($x_\alpha=0.198\mathrm{m}^3/\mathrm{s}$)。产生系统过程噪声的原因是复杂的,既有实时监测数据不同步、不准确的影响,也有系统状态方程采用差分方程替代微分方程时截断误差的影响。尽管模拟试验与原型观测难免存在差异,但图 8-1 表明了检测阈值与初始虚警率、调整上限与系统过程噪声的相互关系,并由此提示通过测试并分析各子系统的过程噪声就可以合理确定其初始虚警率以及虚警率的调整步长、调整上限。

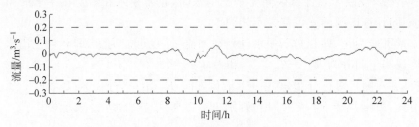

图 8-1　子系统过程噪声

显然以上讨论中 q_u、σ、x_α 等均具有流量的量纲,尽管直观,但由于各子系统的方差 σ 并不相同,故 $x_\alpha\sim\alpha$ 二维数表将因子系统而异,实际应用尚不够方便。如果灌区各子系统用水流量的相对波动 $q_u/\Sigma q_{ui}$ 与不超过该相对波动的概率 $P(-q_u/\Sigma q_{ui}<x<q_u/\Sigma q_{ui})$ 有一致的关系,则可用 $q_u/\Sigma q_{ui}$ 代替式(8.3)、式(8.4)中的 q_u,即进行无量纲处理。

8.1.3　基于动态贝叶斯的干扰用水检测方法

不同子系统(计算区间)之间尽管存在水力学的密切联系,但某个子系统发生干扰用水的概率与其他子系统是否存在干扰用水并无必然联系,因此应针对每个子系统应用贝叶斯方法。定义 A_1 和 A_2 表示某子系统不发生干扰流量和发生干扰流量两个不相容事件,B_1,B_2,…,B_m 表示检测出该子系统实际用水流量与计划用水流量存在不同程度差值的事件。如取 $m=4$,子系统实际用水流量与计划用水流量的差值可分为"无""小""中""大"。将贝叶斯公式推广到上述多个事件的情况,即

$$P(A_i \mid B_1, B_2, B_3, B_4) = \frac{P(B_1, B_2, B_3, B_4 \mid A_i) P(A_i)}{\sum\limits_{n=1}^{2} P(B_1, B_2, B_3, B_4 \mid A_n) P(A_n)} \tag{8.7}$$

对于当前时刻，式(8.7)中的 $P(A_i)$ 表示事件 A_i 发生的先验概率；$P(A_i \mid B_1, B_2, B_3, B_4)$ 表示事件 B_1, B_2, B_3, B_4 出现后，对于事件 A_i 发生可能性的新认识。下一时刻 $r+1$，$P(A_i \mid B_1, B_2, B_3, B_4)$ 成为先验信息，即

$$P_{r+1}(A_i) = P_r(A_i \mid B_1, B_2, B_3, B_4) \tag{8.8}$$

需要说明的是，各子系统实际用水流量与计划用水流量存在不同程度差值的事件并不是独立的，B_1, B_2, B_3, B_4 中有一个且只能有一个事件发生，即

$$B_1 \cup B_2 \cup B_3 \cup B_4 = 1 \tag{8.9}$$

因此上述事件只能有 4 种组合 $\{1,0,0,0\}$、$\{0,1,0,0\}$、$\{0,0,1,0\}$、$\{0,0,0,1\}$。事件 A_i 对事件 B_1, B_2, B_3, B_4 的影响，实际上是分配 A_i 事件发生条件下 B_1, B_2, B_3, B_4 事件为 $\{1,0,0,0\}$、$\{0,1,0,0\}$、$\{0,0,1,0\}$、$\{0,0,0,1\}$ 4 种组合的发生概率。该分配问题应根据具体灌区的先验知识给出具体结果，但必须遵循以下分配原则：$\sum\limits_{j=1}^{4} P(B_j \mid A_i) = 1$，即 A_i 事件发生条件下 B_j 事件发生概率之和等于 1；另外，检测出实际用水流量与计划用水流量差值为"无"而发生干扰用水的概率，显然要明显低于检测出实际用水流量与计划用水流量差值为"大"而发生干扰用水的概率，即一般应有 $P(B_1 \mid A_2) < P(B_2 \mid A_2) < P(B_3 \mid A_2) < P(B_4 \mid A_2)$。

判别需要根据决策规则进行，本书根据预先确定的判别阈值进行判别，即当

$$P_r(A_2 \mid B_1, B_2, B_3, B_4) > P_m \tag{8.10}$$

时，判别该计算区间存在干扰流量。判别阈值 P_m 取值的下限应大于某种强度随机误差发生的概率，也要大于信息融合允许误差发生的概率；判别阈值 P_m 取值的上限取决于对实时性的要求，判别阈值越大则判别的实时性越差，反之则越好。

灌区通常在灌溉前制订灌水计划，在灌溉结束后对实际灌水记录进行整编，二者的灌溉水量往往并不一致，通过分析差异的显著程度可以大体得出干扰用水发生的情况，并可区分子系统间的差异，有区别地确定各子系统发生干扰用水的条件概率和先验概率。作为算例，假定 B_j 的条件概率分配矩阵为 $\begin{vmatrix} 0.90 & 0.06 & 0.03 & 0.01 \\ 0.10 & 0.20 & 0.30 & 0.40 \end{vmatrix}$，其中第 1 行给出不发生干扰用水时，观测到实际用水流量与计划用水流量存在各级别差值的概率，第 2 行给出发生干扰用水时，观测到实际用水流量与计划用水流量存在各级别差值的概率。例如，不发生干扰用水时，观测到实际用水流量与计划用水流量差值"小"的概率为 0.9；发生干扰用水时，观测到实际用水流量与计划用水流量差值"大"的概率为 0.4。同时取判别阈值 $P_m = 0.6$；另外，如果统计表明该子系统在 10 次灌溉中约有 1 次存在非计划用水现象，即可取发生干扰流量的先验概率为 0.1；计算区间合计用水流量为 $3\mathrm{m}^3/\mathrm{s}$，取 B_j 的模糊语言的量化值下限（即下限流量）分别为 $\{0, 0.05, 0.15, 0.3\}$。

如果某子系统发生大于 $0.3\mathrm{m}^3/\mathrm{s}$ 的流量偏差，则由公式计算的后验概率为 $P(A_2 \mid 0, 0,$ $0, 1) = \dfrac{0.40 \times 0.1}{0.01 \times 0.9 + 0.40 \times 0.1} = 0.816 > P_m$，故可判断该计算区间发生了干扰流量。

如果上述计算区间发生 $0.15\sim0.3\mathrm{m}^3/\mathrm{s}$ 的流量偏差,则由式(8.7)计算的后验概率为 $P_r(A_2|0,0,1,0)=0.526$,尚不能判断该计算区间发生了干扰流量,但下一个观测时刻持续观测到上述偏差值时,则有 $P_{r+1}(A_2|0,0,1,0)=0.917>P_m$,故可判断该计算区间发生了干扰流量。如果上述计算区间发生 $0.05\sim0.15\mathrm{m}^3/\mathrm{s}$ 的流量偏差,由公式计算的后验概率为 $P_r(A_2|0,1,0,0)=0.270$,持续 2 个观测周期后 $P_{r+3}(A_2|0,1,0,0)=0.804>P_m$,也可判断该计算区间发生了干扰流量。

当上述计算区间发生小于 $0.05\mathrm{m}^3/\mathrm{s}$ 的流量偏差时,由公式计算的后验概率为 $P_r(A_2|1,0,0,0)=0.012$,则该程度的偏差无论持续多长时间其后验概率始终小于 P_m,故不会判断为发生了干扰流量,产生偏差的原因归结为系统噪声的影响。

综上所述,动态贝叶斯推理可以处理同时受事件发生程度和持续时间影响的不确定推理问题,且可以根据子系统的实际情况确定不同的先验概率,以提高判断的准确程度。采用动态贝叶斯推理判断有无干扰流量的优点是不言而喻的,但前提是灌区积累了较为丰富的运行管理经验,能为确定各子系统干扰用水发生的先验概率、条件概率分配矩阵及后验概率判别阈值等提供必要依据。

8.1.4 隶属度相关的干扰用水分配方法

将灌区全部用水构成一个论域,计划用水作为该论域的一个普通子集 Q_P,则干扰用水可以作为该论域的一个模糊子集 Q_D 的定义,干扰用水不仅有可能在多个子系统同时发生,而且因一个子系统往往存在多个用水,还有可能在一个子系统的不同用水上发生,干扰用水在某个子系统可能发生的某种分布构成该子系统的一个干扰用水方案。假定检测到子系统 k 发生干扰流量 q_{dk},且该子系统中干扰用水方案 p_k 表示为 $p_k\{q_{dk1},q_{dk2},\cdots,q_{dkN_k}\}$,则

$$\sum_{n=1}^{N_k}q_{dkn}\leqslant q_{dk} \tag{8.11}$$

式中,q_{dkn} 为子系统 k 中用水 n 分配的干扰流量;N_k 为子系统 k 的用水数目。

显然这些干扰用水方案均属于干扰用水模糊子集 Q_D,且每个干扰用水方案都与一个发生可能性的隶属度相关联,具体计算如下:

$$\mu_{pk}=\frac{\displaystyle\sum_{n=1}^{N_k}x_{kn}a_{kn}}{\displaystyle\sum_{n=1}^{N_k}a_{kn}} \tag{8.12}$$

式中,μ_{pk} 为子系统 k 中干扰用水方案 p 的隶属度;x_{kn} 为子系统 k 中干扰用水方案 p 的第 n 个用水发生干扰用水可能性的模糊量化值;a_{kn} 为子系统 k 中干扰用水方案 p 的第 n 个用水发生的干扰用水的权重,一般可取分配的干扰用水流量作为权重,即 $a_{kn}=q_{dkn}$,显然干扰用水方案 p 中未分配干扰用水的权重为零。

鉴于在子系统级仅对干扰流量按照式(8.11)中的关系和各用水发生隶属度由高到低的顺序进行分配,并未涉及子系统水流的动力学关系,故还需将是否在一定程度上满足关于水位的子系统状态方程作为初步筛选干扰流量方案的依据。即式(8.12)中干扰用水向量局部估计集合 A 中,每个成员代表子系统 k 和断面 i 的水位量测估计值 $\hat{z}_{ki}$,这些估计值是通过

特定计算得出的,并且需要满足下列条件:

$$| \hat{z}_{ki} - z_{ki} | \leqslant \Delta Z_{\max} \tag{8.13}$$

式中,z_{ki} 为子系统 k 断面 i 的水位量测值;$\Delta Z_{\max}$ 为允许的水位误差,一般可比照状态估计计算精度适当放宽要求。不满足式(8.13)的干扰流量分布方案则被忽略。

8.2　灌区渠系水情全局状态估计方法

8.2.1　状态方程和量测方程

尽管式(8.3)给出了灌区渠系水情状态估计的状态方程、量测方程以及数据融合方程,但应用这些方程还需要描述它们的具体数学关系,其中最主要的是状态方程,其他方程的具体数学关系均可由此得到。根据领域知识,渠系水流符合明渠非恒定流的基本方程(圣维南方程),即质量上遵守水流的连续方程,能量上遵守水流的运动方程,因此灌区渠系水流可以作为一个整体看待,对于由连续体组成的系统如此,对于离散后的系统也是如此。

本节采用差分格式表示离散后的灌区渠系水流状态方程。考虑到可能发生的干扰流量,将 $q = q_p + q_d$ 代入式(8.4),得到

$$V_j^{n+2} - V_j^n + \frac{\Delta t}{4\Delta x}\left[(V^2)_{j+1}^n - (V^2)_{j-1}^n\right] + \frac{g\,\Delta t}{\Delta x}(h_i^{n+1} - h_{i-1}^{n+1}) +$$

$$\frac{g\,\Delta t}{\Delta x}(Z_i - Z_{i-1}) + g\,\Delta t\,\frac{N^2 V_j^{n+2}\,|\,V_j^n\,|}{(R^{4/3})_j^{n+1}} = 0 \tag{8.14}$$

$$B_i^{n-1}\frac{h_i^{n+1} - h_i^{n-1}}{\Delta t} + \frac{A_{j+1}^{n-1}V_{j+1}^n - A_j^{n-1}V_j^n}{\Delta x} = q_{pi} + q_{di} + q_{hi} \tag{8.15}$$

显然,如式(8.15)构建的渠系水流状态方程不仅是非线性的,而且是时变的,给定初始状态、水源等边界条件以及 q_p、q_d 等输入过程,即可逐一时刻推演系统状态。

为满足仿真精度要求,式(8.15)中的距离步长 Δx 通常取数百米,一个较大的系统可能划分为数百个、数千个空间节点,如果假定状态向量 $\mathbf{X}(k)$ 是一个 M 阶向量,即 $\mathbf{X}(k) = \{X_1(k), X_2(k), \cdots, X_M(k)\}$,则 M 高达 3 位数甚至 4 位数。目前灌区水情监测系统的覆盖面有限,通常监测站点不过数十个,如果假定量测向量 $\mathbf{Z}(k)$ 是一个 N 阶向量,即 $\mathbf{Z}(k) = \{Z_1(k), Z_2(k), \cdots, Z_N(k)\}$,则 N 通常仅是一个两位数,故有 $M \gg N$,这种关系也再次说明,灌区渠系水情状态估计问题不能简单使用量测向量直接校正系统状态向量。

8.2.2　单目标状态估计

另一个需要描述具体数学关系的是数据融合方程中的优化准则。对于灌区运行调度而言,合理调整并维持干、支渠等骨干渠道控制断面水位是维护正常用水秩序所必需的,同时渠道水位也是实时监测的主要对象,因此本书选择水位监测点的水位作为系统级状态估计的目标之一,即

$$\sum P_{hk} \cdot (h_{kr} - h_{ks})^2 \to \min \tag{8.16}$$

式中,h_{kr} 为断面 k 的实际水位或水深,由实时监测数据给出;h_{ks} 为量测方程给出的断面 k 水位或水深的预测值;P_{hk} 为断面 k 水位或水深偏差的权重,其取值应使状态估计结果有

利于减少上级渠道的偏差,一般总干渠可取 1.0,干渠可取 0.5,支渠可取 0.25 等。

流量是反映闸门下泄流量以及各渠段用水情况的直观信息,但通常需通过计算间接取得。本书以子系统消耗流量作为数据融合方程优化准则的另一个目标,即

$$\sum P_{Qk} \cdot (Q_{kr} - Q_{ks})^2 \to \min \tag{8.17}$$

式中,Q_{kr} 为子系统 k 的目标消耗流量,可由该子系统边界闸门的监测数据推算得出;Q_{ks} 为量测方程给出的子系统 k 消耗流量的预测值;P_{Qk} 为子系统 k 流量的权重,其取值同样应使状态估计结果有利于减少上级渠道的偏差,一般总干渠上的子系统可取 1.0~0.7,干渠上的子系统可取 0.6~0.4,支渠上的子系统可取 0.3~0.1 等。

8.2.3　多目标状态估计

综上所述,灌区运行仿真系统与实时监测数据的信息融合可以归结为如下的多目标优化问题:

$$P_h \sum P_{hk} \cdot (h_{kr} - h_{ks})^2 + P_Q \sum P_{Qk} \cdot (Q_{kr} - Q_{ks})^2 \to \min \tag{8.18}$$

式中,P_h 为多目标中水位评价的权重;P_Q 为多目标中流量评价的权重。P_h 和 P_Q 可根据灌区具体情况确定,一般而言 P_h 取值大意味着更多着眼于系统的整体状态,而 P_Q 取值大则意味着更多兼顾各子系统的流量分配。

式(8.18)中构成系统级数据融合方程的优化准则,其论域是系统所涉及的整个渠系。原则上式(8.18)也适用于子系统,只是具体应用中在不影响数据融合精度的前提下进行了适当简化,即在估计干扰流量数量时仅考虑流量目标,而在估计干扰流量分布时兼顾了水位目标。

8.2.4　基于松弛隶属度约束的协调方法

一般而言,在不影响数据融合精度的情况下,隶属度高的干扰用水方案发生的可能性更大些,隶属度低的干扰用水方案发生的可能性则要小些。本书在系统级状态估计中采用按照隶属度由高到低的顺序排队、隶属度高的方案优先试算的规则,并对最低隶属度设置阈值,即规定系统级状态估计的约束条件为

$$\mu_{kp} \geq \mu_{k\min} \tag{8.19}$$

式中,μ_{kp} 为第 k 个子系统干扰流量方案 p 的隶属度,由式(8.19)计算;$\mu_{k\min}$ 为第 k 个子系统的干扰流量方案最小隶属度阈值。

本书采用比较状态变量预测值与量测值偏差的方法来确定协调对象,即对偏差最大状态变量所在子系统适当放宽隶属度优先规则的限制,在其干扰流量方案集合中依次选择排在当前方案后的其他干扰用水方案,但仍需满足式(8.19)的最低隶属度要求,并再次进行全局估计,直到满足计算精度或无可选干扰用水方案为止。为此,给定 $\mu_{k\min}$ 的初始值 $\mu_{k\min b}$、终值 $\mu_{k\min e}$ 以及松弛隶属度约束条件的调节步长 $\Delta\mu_{k\min}$,且满足

$$\mu_{k\min b} \geq \mu_{k\min} \geq \mu_{k\min e} \tag{8.20}$$

最低隶属度的初始值 $\mu_{k\min b}$、终值 $\mu_{k\min e}$ 应依据具体灌区对各用水发生干扰用水可能性模糊量化值的大小等合理确定。一般情况下,可按照关于干扰用水发生可能性语言变量的词集及其量化值的约定,干扰用水方案最低隶属度 $\mu_{k\min}$ 的初值 $\mu_{k\min b}$ 的语言值取"可能

性较大”，即 $\mu_{k\,\mathrm{minb}}=0.6$，终值 $\mu_{k\,\mathrm{mine}}$ 的语言值取“可能性较小”，即 $\mu_{k\,\mathrm{mine}}=0.4$，必要时可根据状态估计结果是否反映实际情况进行适当调整。这些参数的优化应属于认知优化的内容，只能在具体应用中不断完善。

8.3 灌区渠系水情状态估计系统设计

对于一个复杂系统的信息融合，往往不仅是一个多源、多传感器的信息融合问题，而且是一个多目标的信息融合问题。即对融合结果的评价不能仅仅依据某一方面的准则，而是要尽可能符合几个相关方面的准则。为此，需要分析并提出灌区渠系水情状态估计的具体目标。

8.3.1 需求分析

本书研究的问题属于多源多传感器信息融合问题，但其研究对象与以往信息融合的研究对象存在一些不同，有必要进行比较和梳理。信息融合理论源于军事领域，其后由于众多学者的广泛研究，其内涵已经有了实质性扩大，但在民用领域目前多局限于目标识别、图像处理、故障诊断、综合决策等为数不多且与军事领域研究问题性质类似的问题上。在信息融合方面，军事领域和民用领域的研究不尽相同。

1. 需要识别的对象不尽相同

军事领域属于敌对世界，在搜索区间内是否存在敌方目标是未知的，存在何种目标也是未知的，因此目标识别成为第 0 级融合和第 1 级融合的关键技术。本书的研究对象属于人为设计世界，本身是确定的、明确的，通常并不需要进行识别，但影响研究对象状态变化的内外部原因却是需要加以识别的。

2. 实体之间的相互关系不尽相同

军事领域中，舰艇、飞机等实体是离散的，而且实体之间一般呈现较弱的相关性，同时观测数据与实体之间的相互关系也不固定，因此观测数据与实体的空间关联性和时间关联性成为研究重点。

3. 对系统内部关系的认识程度不尽相同

军事领域中，由于双方的敌对性，不可能完全掌握目标系统的内部关系，有可能得到的仅仅是外在性关系、后验性关系，故在动态跟踪中往往需要试配不同的系统模型。本书的研究对象，则可以通过科学实验和数学推演得到确定的系统关系，即使需要采用不同模型也是可以事先确定的。

4. 对系统输入的处理不尽相同

军事领域中，无法探究系统输入的变化，因此也无法单独考虑系统输入的影响，只是将其包含在系统模型中，或忽略它的影响，或作为固定参数处理。对于本书研究对象的系统输入，则有可能采用信息融合等技术判断是否存在干扰用水，推测干扰用水的数量和分布，即不仅可以考虑系统输入的确定性变化，而且在一定条件下可以分析系统输入的不确定性变化，进而在一定程度上把握影响系统状态变化的内外部原因。

5. 信息的不确定性不尽相同

军事领域中，对信息的不确定性，主要强调并处理信息的随机性、模糊性、不完整性以及不精确性,但由于不单独考虑系统输入,因此也就不可能处理系统输入的随意性或非计划性。本书研究对象,输入量的随意性、非计划性是造成系统状态不确定的主要原因,因此不仅要响应输入量的随机性、模糊性、不完整性以及不精确性,而且要响应输入量的随意性、非计划性。

灌区渠系水流是一个具有不确定性的非线性时变系统,其信息融合的难点主要体现在状态估计上。表 8-2 列出了本书研究对象与以往研究对象的异同,通过表 8-2 希望有助于正确认识本书研究对象的特点,有助于正确提出并求解其状态估计问题。

表 8-2 本书研究对象与以往研究对象的异同

对象类型	系统过程	系统状态转移函数	量测映射向量函数	系统不确定性		量测不确定性
				系统噪声	输入变量	
以往研究对象	马尔可夫或非马尔可夫过程	相对简单的单个或多个可适配的状态方程	相对复杂,但与状态向量对应	随机噪声等	确定或常数或忽略	随机噪声等
本书研究对象	非马尔可夫过程	非线性时变的确定性状态方程,隐含较复杂的调度规则和运行规则	相对简单,但与输入向量并不对应	随机噪声、系统误差等	用水的确定性变化、干扰用水的不确定性发生	随机噪声、不完整性等

由表 8-2 的比较可以看出,尽管本书研究对象与以往研究对象都属于不确定性推理问题,但本书研究对象除受随机噪声影响外,还明显受到输入量的确定性和不确定性变化的影响,因此状态估计首先需要合理估计输入量的不确定性。

8.3.2 系统要素

实际系统的模型,宏观上由输入、处理、输出 3 部分组成。即对一般系统而言,除系统状态变量外,还存在系统输入变量和输出变量。在信息融合领域中通常使用系统状态变量和输出变量,且分别构成状态向量和观测向量,但一般很少使用输入变量或输入向量的概念。为建立灌区渠系运行系统状态方程,有必要针对灌区实际情况对这些变量,特别是输入变量进行分析。

建立明渠水流动力学模型时通常以正负数值区分进出系统的水流,而并不采用输入、输出的概念。本书尽管采用输入变量的概念,但与水流方向无关,仍以正负数值区分水流方向。另外,对于灌区而言观测变量一般对应于状态变量,也有可能对应于输入变量,但并非全部状态变量和输入变量都有对应的观测变量,也就是说,相当部分的状态变量和大部分输入变量与观测变量的关系是隐含的。

8.3.3 系统流程

基于水动力学领域知识、干扰流量隶属度以及最小二乘准则的灌区渠系水情状态估计流程如下。

(1) 根据灌区渠系水情监测站网布置划分子系统,即在边界条件完整的前提下将子系统,水位、闸位、流量等传感器相应划分到各子系统。

(2) 等待并接收闸门监控站、水位监测站发送的水位、闸位、流量等实时水情监测数据,以保持状态估计与实际系统在时间上同步。图 8-2 中 t_r 为实时监测时刻,Δt_r 为其时间步长。

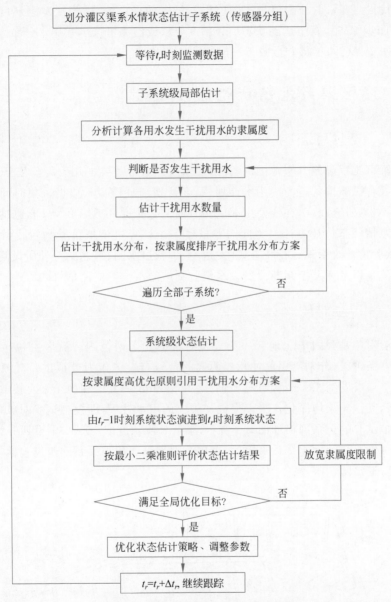

图 8-2　灌区渠系水情状态估计流程图

(3) 自上游向下游遍历数据耦合计算区间,按照增加干扰流量和减少干扰流量分别计算各用水当前可能发生干扰用水的隶属度。

(4) 根据水情监测数据计算的子系统消耗流量和渠道蓄水量变化情况,并结合用水计划,分析判断是否存在正常开启用水、调整用水、关闭用水等情况;进而应用基于动态虚警率的假定检验方法或动态贝叶斯方法判断子系统是否发生干扰用水,并估计干扰用水的数量；按照隶属度高优先的原则，结合水位检验结果生成子系统干扰用水分布方案集合。

（5）按隶属度高优先原则引用干扰用水分布方案；由系统状态方程得到水位、流量等系统状态变量的预测值；由量测方程在系统状态变量预测值中选择对应的量测变量预测值；计算量测变量的实测值与预测值的差的平方和，评价并保存全局估计结果。

（6）寻找量测变量的预测值与实测值误差最大的子系统，适当放宽隶属度高优先的约束条件并返回步骤（5），直至达到状态估计精度要求或已无可选干扰用水分布方案。

（7）返回步骤（2），等待并接收下一时刻的监测数据。

8.4　灌区渠系水情状态估计试验

8.4.1　试验方法

大中型灌区工程设施分布范围广，一次灌水过程通常需要十几天甚至几十天的时间，且干扰流量以及各试验情景所需的用水计划、调度计划、闸门操作、数据采集时间间隔等无法随意设定，故对本研究而言，在线使用灌区实时监测数据是不现实的，只能通过模拟试验验证灌区渠系水情状态估计方法。为此需要搭建一个计算机模拟试验平台代替实际灌区渠系，按照各试验情景改变其运行状态，并发送引水闸、退水闸、节制闸等处所设闸门监测站的水位、闸位、流量以及重要控制断面所设水位监测站的水位等监测信息。

8.4.2　试验对象

模拟试验对象是我国华北地区一个大型灌区的北干渠范围。灌区由一座大型水库供水，设北、南 2 条干渠，分别沿山前冲积扇两侧的台地布设。作为模拟试验对象的北干渠设计流量 $12m^3/s$，长度约 32km，设计灌溉面积约 $6.67hm^2$；支渠和由干渠直接取水的主要斗渠共有 19 条，其他斗渠均简化作为干渠或支渠上的用水处理，即模拟试验对象包括干、支二级渠道。模拟试验的渠系网格如图 8-3 所示，渠道分段长度取 500m，干渠划分为 63 段，支、斗渠划分为 92 段，合计 155 个计算渠段，覆盖全部灌溉面积。渠系建筑物包括进水闸 1 座、节制闸 13 座、退水闸 2 座等。

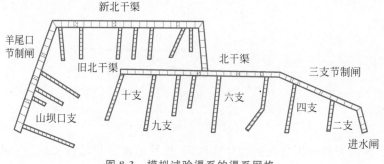

图 8-3　模拟试验渠系的渠系网格

8.4.3　试验情景和结果

模拟试验结果表明，本书提出的灌区渠系水情状态估计可以较好地动态跟踪实际系统运行,渠道水位、过闸流量等状态变量均无明显偏差,也能在一定程度上推测实际用水偏离用水计划的情况。图8-4～图8-7为部分模拟试验结果。

第一组模拟试验情景设定为三支节制闸的上游子系统发生占计划用水流量20%的干扰用水流量,目的是测试本书提出的灌区渠系水情状态估计方法能否通过水情监测数据识别上述情况,并相应调整用水流量以跟踪实际系统运行。

图8-4(a)为灌区渠系水情状态估计给出的三支节制闸(位于干渠上游,见图8-3)上下游水深和过闸流量,图8-4(b)为模拟实际系统运行的水情监测数据发生器给出的该闸门上下游水深和过闸流量。图8-4中实线为闸门开度过程曲线,虚线为过闸流量过程曲线,点线为闸门上游渠段水深过程曲线,点画线为闸门下游渠段水深过程曲线。表8-3摘出每天0时的闸门上游水深和过闸流量对比数据及其相对偏差。对比图8-4(a)与图8-4(b)可见,闸门上下游水深、过闸流量等状态变化过程均无明显差异;考察表8-3可见,水情状态估计方法给出数据相对于水情监测数据发生器给出数据的最大误差发生在第6天,节制闸上游水深相对误差为5.8%,节制闸过闸流量相对误差为2.8%,其他时刻均无明显误差。分析图8-4可以看出,三支节制闸于第5天12时开始加大下泄流量,15时又因渠首减少引水致使下泄流量减少,至第6天0时这一调度过程尚未结束,但水情状态估计在水位、流量发生显著波动的情况下仍能识别并估计出三支节制闸上游用水变化对闸门运行的影响,表现出了较好的动态跟踪能力。

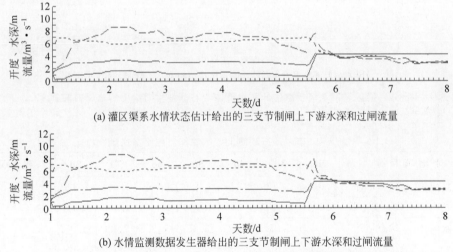

(a) 灌区渠系水情状态估计给出的三支节制闸上下游水深和过闸流量

(b) 水情监测数据发生器给出的三支节制闸上下游水深和过闸流量

图8-4 灌区渠系水情状态估计和水情监测数据发生器给出的三支节制闸
上下游水深和过闸流量

表8-3 三支节制闸上游水深和过闸流量比较

日期/d		2	3	4	5	6	7	8	最大误差
节制闸上游水深/m	状态估计	3.026	3.157	3.125	3.366	2.121	1.802	1.501	−5.8%
	数据发生器	3.025	3.154	3.124	3.364	2.251	1.805	1.508	
节制闸流量/m³·s⁻¹	状态估计	8.36	7.21	7.62	5.94	4.17	3.19	2.80	−2.8%
	数据发生器	8.36	7.21	7.62	5.94	4.29	3.18	2.81	

图 8-5(a)为灌区渠系水情状态估计给出的羊尾口节制闸(位于干渠下游,见图 8-3)上下游水深和过闸流量,图 8-5(b)为水情监测数据发生器给出的该闸门上下游水深和过闸流量。表 8-4 摘出每天 0 时的闸门上游水深和过闸流量对比数据及其相对偏差。对比图 8-5(a)与图 8-5(b)可见,闸门上下游水深、过闸流量等状态变化过程均无明显差异;进一步考察表 8-4 可见,水情状态估计方法给出数据相对于水情监测数据发生器给出数据的最大误差发生在第 2 天,节制闸上游水深相对误差为 4.5%,节制闸过闸流量相对误差为 5.6%。分析图 8-5 可以看出,羊尾口节制闸于第 1 天 20 时开始提闸放水,至第 2 天 0 时因上游水位尚未稳定,下泄流量处于加大过程,但水情状态估计方法在水位、流量尚未稳定的情况下仍能识别并估计出实际系统运行的变化,表现出了较好的动态跟踪能力。

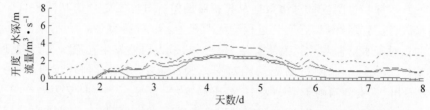

(a) 灌区渠系水情状态估计给出的羊尾口节制闸上下游水深和过闸流量

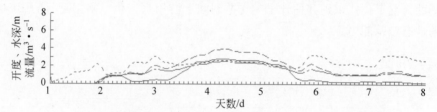

(b) 水情监测数据发生器给出的羊尾口节制闸上下游水深和过闸流量

图 8-5　灌区渠系水情状态估计和水情监测数据发生器给出的羊尾口节制闸
上下游水深和过闸流量

表 8-4　羊尾口节制闸上游水深和过闸流量比较

对 比 项 目		2d	3d	4d	5d	6d	7d	8d	最大误差
三支节制闸上游水深/m	状态估计	0.642	1.573	1.250	1.189	1.569	1.004	1.390	−4.5%
	数据发生器	0.672	1.515	1.245	1.168	1.593	1.003	1.331	
三支节制闸流量/m³·s⁻¹	状态估计	0.51	2.07	3.62	3.33	1.82	1.08	1.07	−5.6%
	数据发生器	0.54	2.07	3.59	3.22	1.88	1.08	1.03	

图 8-6(a)为灌区渠系水情状态估计给出的干渠第 3 渠段(即发生干扰用水的渠段)用水流量过程曲线,图 8-6(b)为水情监测数据发生器给出的该渠段用水流量过程曲线,图 8-6(c)为该渠段计划用水流量过程曲线。表 8-5 摘出每天 0 时和 12 时该渠段用水流量对比数据及其相对偏差。对比图 8-6(a)与图 8-6(b)可见,虚线表示的用水流量过程曲线并无明显差异,说明提出的灌区渠系水情状态估计方法能够识别出三支节制闸上游用水发生的变化。进一步考察表 8-5 可见,水情监测数据发生器给出的该渠段实际用水流量比计划用水流量大 20%,且在第 4 天 20 时提前关闭用水时,水情状态估计方法给出的该渠段用水流量与实际用水流量的最大误差为 1.7%,且能较为准确识别出提前关闭的情况。

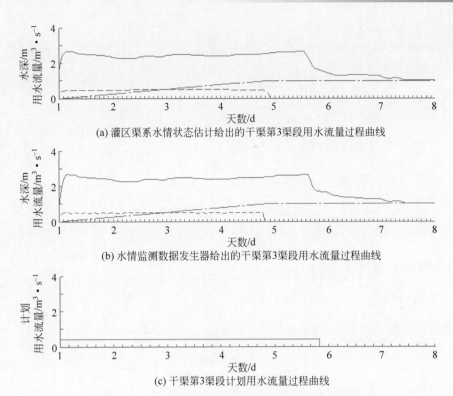

(a) 灌区渠系水情状态估计给出的干渠第3渠段用水流量过程曲线

(b) 水情监测数据发生器给出的干渠第3渠段用水流量过程曲线

(c) 干渠第3渠段计划用水流量过程曲线

图 8-6　不同方法得出的干渠第 3 渠段用水流量过程曲线

表 8-5　干渠第 3 渠段用水流量（m³/s）比较

对 比 对 象	1.5d	2d	2.5d	3d	3.5d	4d	4.5d	最 大 误 差
状态估计	0.476	0.478	0.479	0.480	0.480	0.480	0.472	1.7%
数据发生器	0.480	0.480	0.480	0.479	0.480	0.480	0.480	1.7%
用水计划	0.400	0.400	0.400	0.400	0.400	0.400	0.400	—

　　第二组模拟试验情景设定为干渠第 7 渠段（位于北干渠上游）比用水计划提前 4 小时开启用水，目的是测试灌区渠系水情状态估计方法能否通过监测数据识别上述情况，并提前开启相应的用水措施。图 8-7(a)为灌区渠系水情状态估计给出的干渠第 7 渠段用水流量过程曲线，图 8-7(b)为水情监测数据发生器给出的干渠第 7 渠段用水流量过程曲线，图 8-7(c)为干渠第 7 渠段的计划用水流量过程曲线。对比图 8-7(b)与图 8-7(c)中的用水流量过程曲线可以看出，实际用水确实比用水计划提前约 4 小时开启，再对比图 8-7(a)与图 8-7(b)中虚线表示的用水流量过程，二者并无明显差异，均在 8 时左右开启用水。以上对比说明灌区渠系水情状态估计方法能够较准确识别用水提前开启以及提前关闭的情况。

　　本章从一般的系统状态方程出发，分析本书研究对象与以往研究对象的异同，认为本书研究对象的不确定性主要表现为系统状态方程输入控制向量的不确定性，其影响远大于系统过程噪声和观测噪声的影响，且系统状态还受运行调度、用水转换的影响，并不适宜直接采用各种滤波算法。进而提出灌区渠系水情状态估计可基于系统状态方程和量测方程，但并不采用监测数据直接校正状态变量，而是设法由监测数据估计系统输入的不确定性，间接实现系统状态变量与实时监测数据协调一致。为此建立了基于输入校正的灌区渠系水情状态估计方法，提出分为子系统级局部估计和系统级全局估计两步进行，建立了基于领域知

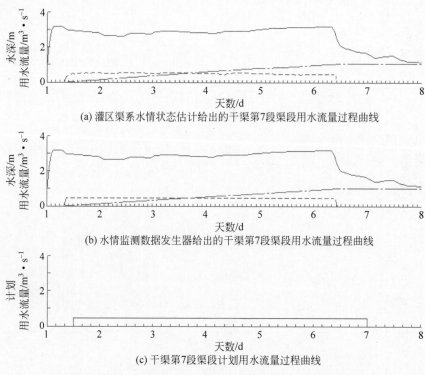

(a) 灌区渠系水情状态估计给出的干渠第7段渠段用水流量过程曲线

(b) 水情监测数据发生器给出的干渠第7段渠段用水流量过程曲线

(c) 干渠第7段渠段计划用水流量过程曲线

图 8-7　不同方法得出的干渠第 7 段渠段计划用水流量过程曲线

识、动态调整虚警率假定检验方法、模糊排序方法、最小二乘准则等相结合的系统输入不确定性(干扰用水)的局部估计和全局估计方法。通过数值模拟试验测试了本书提出的灌区渠系水情状态估计方法,结果表明该方法可以较好地动态跟踪实际系统运行,可进行较长历时的态势预测,符合构建灌区渠系水情态势评估方法的要求。

第 9 章

认知大模型

9.1 认知大模型综述

新一代认知智能大模型,是一种基于深度学习的自然语言处理技术,其泛化性、通用性为人工智能在各行业的应用落地带来了新机遇。AI 大语言模型采用了大量的语言数据进行训练,从而能够自动学习语言的规律和模式,进而生成和理解自然语言,自动产生人类可读的自然语言文本。它从海量数据和大规模知识中持续进化,实现从提出、规划到解决问题的全流程闭环。

通用认知智能技术的持续快速发展,将会助推数字经济,为智能化升级带来新范式,直接影响人们工作生活的各个方面,并将为各行业发展带来多方面的重大模式创新和产业变革。

1. 技术方面

大模型通用性持续加强,实现 AI 开发"大一统"模式。通过无标注数据进行自监督学习,从而降低人力要求。同时,多模态大模型也逐渐兴起,数据形态差异化问题也将得到解决,融合多领域的模型能力,通过一个大模型解决产业中各种问题,实现大模型统一部署。

2. 应用方面

(1) 改变信息分发获取模式,实现更高效的信息整合和更精准的知识推荐等,让矿山生产和运营管理工作的信息获取更加便捷高效,深刻改变传统工作模式。

(2) 革新内容生产模式,机器的自动文章撰写能力能显著提升日常办公效率,带动 AIGC 技术实现图片、音视频等多模态内容的自动生成。

(3) 全面升级人机交互模式,未来人机之间可能实现多模态"类人"的自然对话,进一步降低学习成本、提高交互效率。

(4) 实现优质资源普惠供给,认知智能持续进步有望成为人类专家水平的虚拟助手,推动行业各个领域的运行效率和服务模式产生重大的阶跃式进步。

3. 经济方面

各国抢占科技制高点,纷纷将人工智能定义为国家战略科技力量并加大投资发展。美国在人工智能方面处于领先地位,2023 年整体投资规模超过 300 亿美元;德国发布 AI Strategy,投资 30 亿欧元发展人工智能;日本、俄罗斯、新加坡、阿联酋等国家也纷纷发布相关政策,大力支持人工智能发展。高盛预测,到 2025 年,全球人工智能投资规模或将达到近 2000 亿美元。

中国也大力支持人工智能产业发展,尤其是以国资央企为代表的人工智能相关课题及项目纷纷落地。国家发改委、数据局均出台相关政策,可为申报课题的中央企业提供资金支持、税收优惠、人才培养等方面的支持,有助于降低企业的投资风险,提高经济可行性。

9.2 认知大模型总体设计

9.2.1 认知大模型总体架构

认知大模型全面支撑矿山企业人工智能的开发、训练和应用。大模型涵盖通用大模型、行业大模型和大模型智能体能力,可在通用大模型的基础上,构建矿山生产安全管理、供应链管理、客服管理、办公管理等专业大模型,赋能矿山业务智能化场景应用,实现对大模型从开发到应用的全生命周期的平台化管理。总体架构如图9-1所示。

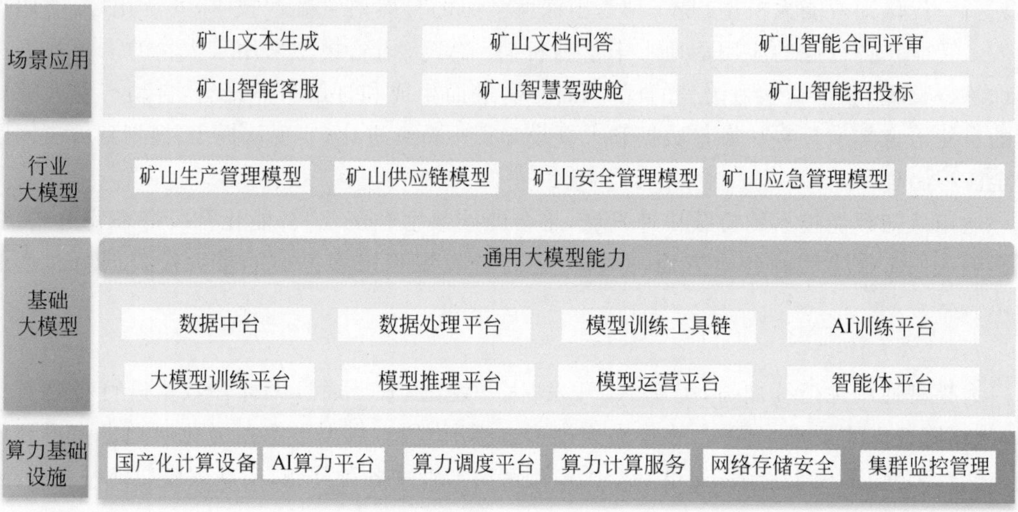

| 场景应用 | 矿山文本生成 | 矿山文档问答 | 矿山智能合同评审 |
| | 矿山智能客服 | 矿山智慧驾驶舱 | 矿山智能招投标 |

| 行业大模型 | 矿山生产管理模型 | 矿山供应链模型 | 矿山安全管理模型 | 矿山应急管理模型 | …… |

基础大模型	通用大模型能力			
	数据中台	数据处理平台	模型训练工具链	AI训练平台
	大模型训练平台	模型推理平台	模型运营平台	智能体平台

| 算力基础设施 | 国产化计算设备 | AI算力平台 | 算力调度平台 | 算力计算服务 | 网络存储安全 | 集群监控管理 |

图 9-1 总体架构

9.2.2 认知大模型业务架构

认知大模型的核心业务是实现模型从训练到推理全流程、一站式的管理。大模型支持用户的多类模型研发与生产需求,提供 AI 模型开发、零代码训练、大模型训练工具,训练后的模型支持在云端和边缘部署,满足大模型的推理需求,也为业务提供模型的近场化服务。

业务流程如下。

(1)账户申请:用户通过运营平台完成账号注册及申请工作。

(2)资源申请:用户可根据实际需求申请平台提供的算力、算法、数据等资源。

(3)数据上传:用户利用数据管理子平台提供的工具完成数据接入,并可根据实际需求对数据进行治理。

(4)数据标注:用户可利用平台提供的标注子平台进行数据标注工作。

(5)算法开发:用户利用算法管理子平台进行算法开发,可使用平台提供的工具自行开发算法,也可以使用平台提供的预置算法。

（6）模型训练：经过前几个阶段，完成算力、算法和数据的准备后，用户利用训练子平台进行模型训练。

（7）模型入库：训练后的模型，可依据训练任务进入模型仓库，进行统一管理。

（8）模型评测：通过评测工具及评测数据，对训练后的模型效果进行多维度打分评测。

（9）模型推理：用户可选择训练后的模型或内置的模型，为最终应用提供服务。

大模型相关使用流程，与上述流程基本相同，其具体业务架构如图9-2所示。

9.2.3 核心技术路线

1. 生成式可控数据合成关键技术

1）基于扩散模型的数据合成技术

该部分研究内容以扩散模型中的 DDPM 去噪扩散概率模型为研究对象来实现结构化数据合成，主要目标是通过引入扩散模型来生成更加接近于真实数据分布的合成数据。基于多层感知的去噪扩散概率数据合成模型如图9-3所示。

从图9-3中可看出，该模型技术包括添加噪声和去噪复原两个主要过程。

（1）添加噪声：从原始数据逐步添加正态分布的噪声，控制噪声扩散的程度，定义为正向过程。

算法 1　前向扩散训练过程。

① Repeat；

② $x_0 \sim q(x_0)$；

③ $t \sim \text{Uniform}(\{1, 2, \cdots, T\})$；

④ $\varepsilon \sim N(0, \text{I})$；

⑤ 采用梯度下降法更新，$\nabla_\theta \parallel \varepsilon - \varepsilon_\theta(\sqrt{\bar{\alpha}_t} x_0 + \sqrt{1 - \bar{\alpha}_t} \varepsilon, t) \parallel^2$；

⑥ Until converged。

（2）去噪复原：根据降噪模型逐步降低包含噪声的数据生成原始结果，是添加噪声的反向过程。

算法 2　降噪重采样过程。

输入：x_T。

输出：x_0。

① $x_T \sim N(0, \text{I})$；

② $t = T, \cdots, 2, 1$ 进入循环；

③ 如果 $t > 1$，则 z 赋值 $z \sim N(0, \text{I})$；否则，$z = 0$；

④ 更新 $x_{t-1} = \dfrac{1}{\sqrt{\alpha_t}} \left(x_t - \dfrac{1 - \alpha_t}{\sqrt{1 - \bar{\alpha}_t}} \varepsilon_\theta(x_t, t) \right) + \sigma_t z$；

⑤ 结束循环；

⑥ 输出 x_0。

通过正向过程、反向过程的多次迭代生成合成数据并设置检测器，检测并去除生成的冗余样本，保证生成的都是高质量的合成数据。通过以上改进实现数据类别平衡并生成接近原始数据分布的结构化合成数据。

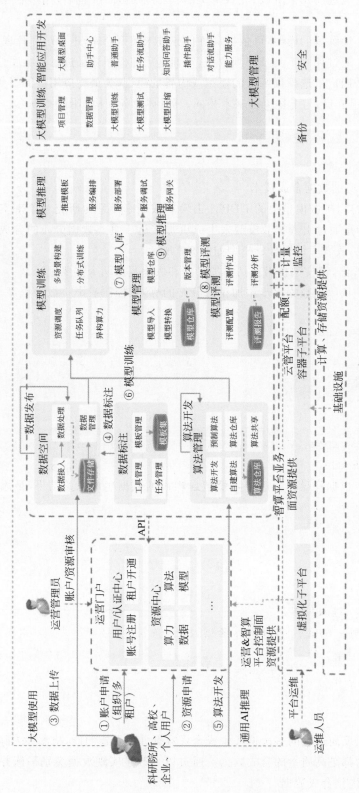

图 9-2　业务架构

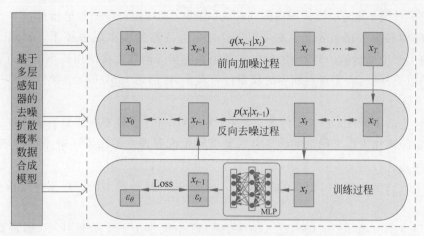

图 9-3　基于多层感知的去噪扩散概率数据合成模型

2) 结合条件信息和瓦瑟斯坦生成对抗网络多类使用需求的可控数据合成技术

首先拟对瓦瑟斯坦生成对抗网络中的判别网络和生成网络分别增加额外辅助信息 y，生成接近真实数据分布的可控合成数据。结合条件信息和瓦瑟斯坦生成对抗网络(CWGAN)多类使用需求的可控数据合成方法如图 9-4 所示。

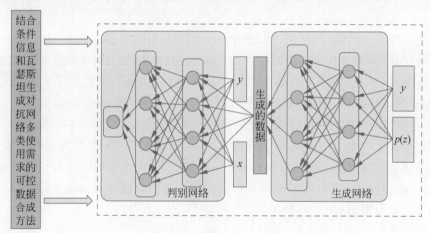

图 9-4　结合条件信息和瓦瑟斯坦生成对抗网络多类使用需求的可控数据合成方法

该部分研究拟通过对图 9-4 中条件瓦瑟斯坦生成对抗网络(CWGAN)的训练，基于样例数据的全局信息学习到真实的数据分布，从而生成接近真实数据分布的可控合成数据。

(1) 原理解析。

基础结构：CWGAN 延续了 WGAN 的主要架构，包括一个生成器(Generator)和一个判别器(Discriminator)。生成器负责生成尽可能接近真实数据的伪造数据，而判别器的任务则是区分输入数据是真实的还是伪造的。

条件信息的引入：与原始 GAN 不同，CWGAN 在生成器和判别器的输入中均加入了条件信息 y。这一条件信息可以是任何形式的侧信息，如类别标签、文本描述等，使得模型能够根据这些信息生成或判别符合特定条件的数据。

目标函数的改变：CWGAN 采用了 WGAN 提出的瓦瑟斯坦距离作为损失函数，替代了传统 GAN 中使用的 JS 散度。瓦瑟斯坦距离通过计算两个分布之间的最大差异来优化模型,避免了传统 GAN 中模式崩溃的问题,并提供了训练过程中的数值指标。

权重裁剪和损失函数调整:在 CWGAN 中,判别器的输出层去掉了 Sigmoid 激活函数,直接输出一个标量值。同时,生成器和判别器的损失函数直接使用概率值进行计算。此外,每次参数更新后,需要对判别器的权重进行裁剪,以满足 Lipschitz 连续性条件。

(2) 优势分析。

生成样本的多样性:相较于传统 GAN,CWGAN 在生成样本时更具有多样性。这是因为瓦瑟斯坦距离作为损失函数能够更有效地引导生成器探索数据空间的不同区域,避免了模式崩溃问题。

条件生成的灵活性:由于 CWGAN 引入了条件信息,故模型能够根据特定条件生成相应数据。

训练进度的可指示性:CWGAN 在训练过程中提供了一个数值指标(即瓦瑟斯坦距离),可以直观反映训练进度和模型性能。

生成质量的提升:由于 CWGAN 采用了更稳定和连续的损失函数,故生成样本的质量相比传统 GAN 有了显著提升。生成样本更加真实,细节更加丰富。

对抗损失的连续性:瓦瑟斯坦距离作为对抗损失保证了损失函数的连续性,即使在生成分布和真实分布没有重叠的情况下,也能提供有效的梯度信息,使得生成器能够持续改进。

梯度惩罚的引入:CWGAN 的一个变体——WGAN-GP(Wasserstein GAN with Gradient Penalty),通过引入梯度惩罚进一步加强了 Lipschitz 连续性条件,使得模型更加稳定和高效。

总之,CWGAN 在 WGAN 基础上通过引入条件信息,进一步提升了模型的训练稳定性、生成样本的多样性和应用的灵活性。

3) 具有隐私保护机制的可信数据合成学习框架

该框架采用了 1) 和 2) 中的数据合成技术,在客户端本地对原始数据进行合成,得到增强的本地数据。综合考虑了隐私保护和模型性能的要求,实现了同时提高模型安全性和高效性这一目标,最终建立了一个具有隐私保护的可信数据合成学习框架。隐私保护机制的可信数据合成学习框架如图 9-5 所示。

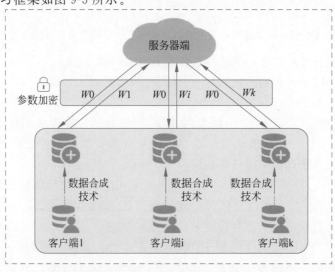

图 9-5　隐私保护机制的可信数据合成学习框架

2. 复杂任务智能化处理的 Agent 系统

拟采用基于 CoT、ToT 等前沿思想的任务链理念,在大模型应用场景中设计复杂任务流程优化方案,实现对不同类型复杂任务的智能化处理。

以 CoT、ToT 等前沿思维链理念为基础,构建支持思维链的 Agent 框架,实现大模型中各种复杂任务的智能化处理,研发流式异构任务编排系统,实现大模型能力和各类数据源、云＋端工具链任务的串联编排。定义一套标准化 tools 接入标准协议,并研发标准化 tools 调度系统,以此构建支持三方 SaaS 应用服务的连接平台,形成大模型生态工具联动应用。

Agent 系统采用支持任务链建模和任务结果联动的新一代 Agent 框架,框架内集成多种常用任务类型,如信息检索、语义理解、决策支持等,支持自定义新任务或工具的定义和应用。多 Agent 协作流程示意图如图 9-6 所示。

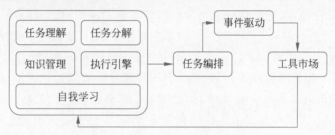

图 9-6　多 Agent 协作流程示意图

Agent 系统框架模块介绍,如表 9-1 所示。

表 9-1　Agent 系统框架模块介绍

模 块 名 称	模 块 功 能 描 述
任务理解	利用支持多种自然语言的理解能力,对用户提交的任务请求进行语义分析,提取出任务的目的、条件和限制等信息,从而判断任务的类型和难易程度
知识管理	构建一个知识库来存储 Agent 已学习和积累的各类知识,如事实知识、概念知识、规则知识等。它支持向知识库添加新知识,并能引导 Agent 根据任务要求调动和运用知识库中的知识
任务分解	当 Agent 理解了一个任务后,该模块会根据任务的类型和难易程度以及当前知识库的情况进行任务分解,将原任务分解成一个个复杂度更低的子任务,支持分层任务分解
执行引擎	管理 Agent 执行各个子任务的流程。它会评估子任务的优先级和依赖关系,统筹子任务的执行序列,为每个子任务调配资源,并跟踪子任务执行状态,在子任务完成后,对结果进行验证
自我学习	跟踪 Agent 在任务执行过程中获得的新知识,并自动将其送入知识库中进行持久化存储,以增强 Agent 的理解和应用能力。它还可以对 Agent 进行元学习,优化 Agent 各模块的工作流程和知识运用能力

利用这个 Agent 框架,可以构建多种不同能力的 Agent,支持它们应对不同类型的复杂任务。例如,针对图像处理任务可以构建一个视觉 Agent,针对文本处理可以构建一个语言 Agent。

任务编排体系研发了基于事件驱动机制的流式异构任务编排系统,该系统支持流式获取新任务,按任务链定义各子任务的执行顺序和数据传递规则,驱动各子任务的异步执行,同时支持云端和边缘端分布式执行,利用分布式计算能力支持大规模复杂任务处理。面向第三方开发者的标准化工具接入标准及管理平台,支持第三方工具一键注册与 Agent 框架集成;同时提供工具行为监控及统计分析,为工具应用提供依据。生态联动构建了标准化工具及大模型服务的联动平台,支持大模型服务快速定义与第三方工具连接点,实现模型预测结果异步链式反馈至任务流程;同时支持面向开发者提供技能套件,实现模型应用与SaaS工具深度整合,构建开放式大模型生态体系。以上方案拟通过CoT思想下的任务链建模能力,配合流式任务编排和开放标准化接入,实现对复杂任务流程的描述与优化,从而支持智能应用场景下不同业务任务的高效处理。

3. 行业知识图谱构建与多模态信息对齐技术

开展基于多尺度信息交互机制的知识抽取融合技术研究,针对海量数据中知识多源异构、离散低质等难题,通过多视角半监督和远程监督的信息抽取技术,结合知识语义空间对齐的半监督训练目标,实现从海量非结构化数据中精准提取结构化知识;通过多尺度信息交互机制的知识融合技术,进行同一领域中知识的逻辑关系构建,不同领域中知识概念的对齐,构建融合通用知识和多行业知识统一的世界知识体系,形成高质量事实性和行业知识库。

开展多维特征增强的跨语言跨模态知识对齐与挖掘技术研究,针对世界知识中不同模态、不同语言信息内容关联性差等问题,基于面向多源异构数据的知识半自动高效挖掘构建方法,实现跨模态知识表征统一和关联,构建海量半监督、弱监督多模态数据;通过融合翻译有监督数据的多语言大模型统一建模联合训练方法,实现多语言语义空间精准对齐,有效弥补中文高质量数据占比低、事实类知识不足等缺点。

4. 无监督数据构造及模型训练

在大模型预训练过程中,无监督学习是一项核心的技术,是模型"学习"数据的方式之一。无监督学习用于探索未知数据,它可以揭示可能错过的模式,或者检查对人类来说太大而无法应对的大型数据集。

大模型预训练需要从海量的无监督数据中学习到充分的知识并存储在其模型参数中。无监督数据来源可以分为两类:网页数据和专有数据。

1) 网页数据

网页数据的获取便捷,各类数据相关的公司如谷歌等每天都会爬取大量的网页存储起来。其特点是量级非常大,如非营利性机构构建的Common Crawl数据集就是一个海量的、非结构化的、多语言的网页数据集。

然而,网页数据也存在一个重要的缺陷:数据质量参差不齐。因此,通过特定渠道或者网络爬虫获取的数据,还需要经过一系列的数据清洗操作,才能够纳入真正用于训练的数据集。

2) 专有数据

专有数据(curated high-quality corpora)为某一个领域、语言、行业的特有数据,如教育、医疗、政务等数据。

在大模型训练中,用到了大量专有数据。在数据收集完成之后,还需要进行数据清洗工作;通过数据清洗,能够剔除很多低质量数据、重复数据和不安全数据;通过无监督学习、Transformer架构和Embedding模型等技术处理,最终得到一个效果均衡的预训练模型。

5. SFT数据构造及模型训练

使用SFT进行效果调优一般遵循以下步骤。

(1)准备数据:收集和整理用于训练和评估的数据集;确保数据集包含各种类型的任

务和场景,以便模型能够学习到丰富的知识和技能。

（2）选择模型：选择一个适合当前任务的预训练大模型；确保模型具有一定的通用性,以便在不同的任务和场景中都能有较好的性能。

（3）设计 SFT 策略：根据任务的特点和数据量,确定采样数量、采样方法、损失函数等;选择合适的 SFT 策略。

（4）训练模型：使用 SFT 策略对预训练大模型进行训练；在训练过程中,可以使用动量优化器、学习率衰减等技巧来加速收敛。

（5）评估模型：使用测试数据集对模型进行评估；根据任务特点选择评估指标,如准确率、召回率、F1 分数等；如果模型性能不满足,调整 SFT 策略或更换其他预训练大模型,再重复步骤（3）～步骤（5）。

6. RLHF 数据构造及模型训练

RLHF 训练的一般流程如下。

（1）数据收集：收集用于训练奖励模型的数据。这些数据可以是人工撰写的文本,也可以是从其他来源获取的相关数据。

（2）训练奖励模型：利用收集的数据来训练奖励模型。奖励模型的目标是根据输入的文本生成相应的奖励信号,用于指导后续的强化学习训练。

（3）强化学习微调：使用强化学习算法对预训练语言模型进行微调。在这一步中,模型会根据奖励信号进行更新,以优化生成文本的性能。

（4）评估和调整：在训练过程中,需要定期评估模型的性能,并根据评估结果调整超参数和其他设置。评估可以使用各种指标,如折扣因子、准确率等。

（5）迭代和优化：根据评估结果,不断迭代和优化训练过程。这可能包括调整奖励模型的参数、改进强化学习算法等。

一般地,RLHF 的训练数据可以从几千到几万甚至更多,可以结合业务需求而定。经过 RLHF 工具对训练数据的训练,我们就能得到一个跟人类意图对齐的大模型。

7. 大模型内容安全能力增强

大模型内容安全能力增强是指通过技术手段,提高 AI 模型在处理敏感信息、识别不当内容和遵守法律法规等方面的能力。这有助于保护用户隐私,维护网络环境的健康和谐。可以从训练前阶段、训练阶段出发,根据不同阶段特性,采取有针对性的措施保障内容安全。

1）训练前阶段

训练数据：认知大模型的技术原理决定了其内容安全合规应首先从训练数据做起。认知大模型生成的内容不是无根之水,其生成内容的信息源是海量的语料库,也即训练数据,这些数据决定了认知大模型产品生成的内容,在很大程度上决定了认知大模型生成的内容是否合规。

数据清洗：认知大模型产品需要海量的数据用于训练,人工构造的数据难以满足如此大的数据需求,因此绝大部分认知大模型产品的训练数据均来源于互联网上的公开数据。为了确保去除公开数据中的违法和不良信息及个人信息,必须对训练数据进行数据清洗。

2）训练阶段

数据标注：引入人类反馈的强化学习方案 RLHF,根据标注人员的反馈完成任务,提升准确性与安全性。通过降低不良内容的权重、人工编写合规的回复供认知大模型学习等方式实现内容安全。

标注人员：需对标注人员进行必要培训并提供培训记录、培训材料等佐证材料，证明培训确实已经发生，标注人员应具有相应的能力。

标注制度规范：确定标注工作统一的规则，以确保标注内容和标注质量整体上的一致性。

标注审核：认知大模型可以形成标准的测试方案，抽样核验标注内容的正确性，防止不当的标注行为造成认知大模型产品的偏差，并应及时进行纠偏，以消除不正确机制带来的影响。

9.3 认知大模型建设研究

9.3.1 基础算力设施

通过集成大量的计算资源、存储能力和先进网络，构建矿山基础算力设施，为矿山人工智能模型的训练、推理、部署和服务提供必要的硬件和软件支持。

基础算力设施由 AI 训练资源、算力服务平台硬件和网络及安全系统组成。AI 训练资源主要提供人工智能算力，由人工智能芯片、基于人工智能芯片的服务器构成；算力服务平台硬件提供数据存储、上层平台基座；网络及安全系统提供网络互联、高速传输、安全防护等功能。

1. AI 训练资源

AI 训练资源直接支撑人工智能的训练任务，是基础算力设施的核心算力资源。AI 训练资源应具备如下能力。

- 高计算密度：采用适合张量计算的创新 AI 芯片架构，提供高性能 AI 算力。
- 高速互联技术：集成多级芯片高速互联系统，提升整个集群的通信效率与业务效率，使集群部署灵活、可扩展。
- 高能效比：具备全方面优化的系统散热设计，智能调节功耗，降低系统散热能耗。

2. 算力平台硬件

通用计算子系统承载了人工智能算力平台软件基础设施安装部署的功能，包含管理节点、网络节点、通用计算节点和存储节点。

网络节点承载与整个算力平台内部以及外部对接的网络服务，包括软 NAT、弹性负载均衡、虚拟路由器，各网络服务能力以虚拟机形式部署在网络节点上。网络节点承担了所有的网络接入请求，同时需要兼顾安全、限速等功能，可靠性要求非常高，网络节点集群均交叉双上行，通过接入层交换机连接核心交换机。

3. 算力调度管理

算力统一调度是私有化部署中的关键技术之一。大模型训练需要大量的计算资源，如果算力资源不能得到有效管理和调度，就可能导致资源浪费或训练效率低下。算力调度系统应对异构资源进行统一管理、统一调度，根据模型训练的需求动态分配计算资源，提高算力利用率和训练效率。

1) 异构资源统一管理

异构资源统一管理除可对异构 GPU/NPU/MLU/DCU 等算力资源进行统一管理外，也可以对异构 CPU 架构(ARM/C86/X86)、内存及存储资源进行统一池化管理，为上层模型的训练和推理平台提供统一的算力调度和集成环境,异构资源统一管理如图 9-7 所示。

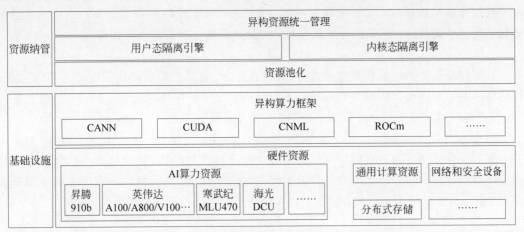

图 9-7　异构资源统一管理

通过异构资源统一管理可有效增强资源的利用率和复用率,降低建设和维护成本,提高平台整体的可靠性和稳定性。

2）异构资源统一调度

异构资源统一调度,主要指通过自研的资源拓扑自动感知算法、任务智能调度算法,实现资源更合理、高效的调度及使用。

资源拓扑自动感知主要针对分布式多机多卡训练任务,根据机器拓扑自动感知节点分配比例,从而可以最大化地利用集群零散的异构资源并提高用户训练体验,资源拓扑自动感知示意图如图 9-8 所示。

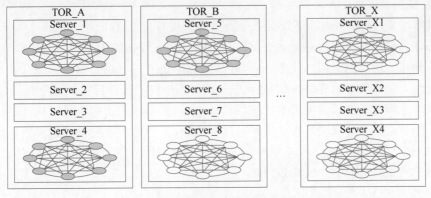

图 9-8　资源拓扑自动感知示意图

任务智能调度则通过科大讯飞自研的启发式算法,根据机房及服务器的不同负载均衡进行智能调度,合理地分配资源并且提升算力使用效率。

9.3.2　基础大模型

1. 数据资源管理

数据资源作为人工智能应用的重要资源,将为大模型的训练提供强有力的支撑。数据资源包括数据标准、数据模型、数据融合、数据管理等内容。

1）数据标准

数据标准的建立是人工智能数据治理的重要一环,主要体现在 3 方面:一是保证数据的统一规范和完整性;二是提升数据质量;三是为后续发展提供重要保障。

2）数据模型

数据模型是数据组织和存储的方法,强调从业务、数据存取和使用角度合理存储数据,构建统一的数据模型。优秀的数据模型对应用的价值主要体现在 4 方面:一是数据质量提升;二是响应速度变快;三是资源消耗减少;四是鲁棒性增强。

3）数据融合

数据融合是通过对来自同一目标的多源数据进行优化合成,获得比单一信息源更加精确完整的估计和判断。数据融合的价值主要体现在 4 方面:一是提高数据的准确性和全面性;二是降低信息的不确定性;三是提高系统的可靠性;四是提高系统的实时性。

4）数据管理

数据管理是指将不同领域、不同来源的数据集进行统一管理,以便于开展大模型训练和优化。数据管理的意义主要体现在 4 方面:一是保护数据安全;二是提高决策效率;三是支持业务发展;四是引领科技创新。

2. 数据处理平台

数据处理平台支持数据接入、数据处理、数据标注、数据管理等全流程的功能,为大模型的训练提供高质量的数据。平台需提供多种数据接入方式,支持用户创建数据集并导入自己的数据。支持接入文件型(图片、音频、文本、视频和自由格式)和表格型数据。为保障数据质量,避免对后续操作(如数据标注、模型训练等)带来负面影响,平台提供数据处理功能,支持用户创建一个数据处理任务,对已有的数据进行数据校验、数据清洗、数据增强等操作。

3. 大模型训练调优

大模型训练过程包括训练任务创建、训练任务管理、训练过程记录、训练模型发布等流程。

训练任务创建需支持创建预训练、SFT 和 RLHF 三种训练类型,用户可根据实际的需求选择性创建。用户创建训练任务之后,可以对训练任务进行执行、停止、删除、发布、重新训练等操作。训练任务构建后,页面展示任务的状态(待执行、运行中、已停止等),方便用户查看。训练过程记录包括训练版本记录、训练日志查询和训练指标查询。训练过程中可实时查看训练日志和服务调度日志。任务运行成功后,支持用户查看模型效果。模型训练完成后,支持发布到模型仓库;发布到模型仓库时,需要配置模型的名称和备注信息,便于用户对项目下模型资源的统一概览和管理。

4. 模型训练工具链

大模型训练需要一系列工具链的支撑,包括数据收集、数据清洗、模型训练、模型评估和模型应用等。训练平台不仅需要提供一整套通用的训练工具链,还需要从实际的应用场景出发,如知识增强、人设增强、意图分类、插件增强等,针对具体的场景制定特定场景的模型开发流程和模型训练参数,以更好地保障某一类场景模型的应用效果。

5. 通用大模型能力

通用大模型具备文本生成、语言理解、逻辑推理、知识问答、代码生成等多维度能力。

1）文本生成能力

构建海量无监督文本生成类语料,涵盖教育、医疗、生活、工业、政务、司法、互联网等多个领域。构建面向海量无监督语料的清洗算法和工具套件；构建语料精加工算法和工具套件；构建面向多风格多任务长文本生成能力的语料库；构建人工反馈强化学习评测规范和语料库。

2）语言理解能力

构建海量语言理解类无监督语料，涵盖教育、医疗、生活、工业、政务、司法、互联网等多个领域。构建语料精加工算法和工具套件；构建面向多层次跨语种语言理解能力的有监督语料库并设计 Prompt 任务系统；构建人工反馈强化学习评测规范和语料库。

3）逻辑推理能力

构建海量逻辑推理类无监督语料，涵盖教育、医疗、生活、工业、政务、司法、办公、互联网等多个领域。引入对比学习技术提升大模型高维稠密向量的检索能力，提高多步推理问题的知识检索准确率；通过问题与知识的联合隐式推理，提高隐性知识推理问题的准确率；构建面向情境式思维链逻辑推理能力的推理链语料库，增强大模型的逻辑推理能力的灵活度和泛化性；构建人工反馈强化学习评测规范和语料库，强化大模型的社会化属性认知；最终实现通用大模型在情境式思维链逻辑推理中的智能涌现及能力提升。

4）知识问答能力

构建海量知识类无监督语料，涵盖教育、医疗、生活、工业、政务、司法、互联网等多个领域，增强语料覆盖广度。构建基于弱监督信息对齐及自监督表征统一的海量知识构建算法和工具套件；构建面向泛领域开放式知识问答能力的语料库并设计 Prompt 任务，激活大模型的常识问答和事实增强能力。

5）代码生成能力

构建海量编程语言无监督语料，涵盖 Python、Java、JavaScript、Golang、C/C++、HTML、SQL 等主流语言，以及网站、移动端、云计算、大数据、常见算法、深度学习等典型研发任务，增强语料覆盖广度。构建代码自动执行验证环境，提升代码数据正确性；构建面向多功能多语言代码能力的语料库，提升通用大模型的代码理解能力的灵活度和泛化性。

9.3.3　行业大模型训练

行业大模型训练包括数据导入、数据清洗、数据增强、数据标注、算法开发、模型训练、模型评测和模型管理等环节，同时提供了可视化的工作流程，帮助用户在短时间内完成从数据收集到模型部署的全流程操作，加速 AI 模型的开发和迭代。

1. 数据空间

数据空间模块提供全流程的数据导入、数据处理、数据集管理和数据回流能力，解决用户获取数据的问题，帮助用户提高数据的质量，提升用户数据准备的效率。数据空间模块关键流程图如图 9-9 所示。

2. 数据标注

数据标注模块提供多种非结构化数据的在线标注和预标注工具，支持用户对图像、语音、文本、视频等内容进行标注，为 AI 模型训练提供高质量的数据。该模块提供用户管理、工具管理、模板管理、标签管理、任务管理等核心能力，数据标注模块关键流程图如图 9-10 所示。

3. 模型训练

用户首先可选择通过 Notebook 在线完成训练脚本的编写和调试，同时在算法管理子

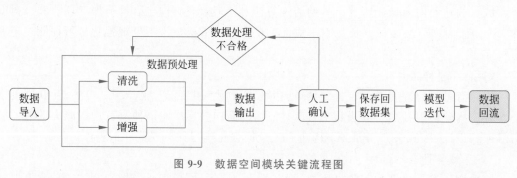

图 9-9 数据空间模块关键流程图

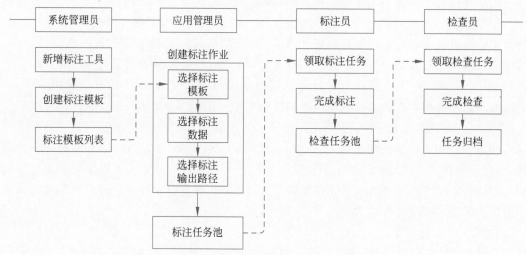

图 9-10 数据标注模块关键流程图

平台中完成算法的创建,并可以选择作业建模或者可视化建模形态,完成模型训练,最终生成模型产物。模型训练模块关键流程图如图 9-11 所示。

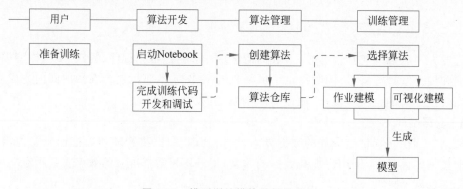

图 9-11 模型训练模块关键流程图

4. 算法管理

用户首次将训练镜像上传到镜像仓库中,同时通过算法开发工具 Notebook 完成训练脚本的开发及调试。准备就绪后,在算法管理界面选择对应的镜像和训练脚本,并按平台规则暴露出可配置的超参和相关说明,即可完成算法的整体创建,算法管理模块关键流程图如图 9-12 所示。

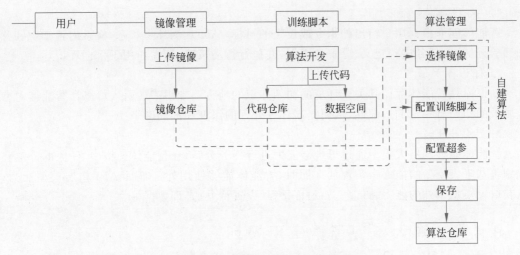

图 9-12　算法管理模块关键流程图

5. 模型管理

用户首先将平台训练产生的模型或者第三方模型导入模型仓库中,然后可对模型进行模型优化、模型转换操作,最后将操作后的模型进行统一版本管理,模型管理模块关键流程图如图 9-13 所示。

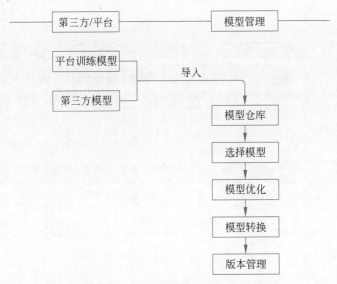

图 9-13　模型管理模块关键流程图

6. 模型评测

模型评测需要有一定的依据和数据基础,即测试指标和测试集。不同类型的模型评测可以从不同维度进行评分。

9.3.4　智能体应用

智能体应用平台可支持企业的个性化场景需求,用户可在线管理行业知识、创建个性化场景技能、关联智能体应用。

1. 智能体管理

智能体能够根据用户给出的指令或设定的目标,感知观测环境状态,检索内置知识和感知经验记忆,对任务进行定义、分解和规划,并执行行动策略,反馈作用于目标环境。

2. 知识库管理

知识库是智能体存储其关于环境的初始知识的地方。知识库的引入可以让智能体对专业领域的知识有一定的适配性,从而提高任务处理的深度和准确度。

3. 应用管理

智能体能够调用大模型通过思维链能力进行任务分解,在智能体架构中,任务的分解和规划是基于大模型的能力来实现的。同时,智能体能够使用外部工具 API 拓展模型能力,以获取大模型以外的能力和信息,如预订日程、设置待办、查询数据等。

9.4 认知大模型场景应用规划

9.4.1 智能招投标应用

智能评标大模型通过对大量历史数据的学习和模式识别,快速准确地完成资质审核,辅助评审专家做出客观评价。智能评标显著提升决策质量和透明度,为采购和供应链管理带来革命性改进。非招标采购智能云评审系统架构如图 9-14 所示。

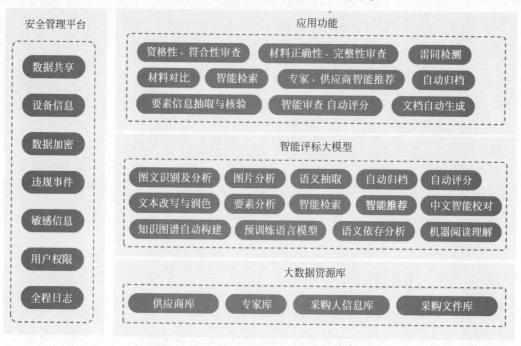

图 9-14 非招标采购智能云评审系统架构

9.4.2 文档问答助手应用

文档问答助手旨在帮助矿山企业建设各类文档知识的智能问答能力。通过对文档解析、文档片段向量化等技术手段,实现文档知识智能化的知识问答,助力企业构建知识大脑,增强企业创新能力,促进企业知识共享。生成式知识管理平台如图 9-15 所示。

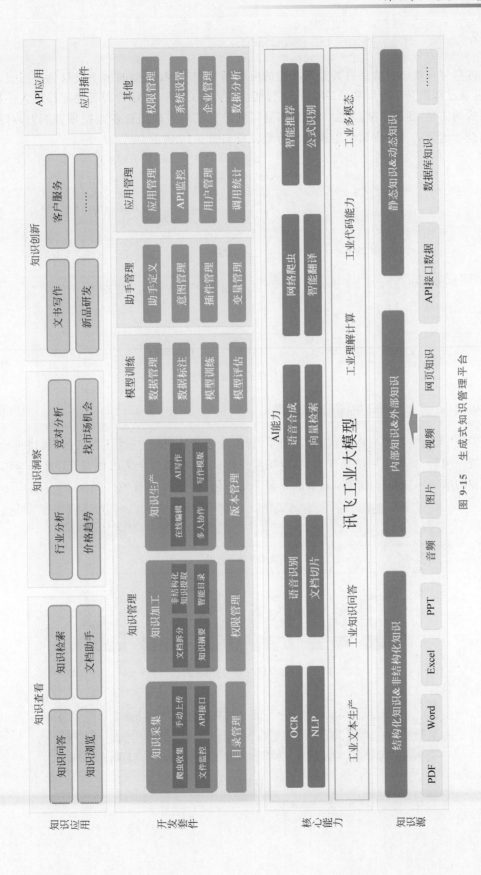

图 9-15 生成式知识管理平台

9.4.3　生成式智慧驾驶舱应用

大模型在矿山企业经营智慧驾驶舱的应用场景中,经营数据展示不仅仅是静态报表和图表,通过数据互动查询和 AIGC(人工智能生成内容)分析,企业管理者还能够深入挖掘数据背后的信息,预测未来趋势。同时,智慧驾驶舱也扩展了矿山企业监控预警能力,可覆盖矿山企业运营的各个方面。生成式智慧驾驶舱如图 9-16 所示。

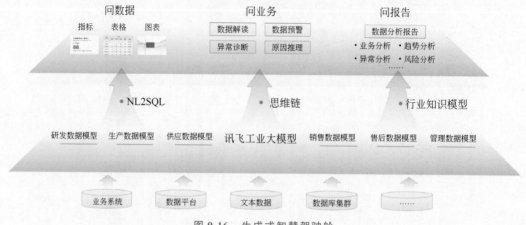

图 9-16　生成式智慧驾驶舱

9.4.4　智能合同评审应用

围绕"大模型技术底座、智能算法引擎、智能业务场景应用"三大主题任务,加快推动 AI 资产统一纳管、智能应用敏捷开发、物资场景先行试点,实现对全集团物资管理业务全链条、全流程的敏捷感知和智能管控。某能源国企集中化 AI 平台如图 9-17 所示。

图 9-17　某能源国企集中化 AI 平台

9.4.5 矿山企业文本生成应用

矿山企业作为资源开发和利用的重要力量,在日常运营中涉及众多文本编写和生成工作。大模型文本生成应用旨在帮助矿山企业提高工作效率,减少人工时间和成本。大模型文本生成应用如图 9-18 所示。

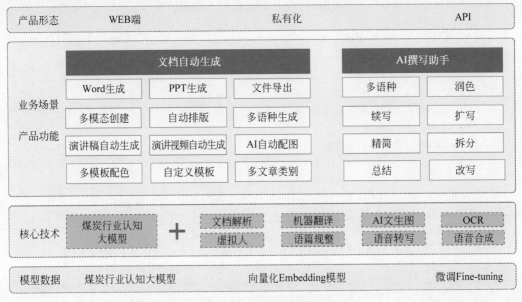

图 9-18　大模型文本生成应用

参 考 文 献

［1］ 于洪珍,徐中立,王慧斌.监测监控信息融合技术[M].北京:清华大学出版社,2011.

［2］ 贾财潮,戚飞虎,于询,等.从二维视图识别三维目标的多网络融合方法[J].光学学报,2001,21(2):177-180.

［3］ 张兆礼,孙圣和.基于一维自组织神经网络的图像数据融合算法研究[J].电子学报,2000,21(9):74-77.

［4］ 程德强,袁航,钱建生,等.基于深层特征差异性网络的图像超分辨率算法[J].电子与信息学报,2024,46(3):1033-1042.

［5］ 程德强,郭昕,陈亮亮,等.多通道递归残差网络的图像超分辨率重建[J].中国图象图形学报,2021,26(3):605-618.

［6］ LIU Y Q,JIA Q,FAN X,et al. Cross-SRN:Structure-preserving super-resolution network with cross convolution[J]. IEEE Transactions on Circuits and Systems for Video Technology,2022,32(8):4927-4939.

［7］ CHENG D Q,CHEN L L,LY U C,et al. Light-guided and cross-fusion U-Net for anti-illumination image super-resolution[J]. IEEE Transactions on Circuits and Systems for Video Technology,2022,32(12):8436-8449.

［8］ 寇旗旗,程志威,程德强,等.基于蓝图分离卷积的轻量化矿井图像超分辨率重建方法[J/OL].煤炭学报,2024,1-14.

［9］ CHEN L L,GUO L,CHENG D Q,et al. Structure-preserving and color-restoring up-sampling for single low-light image[J]. IEEE Transactions on Circuits and Systems for Video Technology,2022,32(4):1889-1902.

［10］ 程德强,赵佳敏,寇旗旗,等.多尺度密集特征融合的图像超分辨率重建[J].光学精密工程,2022,30(20):2489-2500.

［11］ LI A,ZHANG L,LIU, Y,et al. Feature modulation transformer:Cross-refinement of global representation via high-frequency prior for image super-resolution［C］//2023 IEEE/CVF International Conference on Computer Vision (ICCV). 2023:12480-12490.

［12］ ZHU F D,LIANG Z T,JIA X X,et al. A benchmark for edge-preserving image smoothing[J]. IEEE Transactions on Image Processing,2019,28(7):3556-3570.

［13］ LIN F Y,LI M K,LI D,et al. Zero-shot everything sketch-based image retrieval,and in explainable style[C]//2023 IEEE/CVF Conference on Computer Vision and Pattern Recognition (CVPR). 2023:23349-23358.

［14］ 万欣,刘育,李博.水电机组多通道振动信号融合智能工况识别研究[J].制造业自动化,2024,46(3):134-137.

［15］ WANG L,ZHANG X Y,LI J,et al. Multi-modal and multi-scale fusion 3D object detection of 4D radar and LiDAR for autonomous driving[J]. IEEE Transactions on Vehicular Technology,2023,72(5):5628-5641.

［16］ ZHANG K H,ZHANG L,LAM K M,et al. A level set approach to image segmentation with intensity inhomogeneity[J]. IEEE Transactions on Cybernetics,2016,46(2):546-557.

［17］ 孙杨,陈哲,王慧斌,等.融合区域和边缘特征的水平集水下图像分割[J].中国图象图形学报,2020,25(4):0824-0835.

［18］ ZHOU L,YANG Z H,ZHOU Z T,et al. Salient region detection using diffusion process on a two-layer sparse graph[J]. IEEE Transactions on Image Processing,2017,26(12):5882-5894.

［19］ 雷波,刘钰,杜丽娟,等.灌区节水改造环境效应评价研究进展[J].水利学报,2010,41(5):613-616.